高等职业教育系列教材

组态软件应用技术

主　编　王如松
副主编　谢青海
参　编　薛建芳　崔　嵬　殷忠敏

机械工业出版社

本书以亚控公司的组态王软件为主，采用项目引入、任务驱动的编写方式进行编写。全书由 8 个项目组成，项目的选取都与实际应用相关，知识点分散在各任务中逐次展开。学生可通过具体的任务实施，掌握组态软件的实际应用技能。

本书主要介绍了组态王软件的功能和使用方法，注重对学员的知识和技能的培养。主要内容包括：组态王软件的基本使用、化学反应车间监控、三相异步电动机正反转监控、组态监控系统在小型生产线上的应用、制作斜井空气加热设备监控系统；同时考虑组态软件知识的拓展，选取了应用较广的西门子 WinCC 组态软件应用项目，即 WinCC 简介及应用实例、基于 WinCC 的锅炉补水控制系统，以及基于 MCGS 的恒压供水监控系统。

本书编者有丰富的工程实践经验，教学任务设计合理，任务实施过程步骤清晰，易于学习和掌握。本书可作为职业院校电气自动化类、电子信息类、机电一体化类及相关专业的教材，也可供相关工程技术人员参考。

为配合教学，本书配有电子课件，读者可以登录机械工业出版社教材服务网 www.cmpedu.com 免费注册后下载，或联系编辑索取（QQ：1239258369，电话（010）88379739）。

图书在版编目（CIP）数据

组态软件应用技术 / 王如松主编．—北京：机械工业出版社，2013.9
(2024.10 重印)
高等职业教育系列教材
ISBN 978-7-111-43596-9

Ⅰ. ①组…　Ⅱ. ①王…　Ⅲ. ①软件开发-高等职业教育-教材
Ⅳ. ①TP311.52

中国版本图书馆 CIP 数据核字（2013）第 180945 号

机械工业出版社（北京市百万庄大街 22 号　邮政编码 100037）
责任编辑：李文铁
责任印制：李　昂
北京捷迅佳彩印刷有限公司印刷
2024 年 10 月第 1 版 · 第 13 次印刷
184mm×260mm · 16 印张 · 396 千字
标准书号：ISBN 978-7-111-43596-9
定价：49.00 元

电话服务
客服电话：010-88361066
010-88379833
010-68326294

网络服务
机　工　官　网：www.cmpbook.com
机　工　官　博：weibo.com/cmp1952
金　　书　　网：www.golden-book.com
机工教育服务网：www.cmpedu.com

高等职业教育系列教材机电类专业
委员会成员名单

出 版 说 明

《国家职业教育改革实施方案》（又称“职教20条”）指出：到2022年，职业院校教学条件基本达标，一大批普通本科高等学校向应用型转变，建设50所高水平高等职业学校和150个骨干专业（群）；建成覆盖大部分行业领域、具有国际先进水平的中国职业教育标准体系；从2019年开始，在职业院校、应用型本科高校启动“学历证书+若干职业技能等级证书”制度试点（即1+X证书制度试点）工作。在此背景下，机械工业出版社组织国内80余所职业院校（其中大部分院校入选“双高”计划）的院校领导和骨干教师展开专业和课程建设研讨，以适应新时代职业教育发展要求和教学需求为目标，规划并出版了“高等职业教育系列教材”丛书。

该系列教材以岗位需求为导向，涵盖计算机、电子、自动化和机电等专业，由院校和企业合作开发，多由具有丰富教学经验和实践经验的“双师型”教师编写，并邀请专家审定大纲和审读书稿，致力于打造充分适应新时代职业教育教学模式、满足职业院校教学改革和专业建设需求、体现工学结合特点的精品化教材。

归纳起来，本系列教材具有以下特点：

1）充分体现规划性和系统性。系列教材由机械工业出版社发起，定期组织相关领域专家、院校领导、骨干教师和企业代表开展编委会年会和专业研讨会，在研究专业和课程建设的基础上，规划教材选题，审定教材大纲，组织人员编写，并经专家审核后出版。整个教材开发过程以质量为先，严谨高效，为建立高质量、高水平的专业教材体系奠定了基础。

2）工学结合，围绕学生职业技能设计教材内容和编写形式。基础课程教材在保持扎实理论基础的同时，增加实训、习题、知识拓展以及立体化配套资源；专业课程教材突出理论和实践相统一，注重以企业真实生产项目、典型工作任务、案例等为载体组织教学单元，采用项目导向、任务驱动等编写模式，强调实践性。

3）教材内容科学先进，教材编排展现力强。系列教材紧随技术和经济的发展而更新，及时将新知识、新技术、新工艺和新案例等引入教材；同时注重吸收最新的教学理念，并积极支持新专业的教材建设。教材编排注重图、文、表并茂，生动活泼，形式新颖；名称、名词、术语等均符合国家有关技术质量标准和规范。

4）注重立体化资源建设。系列教材针对部分课程特点，力求通过随书二维码等形式，将教学视频、仿真动画、案例拓展、习题试卷及解答等教学资源融入到教材中，使学生学习课上课下相结合，为高素质技能型人才的培养提供更多的教学手段。

由于我国高等职业教育改革和发展的速度很快，加之我们的水平和经验有限，因此在教材的编写和出版过程中难免出现疏漏。恳请使用本系列教材的师生及时向我们反馈相关信息，以利于我们今后不断提高教材的出版质量，为广大师生提供更多、更适用的教材。

机械工业出版社

前　言

依据《国家中长期教育改革和发展规划纲要》关于“加大发展职业教育”的要求，为贯彻“基于项目教学，融教学做于一体”的课程设计思想，加大课程改革与建设力度，创新教材模式，编者与企业技术人员合作编写了这本具有“工学结合、校企合作”特色的教材。

组态软件，又称为组态监控软件，译自英文 SCADA，即 Supervisory Control and Data Acquisition（监视控制与数据采集）。在自动控制系统中，它不但能实现对现场的实时监测与控制，而且能完成信息的上传下达，实现上层管理者与生产过程设备的信息对接。随着工业自动化程度的提高，组态软件因具有适应性强、开放性好、易于扩展、价格适中、开发周期短等优点而广泛应用于电力系统、给水系统、石油、化工和机电设备控制等领域的数据采集与监视控制。

本书以组态王软件为主要讲授对象，同时也选取了广泛应用的西门子 WinCC 组态软件的知识和国内昆仑通态 MCGS 触摸屏组态软件的知识作为拓展内容。

本书图文并茂、项目完整、内容简繁有序，符合技术及技能型人才的培养需要。教材内容按项目式编排，以任务驱动的模式，从“实践性”的角度，把实际案例引入到了本书中。

本书的特点如下。

1）以项目为载体，以任务为驱动，依托具体的工作项目和任务，将需要讲授的内容逐次展开，将知识点分散于各项目中，便于学生学习和提高。

2）引入实际项目作为教材编写案例，真正体现了“教师为主导，学生为主体”的教学理念，提高了学生主动学习的能力。

3）以职业能力培养为目标，学生通过对项目和任务的学习，可真正实现理论与应用的结合。这符合当前职业院校专业服务产业发展的要求。

4）教材表述形式新颖生动，图文并茂，简明扼要，通俗易懂。

本书由河北机电职业技术学院王如松副教授担任主编，谢青海担任副主编，其中由王如松、殷忠敏共同完成项目 1 和项目 2 的编写工作，崔嵬完成项目 3 和项目 6 的编写工作，谢青海完成项目 4 和项目 5 的编写工作，薛建芳完成项目 7 和项目 8 的编写工作。此外，北京亚控科技发展有限公司孙远洋工程师、邢台兴泰发电有限责任公司常承志工程师为本书的编写提出了指导意见。在编写过程中，还得到了北京亚控科技发展有限公司的鼎力支持，并提供了一些案例和编写资料等，在此一并表示衷心的感谢！

由于编者水平有限，书中不足之处，恳请广大读者指正。

编　者

目　　录

项目 1　组态王软件的基本使用

本项目要点

- 了解工业组态软件
- 组态软件主要解决的问题
- 组态王简介
- 建立一个工程的步骤
- 几个简单实例

任务 1.1　演示组态王应用案例

1.1.1　演示机械手项目

运行教师自己完成的项目或本教材自带光盘上的机械手项目，直观了解组态软件对机械手的监视和控制作用。

1.1.2　演示化工车间监控项目

运行光盘中的化工车间项目，了解模拟输入输出、对输入变量的采集和对输出变量的控制，进一步了解监控的意义和作用。

1.1.3　演示恒压供水项目

运行光盘上的恒压供水项目，了解利用 MCGS 触摸屏技术对较小自动化系统的监控作用。

任务 1.2　介绍组态软件

1.2.1　概述

工控组态软件主要是指数据采集与过程控制的专用软件，它们提供自动控制系统监控层一级的软件平台和开发环境。使用灵活的组态方式，能够为用户提供快速构建工业自动控制系统监控功能的、通用层次的软件工具。

组态技术使现代技术具有集中可视性，并缩短工程建设周期，减少工作量。它是现代控制技术发展的方向。

组态软件具有实时多任务、接口开放、使用灵活、运行可靠等特点。其中最突出的特点是实时多任务性，它可以在一台计算机上同时完成数据采集、信号数据处理和数据图形显示操作，可以实现人机对话和实时数据的存储、历史数据的查询以及实时通信等多个任务。组态软件实时多任务示意框图如图 1-1 所示。

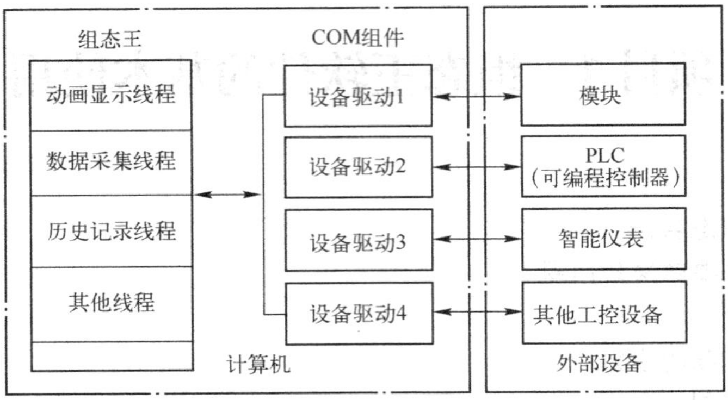

图 1-1　组态软件实时多任务示意框图

国产组态软件有组态王 Kingview、三维力控、世纪星等。国外组态软件有 WinCC、InTouch、IFix 等。

1.2.2　组态软件主要解决的问题

组态软件的使用者是自动化工程设计人员，组态软件可以使使用者在生成适合自己需要的应用系统时不需要修改软件程序的源代码。下面是组态软件主要解决的问题。

1）将采集到的数据与上位机图形界面的相关部分链接。

2）与现场设备之间进行数据采集和数据交换。

3）在线监测实时数据。

4）数据报警界限和系统报警。

5）实时数据的存储、历史数据的查询。

6）各类报表的生成和打印输出。

7）应用系统运行稳定可靠。

8）拥有良好的与第三方程序的接口，方便数据共享。

解决好上述问题后，工程技术人员在组态软件中只需要填写一些根据实际需要事先设计好的表格，再利用其图形功能将被控对象（如反应罐、温度计、锅炉、趋势曲线、报表等）形象地绘制在指定的位置，通过内部数据变量将被控对象的属性与 I/O 设备的实时数据进行逻辑链接即可。

1.2.3　介绍组态王

组态王（Kingview）软件（简称组态王）是一种通用的工业监控软件，它融过程控制设计、现场操作以及工厂资源管理于一体，将一个企业内部的各种生产系统和应用以及信息交流汇集在一起，实现最优化管理。它基于 Microsoft Windows XP/NT/2000 操作系统，用户在企业网络所有层次的各个位置上都可以及时获得系统的实时信息。采用组态王软件开发工业监控工程，可以增强用户的生产控制能力、提高工厂的生产力和效率、提高产品的质量、减少成本及原材料的消耗。它适用于从单一设备的生产运营管理和故障诊断，到网络结构分布式大型集中监控管理系统的开发。

组态王软件的结构由工程管理器、工程浏览器及运行系统3部分构成。

1. 工程管理器

组态王工程管理器程序（ProjManager）实现了对组态王各种版本工程的集中管理，更方便用户进行工程开发和工程的备份、数据词典的管理，主要是为用户集中管理本机上的所有组态王工程。

工程管理器的主要功能包括新建工程和删除工程、搜索指定路径下的所有组态王工程、修改工程属性、工程的备份和恢复、数据词典的导入和导出、切换到组态王开发或运行环境等。工程管理器实现了对组态王各种版本工程的集中管理，使用户在进行工程开发和工程的备份以及数据词典的管理上更加方便。“组态王工程管理器”窗口如图1-2所示。

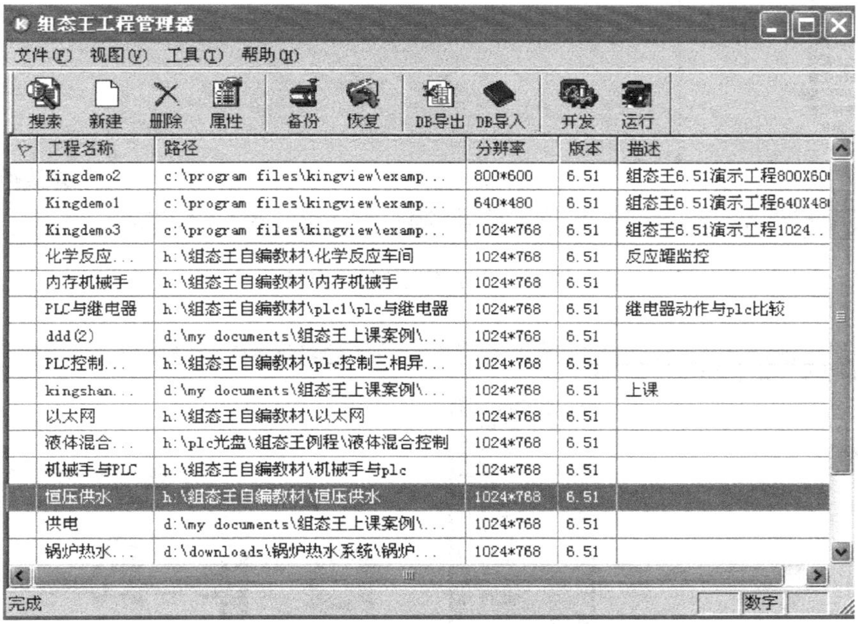

图1-2 “组态王工程管理器”窗口

2. 工程浏览器

工程浏览器（TouchExplorer）是一个工程开发设计工具，内嵌组态王画面开发系统（TouchExplorer），用于创建监控画面、监控设备及相关变量、动画链接、命令语言以及设定运行系统配置等的系统组态工具。“工程浏览器”窗口如图1-3所示。“开发系统”窗口如图1-4所示。

3. 运行系统

运行系统（TouchView）是工程运行界面，从采集设备中获得通信数据，并依据工程浏览器的动画设计显示动态画面，实现人与控制设备的交互操作。

工程浏览器和运行系统是各自独立的Windows应用程序，均可单独使用；两者又相互依存，在工程浏览器的画面开发系统中设计开发的画面应用程序必须在画面运行系统（TouchView）运行环境中才能运行。

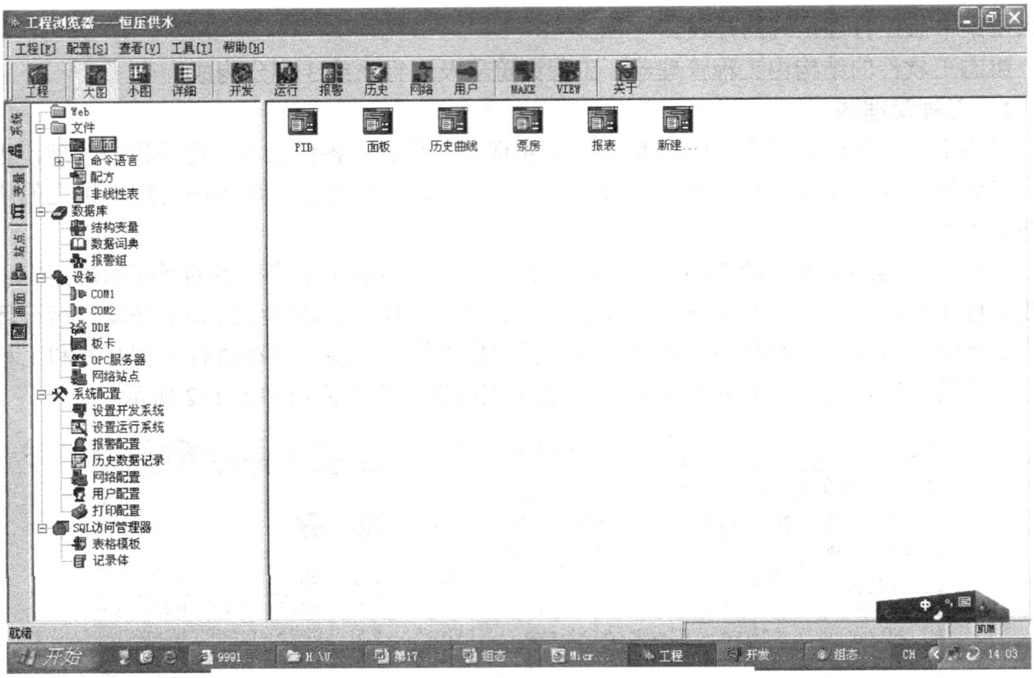

图 1-3 “工程浏览器”窗口

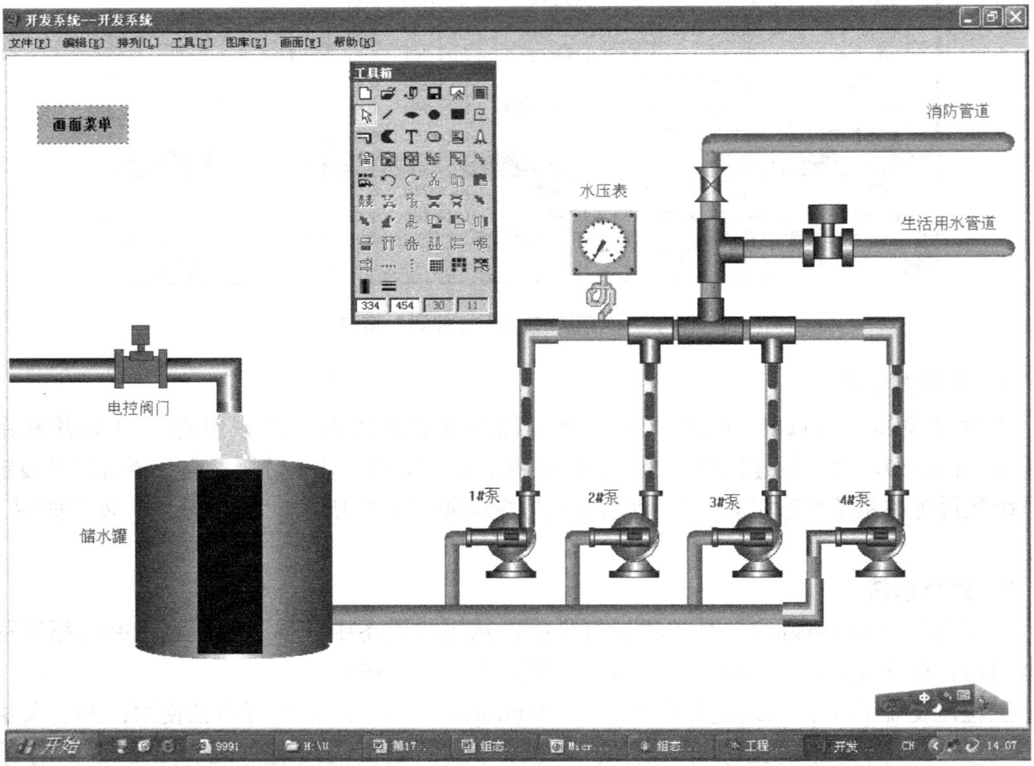

图 1-4 “开发系统”窗口

1.2.4 组态王与 I/O 设备

组态王软件作为一个开放型的通用工业监控软件，支持与国内外常见的 PLC、智能模块、智能仪表、变频器、数据采集板卡等（如西门子 PLC、莫迪康 PLC、欧姆龙 PLC、三菱 PLC、研华模块等）通过常规通信接口（如串口方式、USB 接口方式、以太网、总线、GPRS 等）进行数据通信。

1.2.5 上位机与下位机的通信

下面简单介绍组态王与 PLC 之间的通信。

组态王与 PLC 之间通信采用的是 PPI 通信协议。组态王通过串行口与 PLC 进行通信，访问 PLC 相关的寄存器地址，以获得 PLC 所控制设备的状态或修改相关寄存器的值。在实际编程过程中不需要编写读写 PLC 寄存器的程序，组态王提供了一种数据定义方法，在定义了 I/O 变量后，可直接使用变量名用于系统控制、操作显示、趋势分析、数据记录和报警显示。

1.2.6 建立应用工程的一般步骤

通常情况下，建立一个应用工程大致可分为以下几个步骤。

第一步：创建新工程。为工程创建一个目录用来存放与工程相关的文件。

第二步：定义硬件设备，并添加工程变量。添加工程中需要的硬件设备和工程中使用的变量，包括内存变量和 I/O 变量。

第三步：制作图形画面，并定义动画链接。按照实际工程的要求绘制监控画面，并使静态画面随着过程控制对象产生动态效果。

第四步：编写命令语言。通过脚本程序的编写以完成较复杂的操作上位控制。

第五步：进行运行系统的配置。对运行系统、报警、历史数据记录、网络、用户等进行设置。这是系统用于现场前必须做的工作。

第六步：保存工程并运行。完成以上步骤后，一个可以拿到现场运行的工程就制作完成了。

1.2.7 学习本课程的目的

1．本课程的学习目标

1）掌握组态技术的基本功能。

2）了解常用组态软件的使用和发展情况。

3）掌握 Kingview 组态软件的使用方法。

4）掌握 Kingview 控制可编程序控制器的原理、方法和步骤。

5）掌握一定的实际系统设计、使用、调试的知识。

6）能分析工程实例。

2．应具备的能力

1）具有 Kingview 软件的基本应用能力。

2）具有基于 Kingview 组态系统的运行、维护、调试能力。

3）具有本课程知识再学习的能力。

任务 1.3　安装组态王

1.3.1　安装组态王程序

组态王软件存于一张光盘上。光盘上的安装程序 Install.exe 会自动运行，启动组态王安装过程向导。组态王软件的安装步骤（以 Windows 2000 下的安装为例，它和在 Windows NT4.0 和 Windows XP 下的安装无任何差别）如下。

第一步：启动计算机系统。

第二步：在光盘驱动器中插入组态王软件的安装盘，系统会自动启动 Install.exe 安装程序。组态王的安装界面如图 1-5 所示（用户也可通过 Install.exe 启动安装程序）。

图 1-5　组态王的安装界面

该安装界面左面有一列按钮，当将鼠标移动到按钮各个位置上时，会在右边图片位置上显示各按钮中的安装内容提示，如图 1-5 所示。左边各个按钮的作用分别为：

“安装阅读”按钮：安装前阅读。用户可以获取到关于版本的更新信息、授权信息、服务和支持信息等。

“安装组态王程序”按钮：安装组态王程序。

“安装组态王驱动程序”按钮：安装组态王 I/O 程序。

“安装加密锁驱动程序”按钮：安装授权加密锁驱动程序。

“盘中珍品介绍”按钮：阅读组态王安装光盘中提供的价值包的内容列表及介绍。

“多媒体教程”按钮：浏览组态王使用入门、多媒体教程及产品功能简介。

“浏览 CD 内容”按钮：浏览光盘的内容，查看典型技术信息及文档。

“退出”按钮：退出 Install.exe 程序。

第三步：开始安装。单击“安装组态王程序”按钮，将自动安装组态王软件到用户的硬盘目录，并建立应用程序组。首先弹出开始安装对话框，如图 1-6 所示。

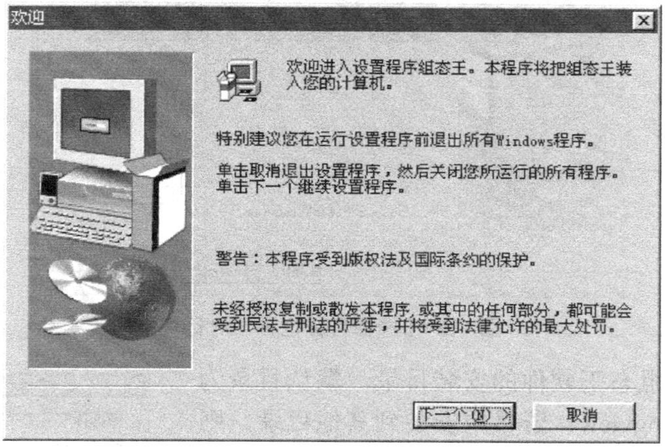

图 1-6　开始安装对话框

单击“下一个”按钮继续安装，弹出“软件许可证协议”对话框，如图 1-7 所示。该对话框的内容是“北京亚控科技发展有限公司”与“组态王”软件用户之间的法律约定，请用户认真阅读。如果用户同意“协议”中的条款，就单击“是”按钮继续安装；如果不同意，就单击“否”按钮退出安装。单击“后退”按钮，则返回上一个对话框。

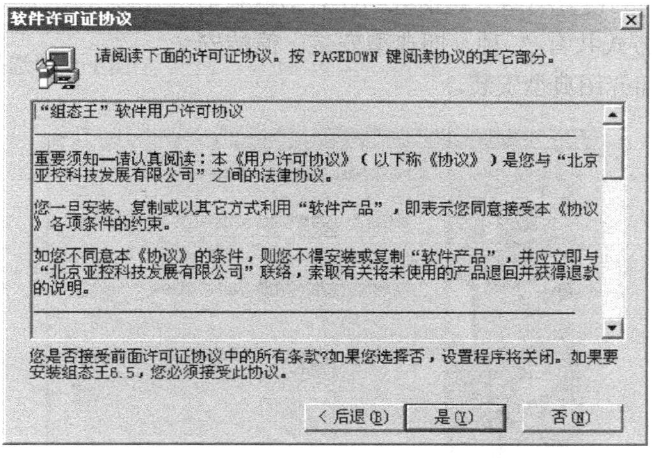

图 1-7　“软件许可证协议”对话框

单击“是”按钮，弹出“用户信息”对话框。

输入“姓名”和“公司名称”；单击“后退”按钮返回上一个对话框；单击“取消”按钮退出安装程序；单击“下一个”按钮弹出“确认用户信息”对话框。如果对话框中的用户注册错误，就单击“否”按钮返回“用户信息”对话框。如果正确，就单击“是”按钮，进入程序安装阶段。

第四步：选择组态王软件的安装路径。确认用户注册信息后，会弹出“选择目标位置”对话框（如图 1-8 所示），选择程序的安装路径。

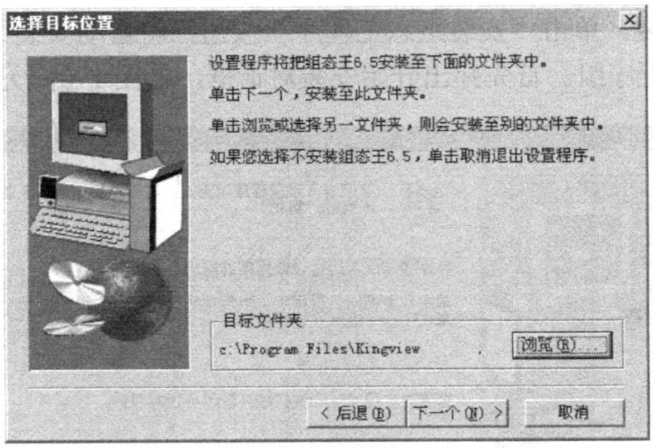

图 1-8 “选择目标位置”对话框

由对话框确认组态王软件的安装目录。默认目录为C:\Program Files\Kingview，若希望安装到其他目录，则单击“浏览”按钮，弹出如图 1-9 所示的“选择文件夹”对话框。

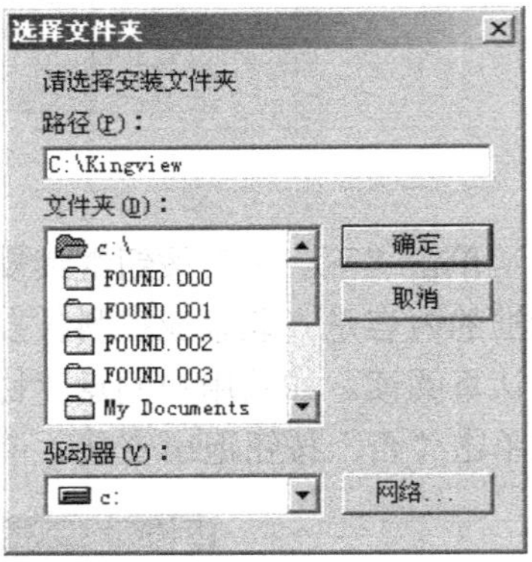

图 1-9 “选择文件夹”对话框

在对话框的“路径”中输入新的安装目录（如C:\Kingview），输入正确后，单击“确定”按钮，安装程序会按用户的要求创建目标文件夹。

第五步：选择安装类型。单击“下一个”按钮，出现如图 1-10 所示的“设置类型”对话框，此对话框确定安装的方式。安装方式共有 3 种，即典型安装、简洁安装和特定安装。下面介绍典型安装。

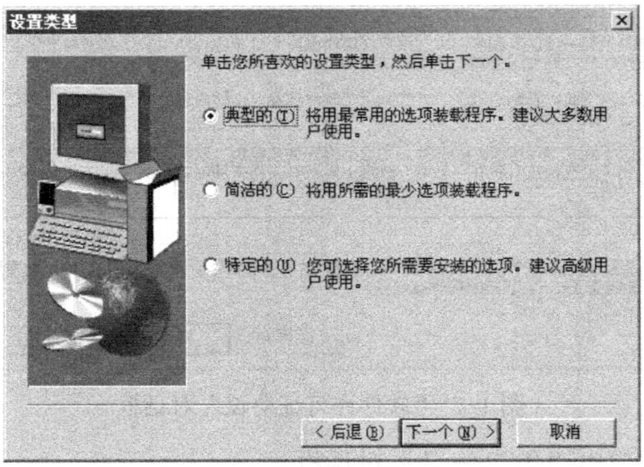

图 1-10 “设置类型”对话框

典型安装将安装组态王的大部分组件，这些组件包括如下内容。

1）“组态王系统文件”。包括组态王开发环境和运行环境。

2）“组态王示例文件”。除画面的分辨率外，这三个工程示例其他方面都是相同的。

3）“图库文件”。“图库”中拥有许多精美实用的图库精灵，它将使用户创建的工程更具有专业效果，而且更加简捷方便。

4）“组态王帮助文件”。提供在线帮助。

5）“组态王电子手册”。组态王手册的电子版本（PDF 格式），安装完组态王光盘中提供的 Acrobat Reader 阅读工具即可阅读。

6）“OPC 文件”。使用网络 OPC 所必需的文件。

1.3.2 安装组态王的设备驱动程序

如果用户在安装组态王时没有选择安装组态王设备驱动程序，则可以按照以下方法进行安装。设备驱动程序的安装与组态王的安装同样简单。具体步骤如下。

第一步：启动组态王光盘中的 Install.exe 文件。

第二步：开始安装设备驱动。单击“安装组态王驱动程序”按钮。驱动程序开始安装。

第三步：创建路径。单击“下一个”按钮，将出现“选择目标位置”对话框，由对话框确认组态王系统的安装目录。系统会自动按照组态王的安装路径列出设备驱动程序需要安装的路径。一般情况下，用户无需更改此路径。

目标文件夹变为刚才输入的文件夹，单击“下一个”按钮。出现对话框后，将所需的选项画勾（开始时全都已预选）。

第四步：开始安装。如果有什么问题，就单击“后退”按钮，可修改前面有问题的地方，如果没有问题，就单击“下一个”按钮，将开始安装，在安装过程中觉得前面有问题，可单击“取消”按钮停止安装。安装程序将光盘上的压缩文件解压缩并拷贝到默认或指定目录下，在解压缩过程中有显示进度的提示。

第五步：安装结束，将出现“结束”画面。

单击“结束”，出现“重启计算机”对话框。选中“是”选项，再单击“结束”，将会重新启动计算机；选中“不”选项，再单击“结束”，将不会重新启动计算机。

任务 1.4 组态王工程管理器、浏览器和开发系统

1.4.1 组态王工程管理器

在计算机桌面上的组态王快捷图标如图 1-11 所示。

图 1-11 在计算机桌面上的组态王快捷图标

双击桌面上的组态王快捷图标，就进入如图 1-12 所示的“组态王工程管理器”窗口。

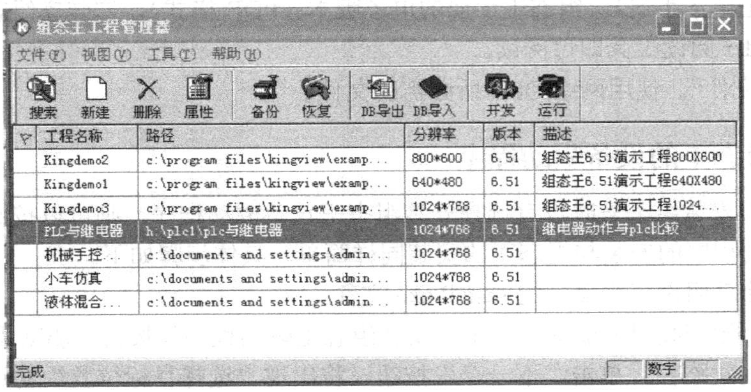

图 1-12 “组态王工程管理器”窗口

若为新建项目，则先在 E 盘（或其他盘）中建立一个名为教材的文件夹。单击工具栏中的新建或选择“文件→新建工程”，会弹出“新建工程向导之一”对话框，如图 1-13 所示。单击“下一步”按钮，会弹出“新建工程向导之二”对话框，如图 1-14 所示。

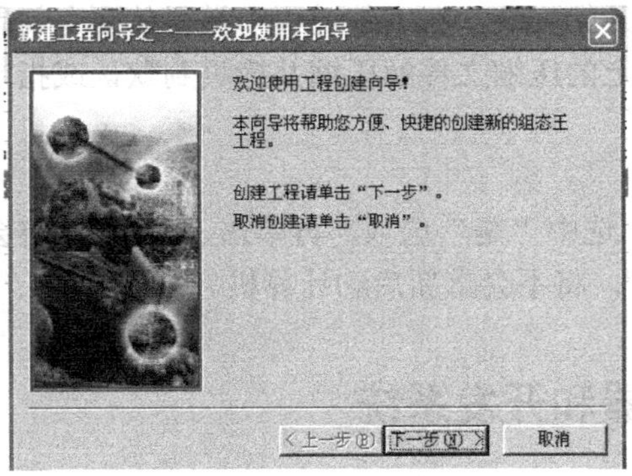

图 1-13 “新建工程向导之一”对话框

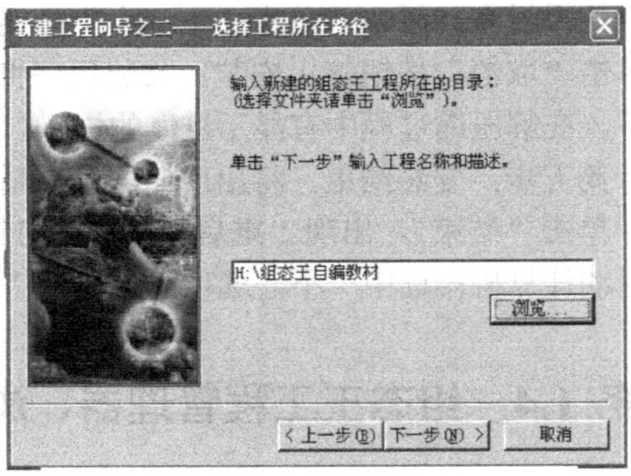

图 1-14 “新建工程向导之二”对话框

单击“浏览”按钮找到 E 盘中名为教材的文件夹并双击，按“打开”按钮，再按“下一步”按钮，配置工程名（本例为化学反应车间），在工程描述中可以简要介绍工程的内容，便于对项目的了解，比如“反应罐的监控”。“新建工程向导之三”对话框如图 1-15 所示。单击“完成”按钮。

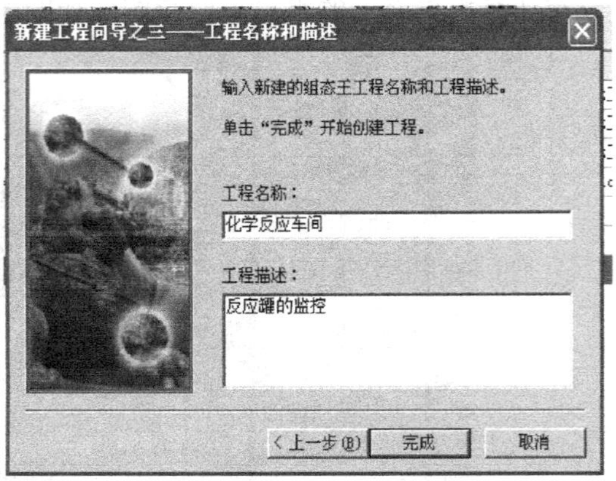

图 1-15 “新建工程向导之三”对话框

1.4.2 组态王工程浏览器

双击工程管理器中的“化学反应车间”，进入“工程浏览器”窗口，如图 1-16 所示。

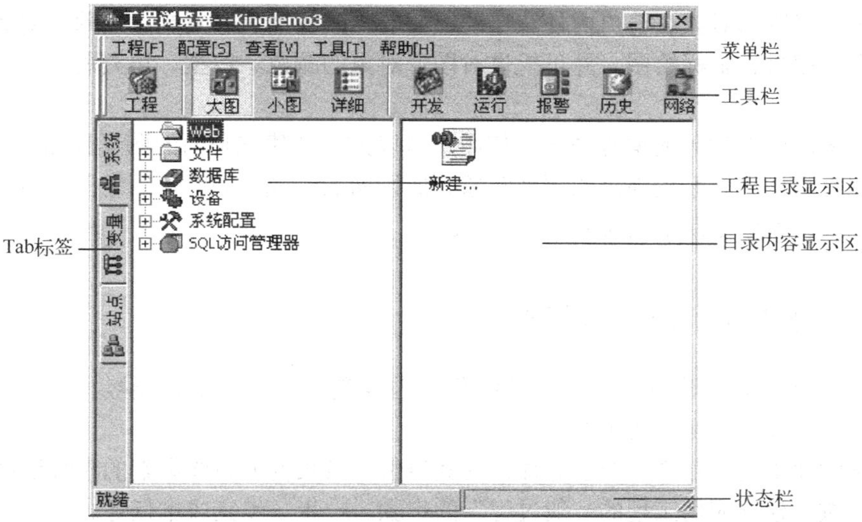

图 1-16 “工程浏览器”窗口

1.4.3 组态王工程开发系统

在浏览器的工具目录显示区，单击文件前的“+”，单击“画面”，再在目录内容显示区，双击“新建”图标，显示如图 1-17 所示的“新画面”对话框，在画面名称中输入“反应车间”，然后单击“确定”按钮，进入组态王开发系统。

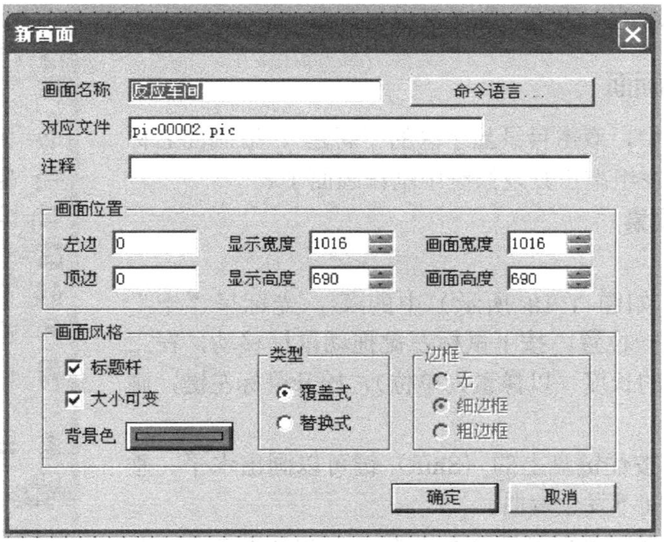

图 1-17 “新画面”对话框

进入组态王开发系统后，就可以为每个工程建立数目不限的画面，在每个画面上生成互相关联的静态或动态图形对象。这些画面都是由组态王提供的类型丰富的图形对象组成的。系统为用户提供了矩形（圆角矩形）、直线、椭圆（圆）、扇形（圆弧）、点位图、多边形（多边线）、文本等基本图形对象，以及按钮、趋势曲线窗口、报警窗口、报表等复杂的图形对象。提供了对图形对象在窗口内任意移动、缩放、改变形状、复制、删除、对齐等编辑操作，全面支持键盘、鼠标绘图，并可提供对图形对象的颜色、线型、填充属性进行改变的操作工具。

组态王采用面向对象的编程技术，使用户可以方便地建立画面的图形界面。用户构图时可以像搭积木那样利用系统提供的图形对象完成画面的生成。同时，组态王支持画面之间的图形对象复制，可重复使用以前的开发结果。

任务 1.5　正方体沿直线运动

本任务中将学习新建项目、画面的制作、内存变量定义、动画连接、编写命令语言程序、调试运行、画面切换等初步知识。

本任务的要求是，建立一个正方体，使其沿着一条长度为 500 像素的直线运动。

下面将按“建立应用工程的一般过程”的步骤，一步一步完成本任务。

1.5.1　创建新工程

在计算机的 D 盘创建一个名为组态王初步学习的文件夹。然后，双击计算机桌面上的组态王图标，打开组态王工程管理器，单击“新建”按钮或选择“文件→新建工程”，此时弹出“新建工程向导之一”对话框，单击“下一步”按钮，弹出“新建工程向导之二”对话框，单击“浏览”按钮找到 D 盘中名为组态王初步学习文件夹并双击，按“打开”按钮，再按“下一步”按钮，配置工程名（本例为直线运动），单击“完成”按钮，再双击工程管理器中工程名为“运动”的项，进入工程浏览器。

1.5.2　制作图形画面

在工程浏览器中，双击目录显示区的“新建”，取画面名称为直线运动，就可在组态王开发系统中制作画面了。

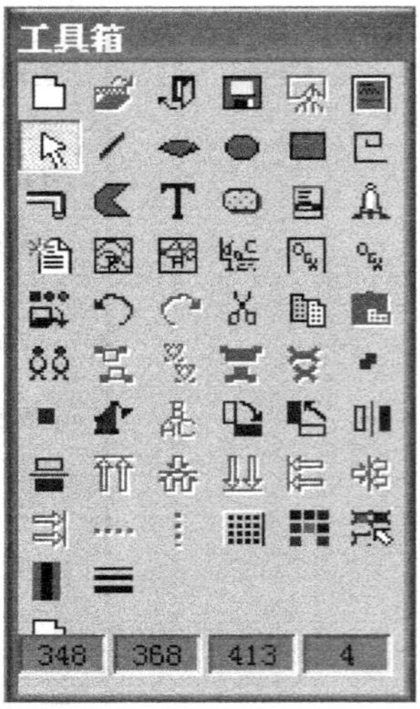

图 1-18　工具箱

1．制作简单图素

（1）直线

单击工具箱（如图 1-18 所示）中的，光标呈“十”状，移动鼠标至某一位置，按下鼠标左键拖动鼠标移动，在工具箱下面显示直线的长度（以像素为单位），松开鼠标左键，画线结束。

在画直线时，按住键盘上的〈Shift〉键可以画出水平、垂直、45° 斜线，中间不发生弯曲。

直线的线型选择：单击工具箱中的，弹出线型工具，此时，使所改变线型的线处于被选择状态（即在直线两端和之间显示），选取某一线型即可。

（2）折线

单击工具箱中的，单击鼠标左键，开始画线，在每个转折处再单击左键，最后双击左键即可画完折线。

（3）圆

单击工具箱中的，按住鼠标左键，拖动鼠标可以画出正圆或椭圆，在工具箱下面的 4 个数字中左数第三个是水平轴的长度，第四个为垂直轴长度。单击线型工具中的可以去掉边线。

1）填充色。在需要改变填充色时，先单击工具箱，弹出调色板工具，选中圆图素后，只要单击调色板工具中的某种颜色即可。

2）立体效果。在改变圆的立体效果时，先单击工具箱中的，弹出过渡色类型工具，从中选择一项。单击过渡色类型工具中的可以去掉填充色。

（4）矩形

单击工具箱中的，按住鼠标左键，拖动鼠标可以画出长方形或正方形（同时按住〈Shift〉键），在工具箱下面的 4 个数字中左数第三个为水平长度，第四个为垂直长度。

按（3）所说的方法，也可改变矩形的填充色和立体效果。

（5）多边形

单击工具箱中的，按住鼠标左键，可按边画出多边形，最后双击鼠标左键即可完成多边形的绘制。

2．制作正方体图素

单击工具箱中的，在画图区画出一个正方形，然后单击，可复制一个同样的正方形，使两个正方形彼此错开，如图 1-19 所示。

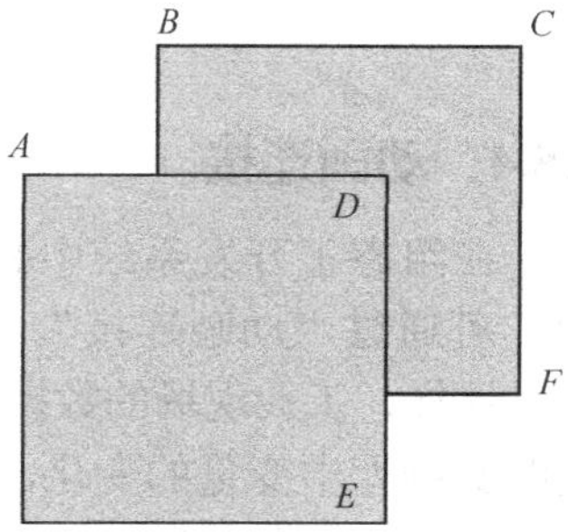

图 1-19　彼此错开的两个正方形

单击工具箱中的，连接如图 1-20 所示的 *A*、*B*、*C*、*D*、*A* 点，拐弯时单击左键，结束时双击左键；再连接 *C*、*D*、*E*、*F*、*C*，形成如图 1-20 所示的正方体图形。

在正方体的左上方按下鼠标左键，向右下方移动光标，选中正方体，被选中的图素如图 1-21 所示，再单击工具箱中的，将各部分组合成在一起形成组合图素。

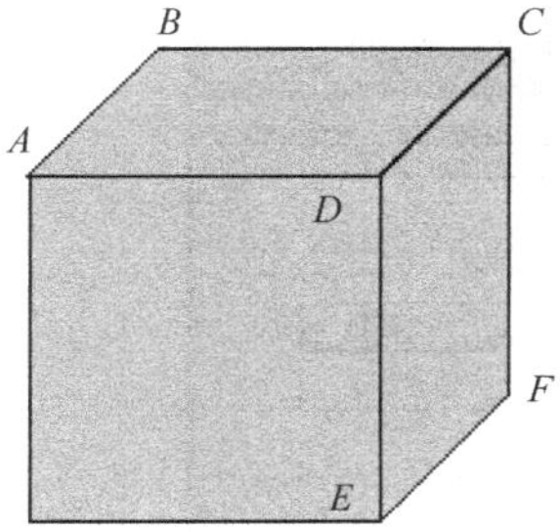

图 1-20　正方体图形

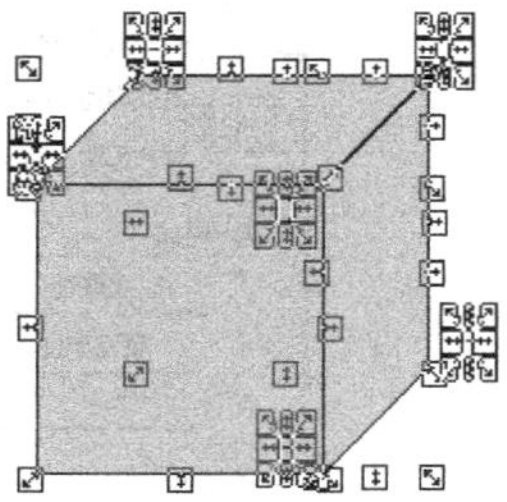

图 1-21　被选中的图素

1.5.3　定义变量

在工程浏览的工程目录区，单击数据词典。在目录内容显示区再单击右侧的“新建”按钮，弹出“定义变量”对话框，如图 1-22 所示。输入变量名为 Q，变量类型为内存整型。

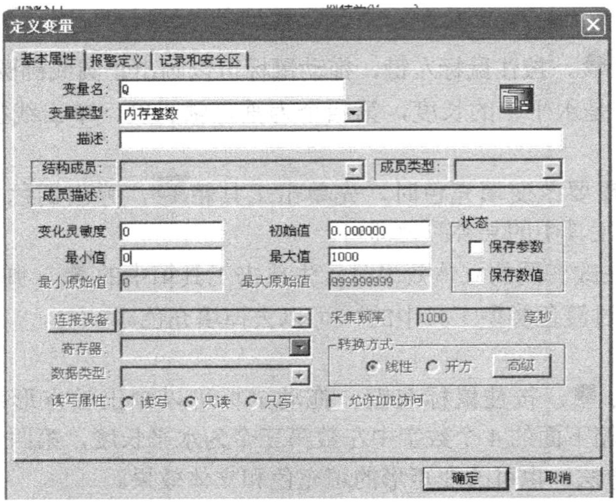

图 1-22 “定义变量”对话框

1.5.4 动画连接

在组态王开发系统中制作的画面都是静态的，那么它们如何才能反映工业现场的状况呢？可通过“动画连接”。所谓“动画连接”就是建立画面的图素与数据库变量的对应关系。这样，工业现场的数据（比如温度、液面高度等）发生变化时，通过 I/O 接口，将引起实时数据库中变量的变化，如果设计者曾经定义了一个画面图素（比如压力表），与这个变量相关，就将会看到压力表的数字与外部测量值同步变化。

图形对象可以按动画连接的要求改变颜色、尺寸、位置、填充百分数等，一个图形对象又可以同时定义多个连接，把这些动画连接组合起来，应用程序将呈现出图形的动画效果。

在开发系统画面中双击正方体，弹出“动画连接”对话框，如图 1-23 所示。单击“水平移动”按钮，会弹出如图 1-24 所示的“水平移动连接”对话框。

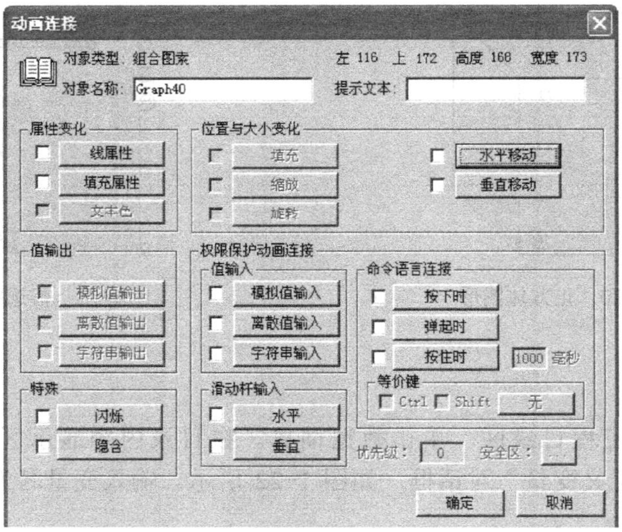

图 1-23 “动画连接”对话框

在“表达式”中输入：Q 或者单击表达式输入框后面的“？”，在数据词典中双击变量 Q，在输入框中显示→本站点→Q。

“移动距离”选向右：500（以显示器像素为单位）。

“对应值”：100（每步移动 5 个像素的距离）。

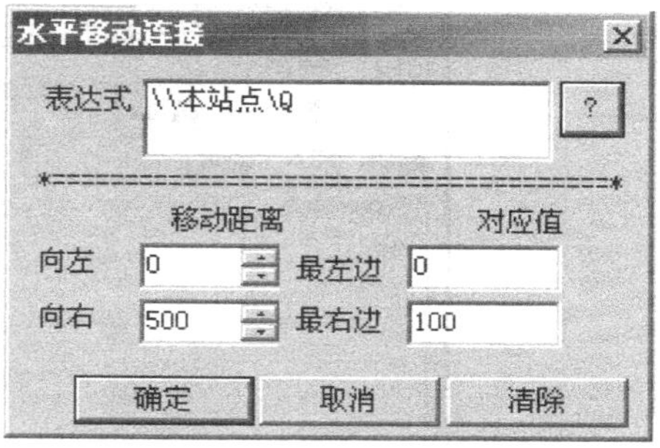

图 1-24 “水平移动连接”对话框

1.5.5 编写命令语言程序

组态王中的命令语言是一种在语法上类似C语言的程序，可以利用这些程序来增强应用程序的灵活性，处理一些算法和操作等。

命令语言都是靠事件触发执行的，如定时、数据的变化、按下键盘键、单击鼠标等。根据事件和功能的不同，命令语言包括应用程序命令语言、热键命令语言、事件命令语言、数据改变命令语言、自定义函数命令语言、动画连接命令语言和画面命令语言等。具有完备的词法和语法查错功能和丰富的运算符、数学函数、字符串函数、控件函数、SQL 函数和系统函数。各种命令语言通过“命令语言编辑器”编辑输入，在组态王运行系统中被编译执行。其中应用程序命令语言、热键命令语言、事件命令语言、数据改变命令语言可以称为后台命令语言，它们的执行不受画面打开与否的限制，只要符合条件就可以执行。

在开发系统画面菜单“编辑→画面属性”或者鼠标在当前画面的任一位置时，单击鼠标右键，弹出“画面属性”对话框，如图 1-25 所示。

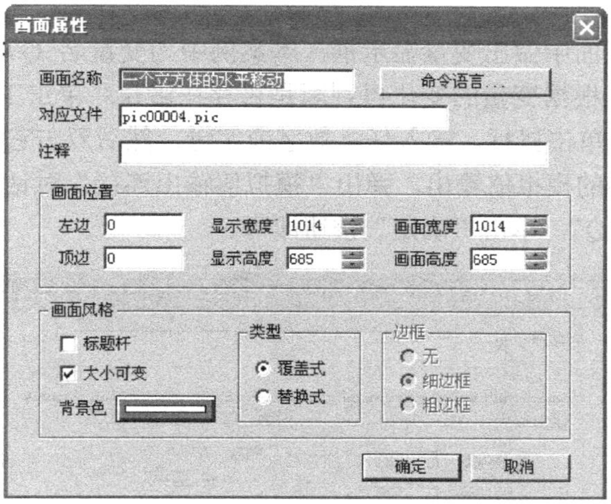

图 1-25 “画面属性”对话框

单击“命令语言”按钮，弹出“画面命令语言”窗口，如图 1-26 所示。

单击“存在时”按钮，将“每 3000 毫秒”修改为“每 100 毫秒”（程序扫描时间）。输入如下程序：

```
if(Q>=0&&Q<=100)
Q=Q+1;
```

然后，单击“确认”按钮。

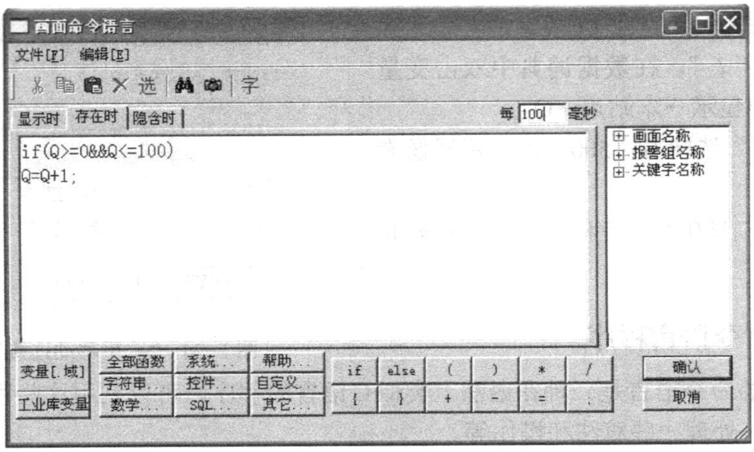

图 1-26 “画面命令语言”窗口

1.5.6 调试与运行

在完成前面几项操作后，先将项目保存。方法是，在开发系统画面菜单“文件→全部存”。再检查画面、动画连接设置、命令语言程序是否有错误。如果没有错误，就可以进行调试了。

1．调试

调试目的：发现动画连接和命令语言程序的错误，并及时纠正，以避免工作运行中因出现错误而造成的损失。

调试方法：先在画面中做出变量显示框（本案例中为变量名 Q），在运行过程中可以观察变量值的变化情况，根据变量的变化再判断是否存在错误。单击工具箱中的“T”按钮，在画面中的任一位置，单击鼠标，输入任意数字或字母，然后双击它，进行动画连接设置。单击动画连接对话框中的模拟值输出，弹出“模拟值输出连接”对话框，如图 1-27 所示。在“表达式”中输入“Q”，单击“确定”按钮即可。

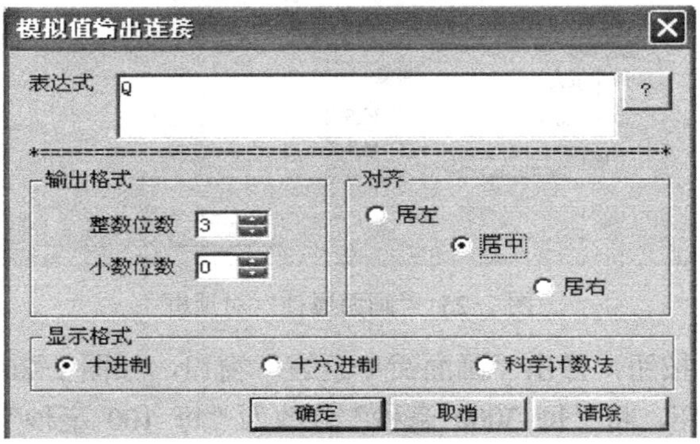

图 1-27 “模拟值输出连接”对话框

选择“文件→切换到 View”，进入运行系统，选“画面→打开”弹出“打开画面”对话框，单击“一个正方体的水平移动”，再单击“确定”按钮。

观察正方体的运行是否移动，是否移动到了 500 个像素，观察 Q 值是否从 0～100 变化。如果移动和变量 Q 都正常，就说明不存在错误。

可能存在的错误如下。

1）正方体不移动，Q 值变化正常。原因是，正方体没有和变量进行动画连接。

2）正方体不移动，Q 值为 1。原因是，Q 变量类型错误，可能设置为离散了。

3）正方体移动不到位，Q 值变化正常。原因是，在水平动画连接中对应值错误。

4）正方体向左移动，Q 值变化正常。原因是，在水平移动动画连接设置中，设置为向左了。

2．运行

在将调试中发现的错误纠正后，关闭运行系统，然后选择“全部存”，再进入运行系统，就可以看到正方体自左向右移动了。

任务 1.6　物体多种运动

本任务要求：物体分别按直线、四边形、正弦曲线、椭圆（圆）做往复或循环运动。共有 5 个画面，直线往复运动、四边形运动、正弦曲线运动、椭圆（或圆）运动及首页画面。

1.6.1　创建新工程

仍利用 D 盘中的“组态王初步学习”文件夹，配置工程名（本例为“运动”）。

1.6.2　制作画面

1．球体沿着直线往复运动

在工程浏览器中双击目录显示区的“新建”，取画面名称为直线往复运动，在组态王开发系统中就可以制作画面了。

球体画法：单击工具箱中的椭圆工具，在画面左端某一点单击鼠标，并按下〈Shift〉键画出一个圆，再单击过渡色类型中的▣。直线往复运动示意图如图 1-28 所示。

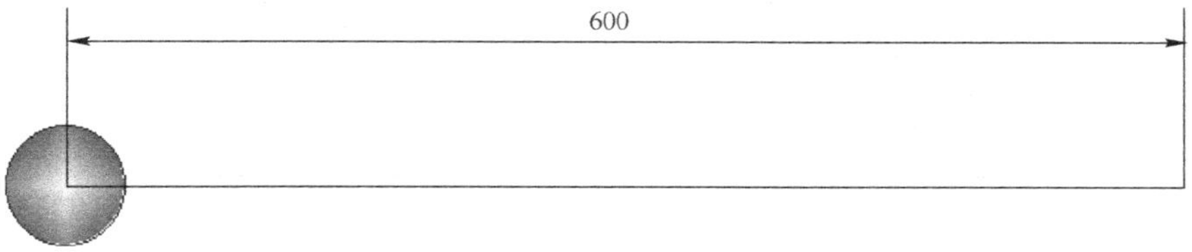

图 1-28　直线往复运动示意图

2．正方体沿着长方形轨迹循环运动

在工程浏览器中双击目录显示区的“新建”，取画面名称为长方形运动，在组态王开发系统中就可以制作画面了。

正方体按上一案例制作。再在画面中画一长为 620（像素）、宽为 340（像素）的长方形。画法是，单击工具箱中的■，画出长方形，如果有填充色，就单击过渡色类型工具中的□，即可去掉填充色。长方形运动画面如图 1-29 所示。

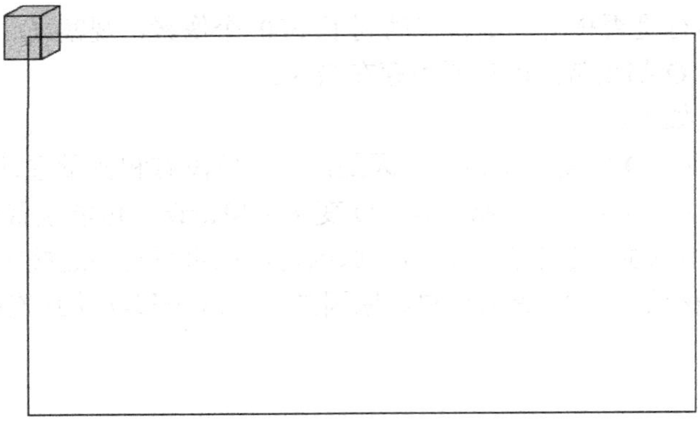

图 1-29　长方形运动画面

3．物体沿着正弦曲线运动

在工程浏览器中双击目录显示区的“新建”，取画面名称为正弦曲线运动，其画面如图 1-30 所示。

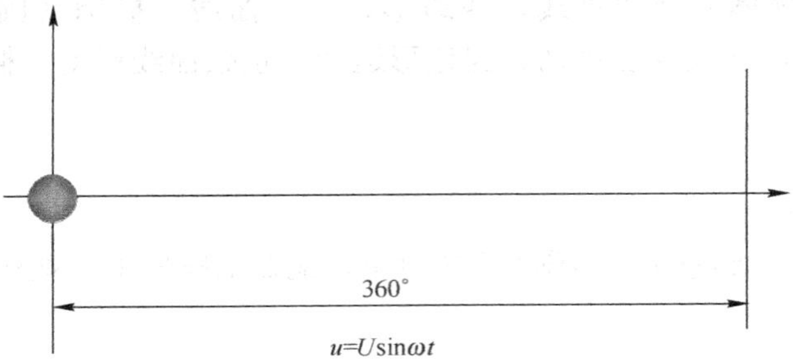

图 1-30　正弦曲线运动画面

4．卫星沿着椭圆形轨迹循环运动

在工程浏览器中双击目录显示区的“新建”，取画面名称为椭圆形循环运动，其画面如图 1-31 所示。

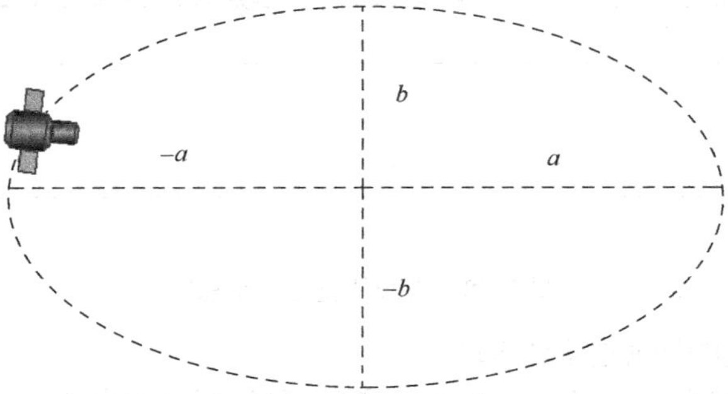

图 1-31　椭圆形循环运动画面

卫星画法：先单击工具箱，做一个长方形，再单击过渡色类型工具中的，长方形柱体如图 1-32 所示。再单击工具箱中的多边形工具，做一个梯形，单击，并单击工具箱中的，复制一个梯形，选中最后一个梯形，单击工具箱中的，水平翻转，梯形柱体

如图 1-33 所示。将 3 个图素排列，并全选，单击工具箱中的，使 3 个图素水平居中对齐，再单击，使 3 个图素合成组合图素，再复制一个这样的组合图素，并缩小。把两个组合图素放置在一起，并水平对齐，再分别选中，单击工具箱中的分裂组合图素工具，再做两个长方形作为太阳能板，然后全部选中，并单击合成组合图素工具，使之组成组合图素（注意：不可组合成合成单元，否则不能进行动画连接）。组合成的组合图素——卫星体如图 1-34 所示。

图 1-32　长方形柱体

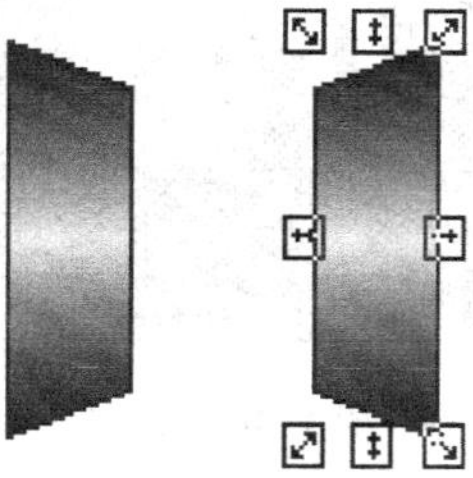

图 1-33　梯形柱体

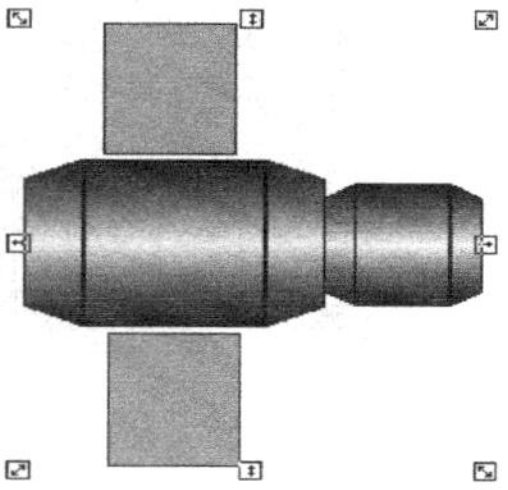

图 1-34　卫星体

5. 首页画面

在工程浏览器中，双击目录显示区中的“新建”，取画面名称为首页画面，如图 1-35 所示。本画面是传统的画轴形式，它分为画轴和画布两部分。

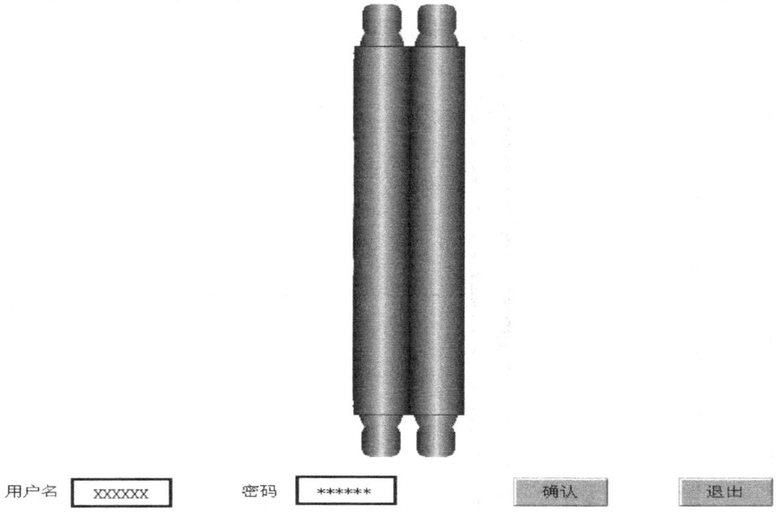

图 1-35　首页画面

在运行系统时，好像一幅画轴缓慢打开。画面可根据情况设置，比如可以是本系统的主要硬件组态照片，也可以是系统介绍或公司主要标志图等。本例采用了一幅字画。另外，在画面中还设置了用户名、系统的密码输入框以及“确认”、“退出”按钮。

画布的画法：先画出长为 800，宽为 435 的长方形，再单击过渡色类型中的工具，使长方形呈网状。单击工具箱中的点位图工具，在网状的画布中画出一个稍小的长方形，将鼠标的光标放在这个长方形上，单击右键，选择“从文件中加载”，找到事先准备好的.bmp 格式的图片，按“确定”按钮即可。画布如图 1-36 所示。

图 1-36　画布

画轴的画法：先画出一个圆柱，如图 1-37a 所示；再画出一个稍细长的圆柱，并利用改变图素形状工具将它上下两端变为圆角，如图 1-37b 所示；再画两个圆柱，如图 1-37c 所示；按图 1-37d 所示将它们排列。再做一个 400×460 的长方形，按图 1-37 所示方式与圆柱排列，并把长方形（幕布）的填充色改变为背景色，去掉边线。然后把以上图素组合成组合图素。复制一个轴和幕布的组合图素，并单击工具箱中的水平翻转工具，使轴在幕布右边。按如图 1-38 所示排列，此时画布被轴及幕布遮盖。

a)　b)　c)　d)

图 1-37　画轴的画法

a) 圆柱　b) 将圆柱上下两端变为圆角　c) 再画两个圆柱　d) 将它们排到

图 1-38　画轴幕布

1.6.3　定义变量

对以上 5 个画面中所需的变量分别进行定义。

1．球体沿着直线往复运动

对两个变量分别定义，水平运动：X1；引导变量：N1。

2．正方体沿着长方形轨迹循环运动

对 3 个变量分别定义，水平移动：X2；垂直移动：Y2；引导变量：N2；数据类型均为内存整数。

3．物体沿着正弦曲线运动

对 3 个变量分别定义，水平移动：X3；垂直移动：Y3；引导变量：N3；数据类型均为内存整数。（注意：因为 Y2 值正负变化，所以在定义 Y2 时，最小值项应输入–1000）

4．卫星沿着椭圆循轨迹环运动

对 3 个变量分别定义，水平移动：X4；垂直移动：Y4；引导变量：N4；数据类型均为内存整数。（注意：因为 Y4、X4 值正负变化，所以在定义 Y4、X4 时，最小值项应输入–1000）

5．首页画面

对 4 个变量分别定义，画轴水平运动：X5，数据类型为内存整数；用户名：YHM，数据类型为内存字符串；密码：MM，数据类型为内存字符串；密码或用户名错误次数：ERR，数据类型为内存整数。

1.6.4 动画连接

对以上 5 个画面中的图素分别进行动画连接。

1．球体沿着直线往复运动

双击球体后，在“动画连接”对话框中按下“水平运动”按钮，弹出对话框，在对话框中分别填写：

表达式——X1　　移动距离——向右　600　　对应值——最右边　60

2．正方体沿着长方形循环运动

1）在“水平移动”对话框中填写：

表达式——X2　　移动距离——向右　600　　对应值——最右边　60

2）在“垂直移动”对话框中填写：

表达式——Y2　　移动距离——向下　340　　对应值——最下边　34

3．物体沿着正弦曲线运动

1）在“水平移动”对话框中填写：

表达式——X3　　移动距离——向右　720　　对应值——最右边　360

2）在“垂直移动”对话框中填写：

表达式——Y3　　移动距离——向上　240　　对应值——最上边　120

移动距离——向下　240　　对应值—最下边　–120

4．卫星沿着椭圆循环运动

1）在“水平移动”对话框中填写：

表达式——X4　　移动距离——向右 330　　对应值——最右边　33

移动距离——向左 330　　对应值——最左边　–33

2）在“垂直移动”对话框中填写：

表达式——Y4　　移动距离——向上　180　　对应值——最上边　18

移动距离——向下 180　　对应值——最下边 –18

5．首页画面

由于画轴分为左、右两部分，所以需要分别进行动画连接。

1）将左边画轴向左边移动：

表达式——X5　　　　移动距离——向左 400　　　　对应值——最左边 80

2）将右边画轴向右边移动：

表达式——X5　　　　移动距离——向右 400　　　　对应值——最右边 80

1.6.5 编写画面命令语言程序

下面，对 5 个画面分别编写命令语言程序。

1．球体沿着直线往复运动

可将小球的往复运动分为两个阶段，在第一阶段小球向右移动 600 个像素，每步 10 个像素，变量 X1 每加一次（即 X1=X1+1），小球向右移动一步，共移动 60 步。在第二阶段小球向左移动 600 个像素，每步 10 个像素，变量 X1 每减一次（即 X1=X1-1），小球向左移动一步，也是移动 60 步。为了避免左右移动的指令发生冲突，故引入一个引导变量 N1，由 N1 分出两个阶段，第一阶段 0≤N1≤60，第二阶段 60≤N1≤120，小球移动示意图如图 1-39 所示。

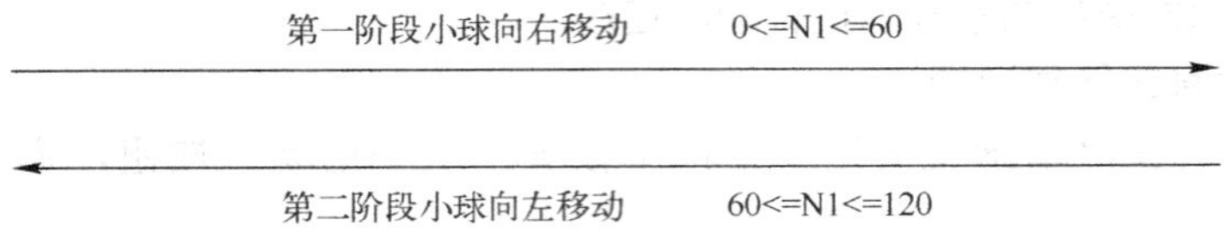

图 1-39　小球移动示意图

其命令语言程序如下。

存在时：

```
if(N1>=0&&N1<=60)          //第一阶段，小球向右移动的条件
{N1=N1+1;
X1=X1+1;}                  //小球向右移动
if(N1>=60&&N1<=120)        //第二阶段，小球向左移动的条件
{N1=N1+1;
X1=X1-1;}                  //小球向左移动
if(N1>=120)                //当小球回到起始点时作为复位条件，
                           //这段程序的目的是使小球可以往复移动
{N1=0;                     //使 N1 的值为 0，回到第一阶段
X1=0;}
```

2．正方体沿着长方形循环运动

可将正方体沿着长方形运动分为 4 个阶段，即第一阶段 0≤N2≤60，第二阶段 60≤N2≤94，第三阶段 94≤N2≤154，第四阶段 154≤N2≤188，这 4 个阶段的示意图如图 1-40 所示。

其命令语言程序如下。

存在时：

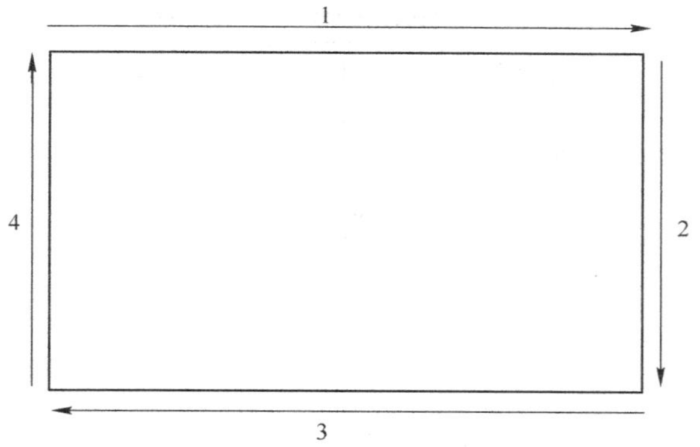

图 1-40　正方体移动的 4 个阶段示意图

```
if(N2>=0&&N2<=60)          //第一阶段，向右移动
{N2=N2+1;
X2=X2+1;}
if(N2>=60&&N2<=94)         //第二阶段，向下移动
{N2=N2+1;
Y2=Y2+1;}
if(N2>=94&&N2<=154)        //第三阶段，向左移动
{N2=N2+1;
X2=X2-1;}
if(N2>=154&&N2<=188)       //第四阶段，向上左移动
{N2=N2+1;
Y2=Y2-1;}
if(N2>=188)                //复位使程序循环
{N2=0;
X2=0;
Y2=0;}
```

3．物体沿着正弦曲线运动

正弦曲线公式为 $y=A\sin(\omega t\pm\theta)$，本例中变量 X3 为$\omega t$，$\theta=0$，Y 为公式中的 y，$A=120$。

其命令语言程序如下。

```
if(\\本站点\X3<=360)          //X3 的单位为度
{
\\本站点\X3=//本站点\X3+3;
\\本站点\Y3=120*sin(X3);}
else
\\本站点\X3=0;
```

4．卫星沿着椭圆循环运动

椭圆公式为$\dfrac{x^2}{a^2}+\dfrac{y^2}{b^2}=1\quad(a>b>0)$，本例中变量 X4 为 x，Y 为 y，$a=33$，$b=18$。

可将卫星移动分为两个阶段，第一阶段，长轴上分移动，0≤N4≤66。第二阶段，长轴下分移动，66≤N2≤132，卫星移动的两个阶段示意图如图 1-41 所示。

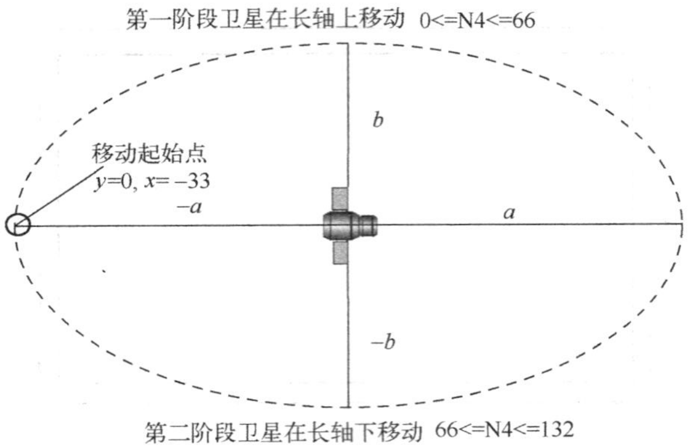

图 1-41　卫星移动的两个阶段示意图

说明：在图 1-41 中，因为卫星所在位置为 X4=0、Y4=0，移动起始点在 X4=−33、Y4=0 的位置，所以显示时，X4=−33，Y4=0。

其命令语言程序如下。

显示时：

```
X4=-33;
Y4=0;
```

存在时：

```
if(N4>=0&& N4<=66 )                 //第一阶段，卫星在长轴上的移动
{N4=N4+1;
X4=X4+1;
Y4=18*Sqrt(1-X4*X4/(33*33));        // Sqrt（平方根）
}
if(N4>=66&&N4<=132)                  //第二阶段，卫星在长轴下的移动
{N4=N4+1;
X4=X4-1;
Y4=-18*Sqrt(1-X4*X4/(33*33));
}
if(N4>=132)
{N4=0;
X4=-33;
Y4=0;
}
```

5. 首页画面

（1）画轴命令语言

存在时：

if(X5<=80)

X5=X5+1;

（2）用户名或密码程序

单击工具箱中的 T，在用户名和密码的后面方框内随意输入几个数字或字母。

用户名动画连接：双击用户名框内的文本，弹出“动画连接”对话框，单击“字符串输入”按钮，在弹出的对话框中输入用户名变量 YHM，单击“确定”。再单击“字符串输出”按钮，单击“确定”按钮。

密码动画连接：字符串输入和用户名动画连接方法基本一致，变量名为 MM，不设置字符串输出。但是在单击字符串输入后弹出的对话框中的口令形式要选择，以免输入密码泄露。

“确认”按钮的命令语言程序如下。

说明：双击画面中“确认”按钮，弹出“动画连接”对话框，单击“弹起时”按钮，在对话框中输入如下程序。

```
if(YHM=="master"&&MM=="123456")            //用户名为 master；密码为 123456
ShowPicture("直线往复运动");               //用户名、密码正确，进入直线往复运动画面
else
{ShowPicture("错误提示");                  //用户名、密码错误显示错误提示画面
ERR=ERR+1;                                 //用户名或密码错误 ERR 加 1
}
if(ERR==3)
Exit(0);                                   //如果输入用户名或密码错误 3 次，就退出运行系统
```

1.6.6 画面切换

在直线往复运动画面中单击工具箱中的按钮工具，做一个按钮，单击右键，选择字符串替换项，弹出“按钮属性”对话框，在文本框内输入正弦曲线。再做 3 个同样的按钮，分别为椭圆、长方形和退出。

“画面切换”按钮的动画连接：双击正弦曲线按钮，单击“弹起时”按钮，弹出按钮“命令语言”窗口，如图 1-42 所示。单击全部函数按钮，找到 ShowPicture，双击它，在命令语言输入框中显示“ShowPicture("PictureName");”，单击对话框右边画面名称下的正弦曲线运动，将 PictureName 替换掉，变成 ShowPicture（"正弦曲线运动"）;。其他按钮的动画连接的命令语言分别如下。

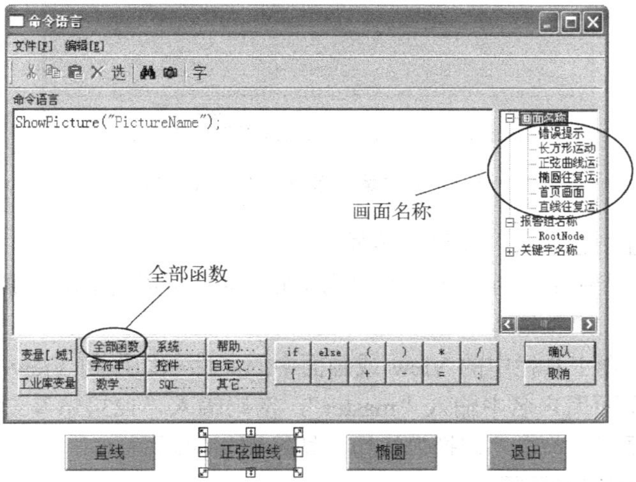

图 1-42　按钮“命令语言”窗口

（1）椭圆画面切换按钮

ShowPicture（"椭圆往复运动"）；

（2）长方形画面切换按钮

ShowPicture（"长方形运动"）；

（3）退出按钮

Exit(OptI/On);

OptI/On 为 0 时，退出组态王运行系统；为 1 时，关闭计算机；为 2 时，重新启动计算机。本例作为退出组态王运行系统之用，故退出按钮的动画连接的命令语言为 Exit(0);。

注意：命令语言中的画面名称应加双引号（输入法为英文状态）。

1.6.7 调试与运行

1．设置运行系统

在工程浏览器的工程项目显示区的系统配置中双击设置运行系统，弹出“运行系统设置”对话框（如图 1-43 所示），将“系统运行外观”选项卡中的“标题条文本”改为“组态王初步学习”，并把菜单下面的复选框去掉。

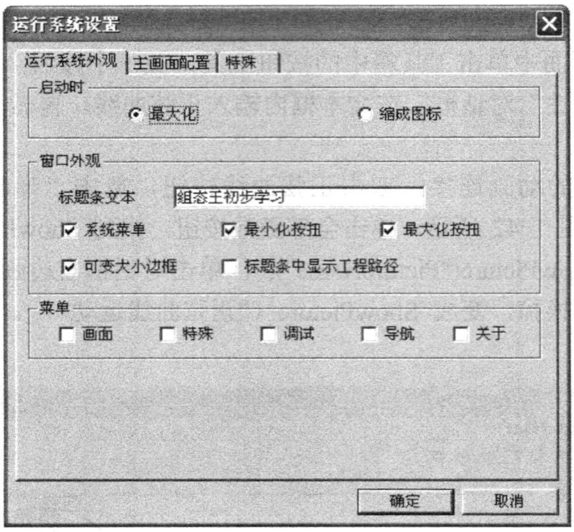

图 1-43 “运行系统设置”对话框

对“主画面配置”选项卡，选首页画面。

将“特殊”选项卡中的运行系统频率改为 100，这样可以使运动图素速度较快。

2．运行

单击选工程浏览器工具栏中的 View 或画面中的文件→切换到 View，运行系统，先进入首页画面，在首页画面用户名中输入“master”，密码输入“123456”，就可以运行了。在运行系统中，根据需要可以单击“切换”按钮，切换到相应画面。

3．调试中可能存在的问题

调试时，为了便于发现问题，在相应画面中显示有关变量。

（1）球体沿着直线往复运动

1）只能向右运动，且停在右侧不动。原因是，返回运动指令变量应做减法，可能误写成“+”。

2）只运动一个循环。原因是，没有复位语句，即

```
if(N1>=120)
{N1=0;
X1=0;}
```

（2）正方体沿着长方形轨迹循环运动

1）出现斜线移动。可能原因是，在某一阶段可能垂直和水平运动命令同时出现，比如：

```
X2=X2+1;
Y2=Y2-1;
```

2）移动很慢。可能原因是，编写命令语言对话框中的扫描周期可能过长，可改写为100ms。

3）不沿着长方形移动，轨迹乱。可能原因是，在命令语言程序中出现类似如下的命令，即

```
Y2=Y2+1; 或 Y2=X2+1;
```

4）只沿着某一方向移动并停止移动，观察 N2 变量变化，一直为 0 或某一值。可能的原因是，在命令语言程序中缺少引导变量“N2=N2+1;”这样的命令语句。

（3）物体沿着正弦曲线运动

只在 X 上移动，在后半个周期沿着 X 轴移动。可能原因是，在定义 Y3 变量时将最小值定义为 0（默认值），应定义为某一负值，比如-500。

（4）卫星沿着椭圆轨迹循环运动

卫星在左半椭圆移动时，不沿着椭圆轨迹移动，只沿着垂直轴移动；在下半椭圆移动时，只沿着水平轴移动。可能原因是将变量最小值定义为 0（默认值）了。

习题

1-1　组态王软件结构由哪几部分组成？

1-2　组态软件主要解决的问题是什么？

1-3　使用组态王软件建立工程的一般步骤是什么？

1-4　数据词典中变量的类型有哪些？

1-5　组态王工程管理器的主要功能是什么？

1-6　组态王工程浏览器的主要功能是什么？

1-7　组态王运行系统的主要功能是什么？

1-8　在组态王软件中可以进行哪些动画连接？所有的图形对象都能定义这几种动画连接吗？

1-9　图形开发环境工作界面的主要功能是什么？

1-10　什么是动画连接？

1-11　什么是命令语言？

1-12　组态软件的特点是什么？

1-13　图 1-44 所示为某移动物体，编写事件语言程序使其沿长方形 *A*—*B*—*C*—*D* 轨迹移动，*A* 点为起始位置，在 *C* 点旋转 180°，回到 *A* 点再顺时针旋转 180°。（变量为内存，变量符号自定义）

1）写出各变量及类型。

2）编写程序。

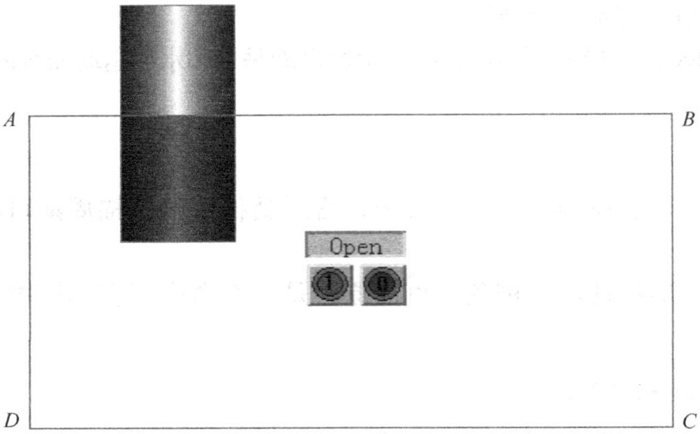

图 1-44　题 1-13 图

1-14　建立一个物体移动轨迹为三角形的工程，如图 1-45 所示。

1-15　建立卫星绕地球转动的工程，如图 1-46 所示。

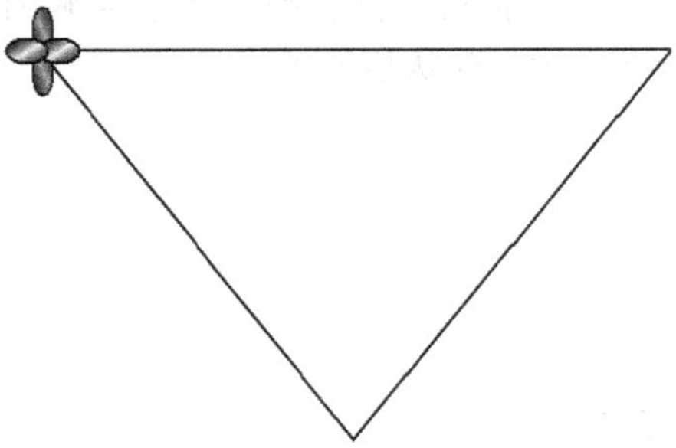

图 1-45　题 1-14 图

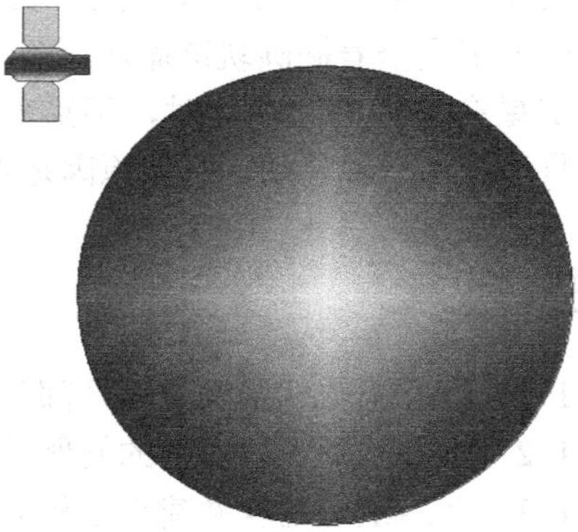

图 1-46　题 1-15 图

项目 2　化学反应车间监控

本项目要点

- 较复杂的画面制作
- 通信参数设置
- I/O 设备定义
- 历史趋势曲线
- 实时趋势曲线
- 报表
- 图库
- 配方

任务 2.1　两种原料的化学反应车间监控

（1）本项目说明

两种不同的化工原料被送入反应罐，在反应罐中进行化学反应。化学反应车间如图 2-1 所示。

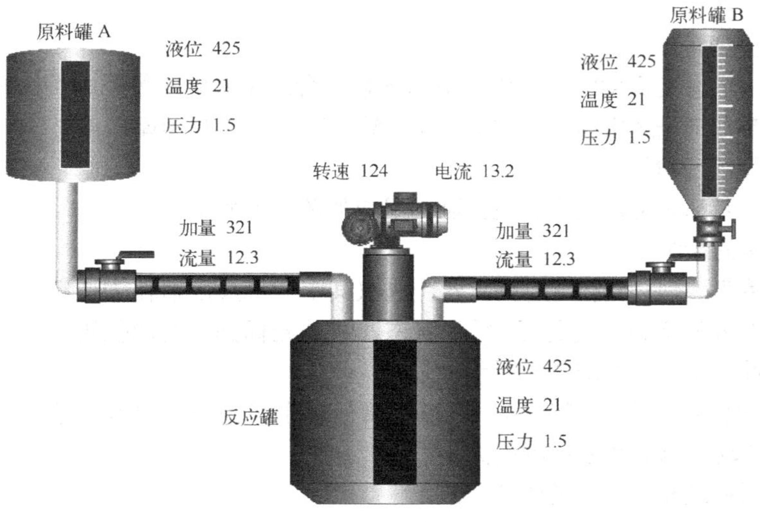

图 2-1　化学反应车间

（2）监控要求

1）在画面中能够显示出原料罐、反应罐的液位、温度、压力。

2）在画面中能够显示出两种原料的流量及原料的流动。

3）显示搅拌电动机的转速和电动机工作电流。

4）显示实时趋势曲线，可查询历史趋势曲线。

5）超温、超压、超液位时报警。

（3）实现本项目的方案

1）硬件组成。本方案的硬件由装有组态王软件的计算机、可通信的控制器（工业计算机、PLC 等），传感器（温度、压力、液位、电流传感器）、低压电器等组成。硬件方案示意图如图 2-2 所示。为方便学习组态技术，本案例采用的控制器为组态王软件内部提供的亚控仿真 PLC。

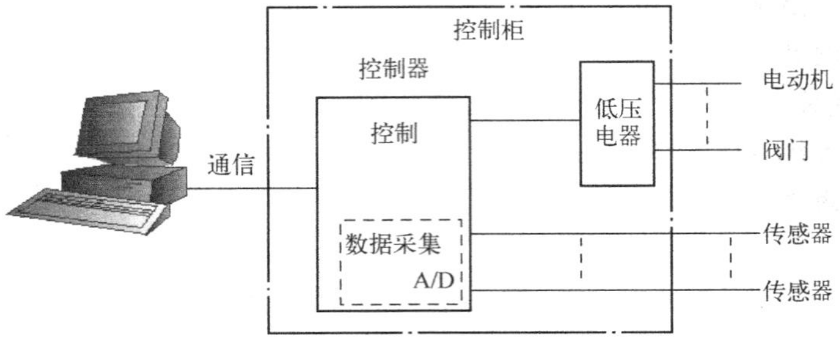

图 2-2　硬件方案示意图

2）软件。采用北京亚控科技发展有限公司组态王 Kingview 6.53 软件。

2.1.1　创建新工程

在计算机的 D 盘创建一个名为化工项目的一个文件夹。配置工程名为化工车间监控。

2.1.2　制作画面

1. 制作主控画面

图库是指由组态王提供的已制作成型的图素组合。图库中的每个成员称为图库精灵。在开发过程中图库管理器被隐藏，选择菜单“图库”→“打开图库”或按〈F2〉键激活图库管理器。

新建画面，名称为主控画面。主控画面组成如图 2-1 所示。

（1）原料罐的绘制

打开“图库”，在图库中找到反应器，选取其中一个反应器作为原料罐，并双击，在开发系统中光标呈“⌈”状态，移动光标到合适的位置，单击左键，放置原料罐，如图 2-3 所示。

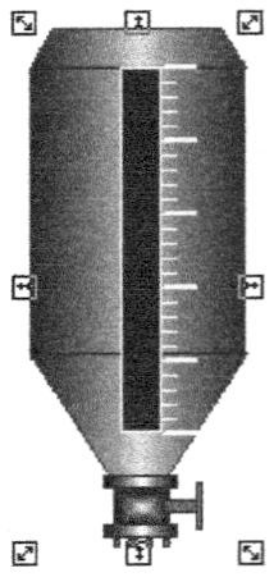

图 2-3　原料罐

在原料罐的四角有双向箭头，可以用鼠标选中其中一角的双向箭头，按住左键移动可以调整原料罐的大小。

另外一个原料罐和反应罐的画法一致。

位置移动可以单击欲移动的图素，光标呈大十字状，按下鼠标左键，即可拖动，到达位置后，松开左键即可。

（2）反应罐的绘制

单击工具箱中长方形工具，做一个长方形，再单击过渡色工具条中的，如图 2-4 中的 *A* 所示。再单击工具箱中的多边形工具，做一个梯形，并单击，如图 2-4 中的 *B* 所示。单击工具箱中的，复制一个梯形，选中最后一个梯形，单击工具箱中的，垂直翻转。将 3 个图素排列，单击工具箱中的，使 3 个图素水平居中对齐，再单击，使 3 个图素合成组合图素，如图 2-4 中的 *C* 所示。为了显示液位变化，再绘制一个长方形，如图 2-4 中的 *D* 所示。完成了反应罐的绘制。

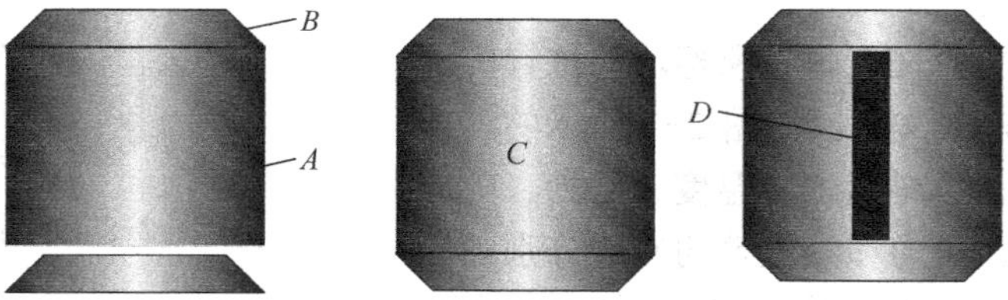

图 2-4　反应罐的绘制过程

（3）管道、阀门的绘制

1）管道的绘制。原料罐与反应罐之间的管道绘制。在工具箱中，单击，光标呈现十字形，在起点，单击左键，移动鼠标画出一条较细直线，若拐弯在拐点处单击左键，继续画线，到终点单击左键，一条管道就画完了。管道的画法如图 2-5 所示。

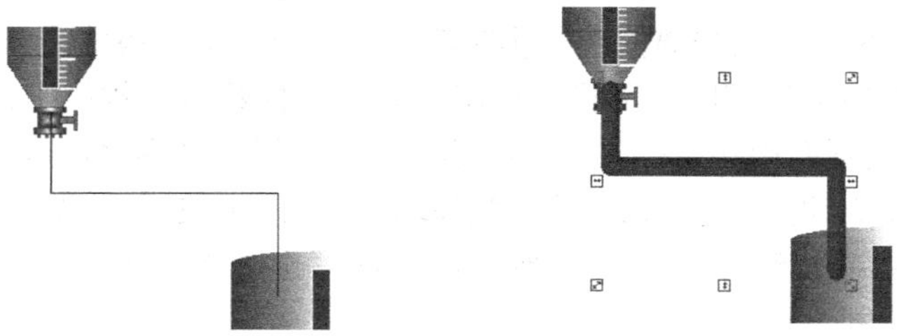

a)　　　　b)

图 2-5　管道的画法

管道的前后位置调整。管道遮住了反应罐，不美观。这时选中管道（周围有小箭头），单击工具箱中的按钮，管道就后移了，如图 2-6 所示。

管道的宽度调整。单击菜单中的工具条，选中管道属性，显示“管道属性”对话框，可进行管道宽度设置，如图 2-7 所示。如果改变“请给出新的宽度”后面的数值，宽度就可改变。

图 2-6　管道图素后移

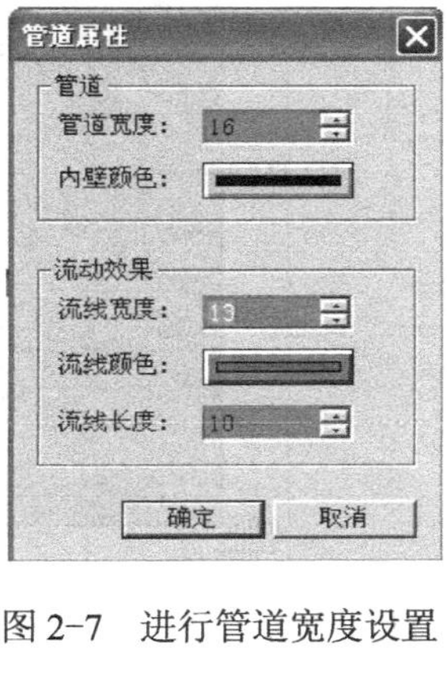

图 2-7　进行管道宽度设置

2）阀门的绘制。打开图库选择阀门（或阀门 2），从中找到所需图素，双击并放置在管道上，再调整阀门的位置和大小，如图 2-8 所示。

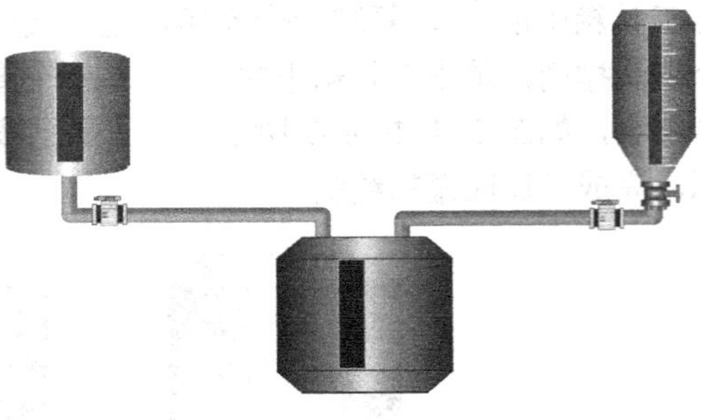

图 2-8　放置阀门

（4）文字的标注

单击工具箱中的“T”，再在所标注的位置上单击鼠标左键，输入文字。如图 2-1 所示的反应罐、原料罐 A、原料罐 B、温度、压力、液位等，并在温度、压力和液位等的右边分别输入 XXX（也可以是其他文字），以便在运行时显示数值。

2. 实时趋势曲线画面

组态王的实时数据和历史数据在画面中可以以曲线形式显示。组态王的曲线有趋势曲线、温控曲线和 *X-Y* 曲线。

趋势分析是控制软件必不可少的功能，组态王对该功能提供了强有力的支持和简单的控制方法。趋势曲线有实时趋势曲线和历史趋势曲线两种。曲线图的 *X* 轴代表时间，*Y* 轴代表变量值。对于实时趋势曲线最多可显示 4 条曲线；而历史趋势曲线最多可显示 16 条曲线，而在一个画面中可定义数量不限的趋势曲线（实时趋势曲线或历史趋势曲线）。在趋势曲线中可以规定时间间距、数据的数值范围、网格分辨率、时间坐标数目、数值坐标数目以及绘制曲线“笔”的颜色属性。当画面程序运行时，实时趋势曲线可以自动卷动，以快速反应变量随时间的变化；历史趋势曲线不能自动卷动，它一般与功能按钮一起工作，共同完成历史数据的查看工作。这些按钮可以完成翻页、设定时间参数、启动/停止记录、打印曲线图等复杂功能。

实时趋势曲线绘制过程如下。

1）新建画面，名称为实时趋势曲线。

2）选择工具箱中的按钮，在画面上输入文字：实时趋势曲线。

3）选择工具箱中的按钮，在画面上绘制一条实时趋势曲线，如图 2-9 所示。

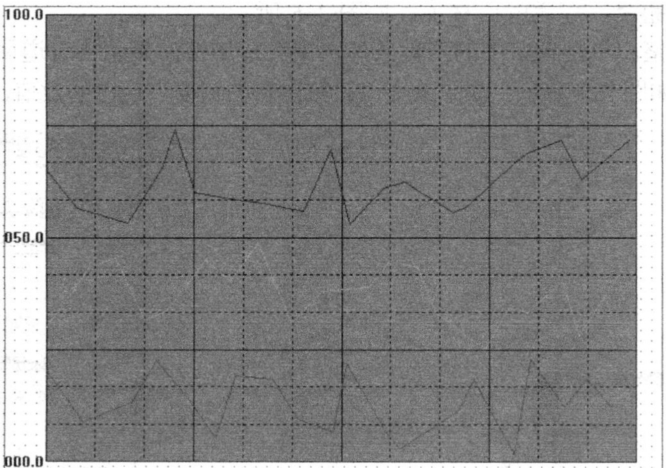

图 2-9　实时趋势曲线

3. 历史趋势曲线画面

组态王提供以下 3 种形式的历史趋势曲线。

第一种是从图库中调用已经定义好各功能按钮的历史趋势曲线。对于这种历史趋势曲线，用户只需要定义几个相关变量，适当调整曲线外观即可完成历史趋势曲线的复杂功能。这种形式使用简单方便；该曲线控件最多可以绘制 8 条曲线，但无法实现曲线打印功能。

第二种是调用历史趋势曲线控件。这种历史趋势曲线，功能很强大，使用比较简单。通过该控件，不但可以实现组态王历史数据的曲线绘制，而且可以实现 ODBC 数据库中数据记录的曲线绘制，还可以在运行状态下，实现在线动态增加/删除曲线、曲线图表的无级缩放、曲线的动态比较、曲线的打印等。

第三种是从工具箱中调用历史趋势曲线。对于这种历史趋势曲线，用户需要对曲线的各个操作按钮进行定义，即建立命令语言连接才能操作历史曲线。对于这种形式，用户使用时的自主性较强，能绘出个性化的历史趋势曲线；该曲线控件最多可以绘制 8 条曲线，但无法实现曲线打印功能。

以第二种历史趋势曲线为例，其创建过程如下。

1）新建画面，名称为历时趋势曲线画面。

2）选择工具箱中的“T”工具，在画面上输入文字：历史趋势曲线。

3）选择工具箱中的“控件”工具，在画面中插入通用控件窗口中的“历史趋势曲线”控件，如图 2-10 所示。

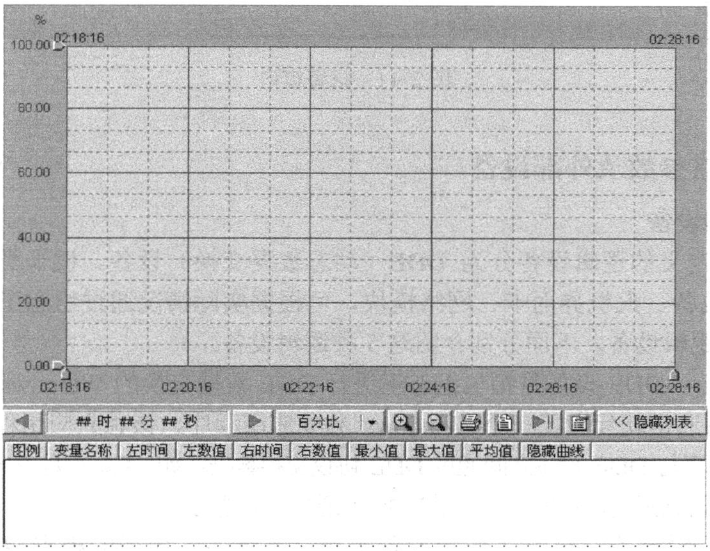

图 2-10 历史趋势曲线控件

注： 如果需要显示历史趋势曲线窗口下方的“工具条”和“列表框”，就必须将窗口拉伸到足够大。

4. 报警窗口

报警窗口是用来显示组态王系统中发生的报警和事件信息的。报警窗口分为实时报警窗口和历史报警窗口。实时报警窗口主要显示当前系统中发生的实时报警信息和报警确认信息，一旦报警恢复后将从窗口中消失。在历史报警窗口中，显示系统发生的所有报警和事件信息，主要用于对报警和事件信息的查询。

报警窗口的建立过程如下。

1）新建画面，名称为报警和事件画面，类型为覆盖式。

2）选择工具箱中的工具，在画面上输入文字：报警和事件。

3）选择工具箱中的按钮，进入报警窗口，如图 2-11 所示。

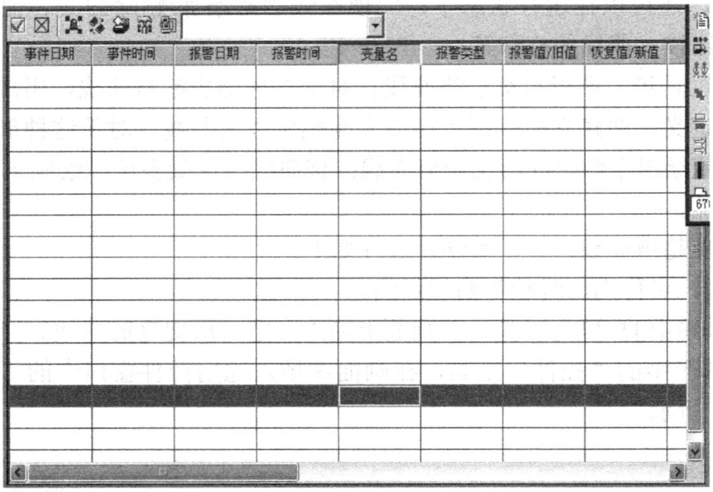

图 2-11　报警窗口

2.1.3　定义通信参数及外部设备

1. 介绍逻辑设备

组态王可以定义的逻辑设备分为 DDE（动态数据交换）设备、板卡类设备（即总线型设备）、串口类设备、人机界面卡、网络模块，可根据实际情况通过组态王的设备管理功能来配置定义这些逻辑设备。下面分别介绍这 5 种逻辑设备。

1）DDE 设备。DDE 设备是指与组态王进行 DDE 数据交换的 Windows 独立应用程序，因此，DDE 设备通常就代表了一个 Windows 独立应用程序，该独立应用程序的扩展名通常为.exe 文件，组态王与 DDE 设备之间通过 DDE 协议交换数据，如：Excel 是 Windows 的独立应用程序，当 Excel 与组态王交换数据时，采用 DDE 的通信方式进行。

2）板卡类逻辑设备。板卡类逻辑设备实际上是组态王内嵌的板卡驱动程序的逻辑名称，内嵌的板卡驱动程序不是一个独立的 Windows 应用程序，而是以 DLL（动态链接库）形式供组态王调用。这种内嵌的板卡驱动程序对应着实际插入计算机总线扩展槽中的 I/O 设备，因此，一个板卡逻辑设备也就代表了一个实际插入计算机总线扩展槽中的 I/O 板卡。

3）串口类逻辑设备。串口类逻辑设备实际上是组态王内嵌的串口驱动程序的逻辑名称，内嵌的串口驱动程序不是一个独立的 Windows 应用程序，而是以 DLL 形式供组态王调用。这种内嵌的串口驱动程序对应着实际与计算机串口相连的 I/O 设备，因此，一个串口逻辑设备也就代表了一个实际与计算机串口相连的I/O设备。

4）人机界面卡。人机界面卡又称为高速通信卡，它既不同于板卡，也不同于串口通信，它往往由硬件厂商提供，如西门子公司的S7-300用的MPI卡、莫迪康公司的SA85卡。

5）网络模块。组态王利用以太网和TCP/IP协议与专用的网络通信模块进行连接，例如选用松下ET-LAN网络通信单元通过以太网与上位机相连，该单元和其他计算机上的组态王运行程序使用TCP/IP协议。

下面以亚控组态王自带仿真PLC为例，介绍如何设置通信参数和定义I/O设备。

2．设置通信参数

组态王与串口类逻辑设备之间的关系如图2-12所示。

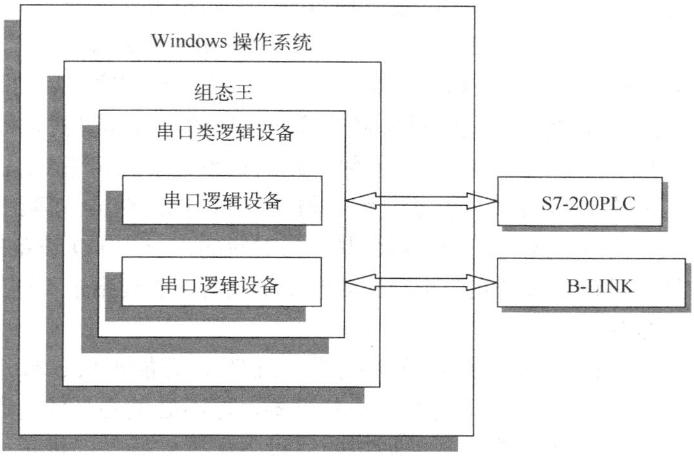

图2-12　组态王与串口类逻辑设备之间的关系图

对于不同的串口设备，其串口通信的参数是不一样的（如波特率、数据位、校验位等），需要和计算机通信时，要对串口的参数进行设置。若选择COM1口，则在工程浏览器的目录显示区，选择“设备”，双击“COM1”图标，弹出“设置串口——COM1”对话框，如图2-13所示。

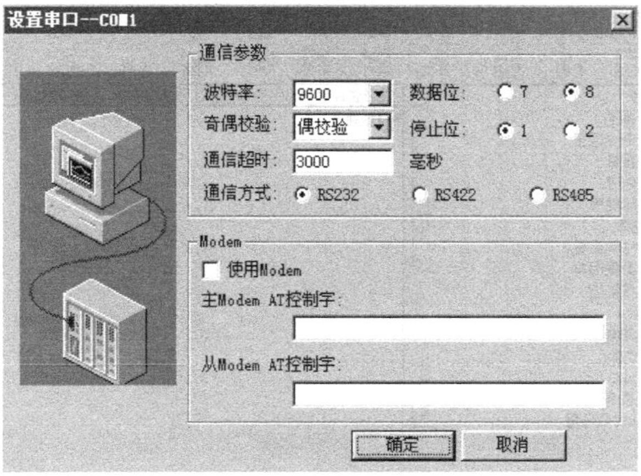

图2-13　“设置串口——COM1”对话框

在“通信参数”栏中，选择与设备对应的波特率、数据位、奇偶校验、停止位等，这些参数的选择可以参考组态王的相关设备帮助或按照设备中通信参数进行配置，（必须与所连接设备的通信参数一致）。“通信超时”为默认值，除非特殊说明，一般不需要修改。“通信方式”是指计算机一侧串口的通信方式，是 RS232 或 RS485。一般计算机一侧都为 RS232，可按实际情况选择相应的类型。

本例的通信参数取默认值。

3．定义 I/O 设备

组态王的设备管理结构列出已配置的与组态王通信的各种 I/O 设备名，每个设备名实际上是具体设备的逻辑名称（用来区别 I/O 设备生产厂家提供的实际设备名），每一个逻辑设备名对应一个相应的驱动程序，以此与实际设备相对应。它的设备管理增加了驱动设备的配置向导，只要按照配置向导的提示进行相应的参数设置，选择 I/O 设备的生产厂家、设备名称、通信方式、设备的逻辑名称和通信地址即可，组态王自动完成驱动程序的启动和通信。

组态王对设备的管理是通过对逻辑设备名的管理实现的，具体讲就是每一个实际 I/O 设备都必须在组态王中指定一个惟一的逻辑名称，此逻辑设备名对应着该 I/O 设备的生产厂家、实际设备名称、设备通信方式、设备地址、与上位 PC 的通信方式等信息内容。

在组态王中，具体 I/O 设备与逻辑设备名是一一对应的，一个 I/O 设备就必须指定一个惟一的逻辑设备名，特别是设备型号完全相同的多台 I/O 设备，更要指定不同的逻辑设备名。定义串口 I/O 设备的过程如下。

组态王支持的硬件设备包括可编程序控制器（PLC）、智能模块、板卡、智能仪表，变频器等。工程人员可以把每一台下位机看做一种设备，而不必关心具体的通信协议，只需要在组态王的设备库中选择设备的类型，然后按照“设备配置向导”的提示一步步完成安装即可，使驱动程序的配置更加方便。

根据设备配置向导就可以完成串口设备的配置，组态王最多支持 128 个串口。操作步骤如下。

1）在工程浏览器的目录显示区，用鼠标左键单击大纲项设备下的成员 COM1 或 COM2，则在目录内容显示区出现“新建”图标。新建串口设备窗口如图 2-14 所示。

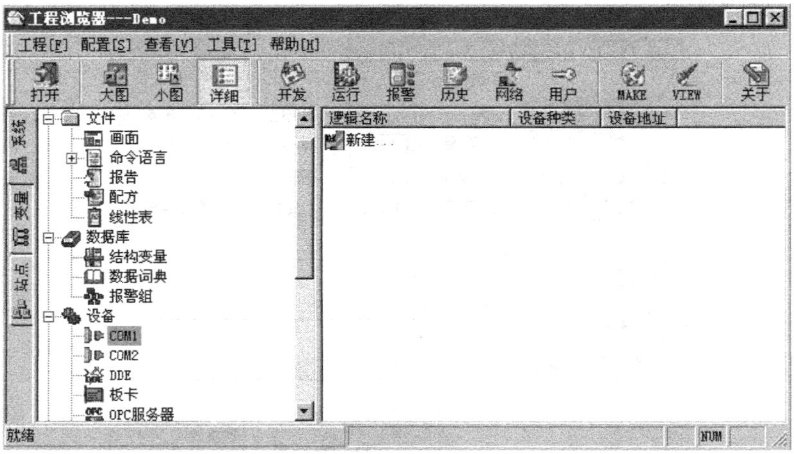

图 2-14 “新建串口设备”窗口

选中“新建”图标后用鼠标双击，弹出“设备配置向导——生产厂家、设备名称、通信方式”对话框；或者用右键单击，弹出快捷菜单，选择菜单命令“新建逻辑设备”，即弹出“设备配置向导——生产厂家、设备名称、通信方式”对话框。本例从树形设备列表区中选择 PLC，然后选择配置串口设备：亚控→仿真 PLC→COM。“设置配置向导——生产厂家、设备名称、通信方式”对话框如图 2-15 所示。

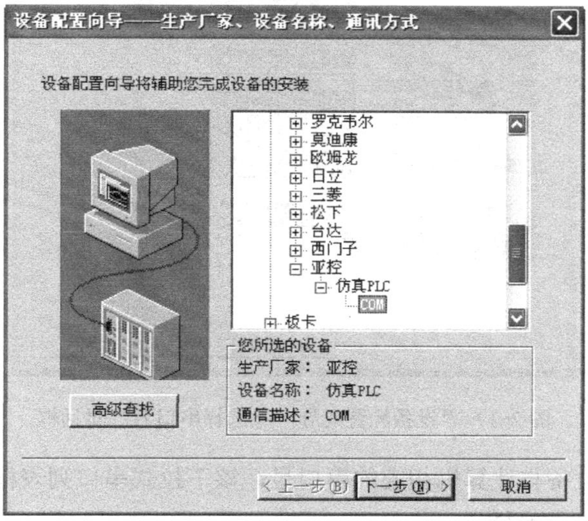

图 2-15 “设备配置向导——生产厂家、设备名称、通信方式”对话框

2）单击“下一步”按钮，弹出“设备配置向导——逻辑名称”对话框，如图 1-16 所示。

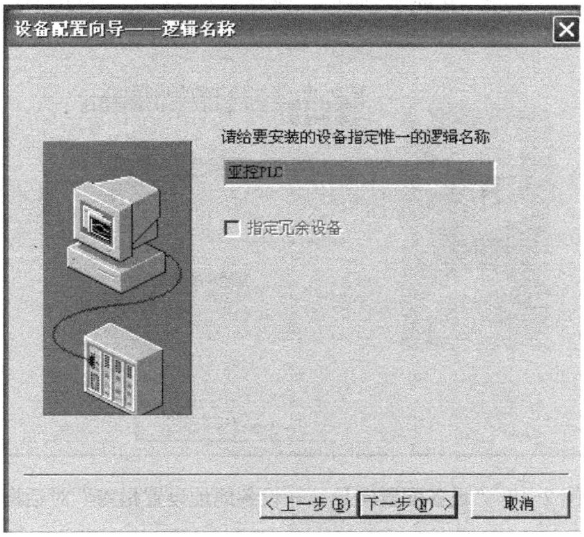

图 2-16 “设备配置向导——逻辑名称”对话框

给要配置的串口设备指定一个逻辑名称。本例指定的设备名称为亚控 PLC。单击“上一步”按钮，则可返回上一个对话框。

3）继续单击“下一步”按钮，则弹出“设备配置向导——选择串口号”对话框，如图 2-17 所示。

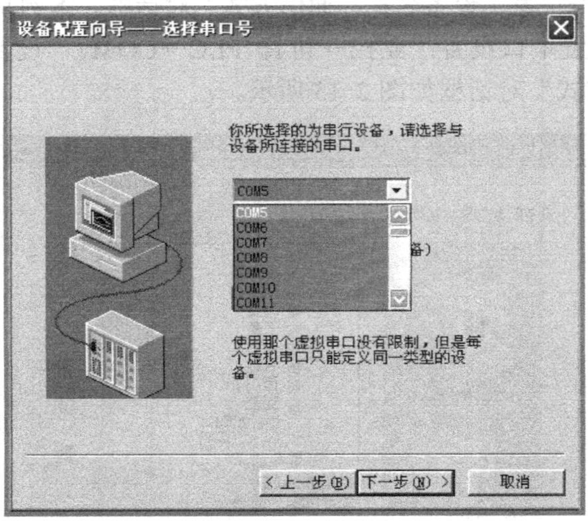

图 2-17 “设备配置向导——选择串口号”对话框

指定配置的串行设备与计算机相连的串口号，该下拉式串口列表框共有 128 个串口号供工程人员选择。本例选 COM5。

4）继续单击“下一步”按钮，则弹出“设备配置向导——设备地址设置指南”对话框，如图 2-18 所示。

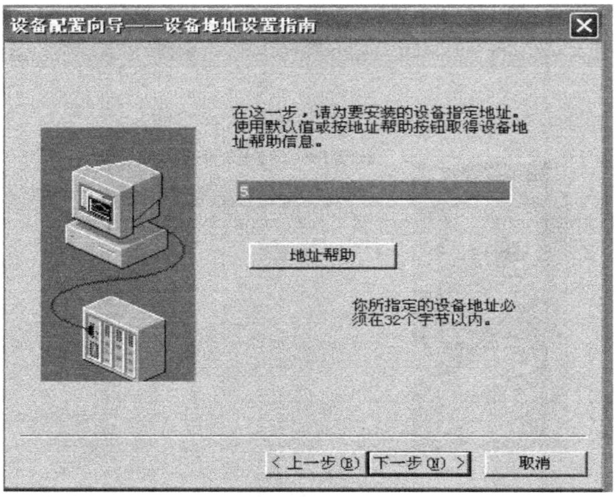

图 2-18 “设备配置向导——设备地址设置指南”对话框

指定串口设备的设备地址，该地址应该对应实际设备定义的地址，具体请参见组态王设备帮助。若要修改串口设备的逻辑名称，单击“上一步”按钮，则可返回上一个对话框。本例仿真 PLC 地址设为 5。

5）继续单击“下一步”按钮，则弹出“通信参数”对话框，如图 2-19 所示。

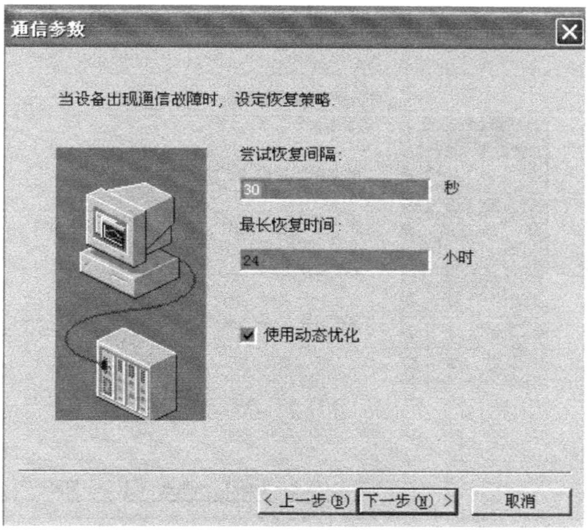

图 2-19 “通信参数”对话框

此向导页配置的一些关于设备在发生通信故障时，系统尝试恢复通信的策略参数，具体如下。

① 尝试恢复时间。在组态王运行期间，若有一台串口设备 PLC 发生故障，则组态王能够自动诊断并停止采集与该设备相关的数据，但会每隔一段时间尝试恢复与该设备的通信，尝试时间间隔为 30s。

② 最长恢复时间：若组态王在一段时间之内一直不能恢复与 PLC 的通信，则不再尝试恢复与 PLC 通信，这一时间就是最长恢复时间。

③ 使用动态优化：组态王对全部通信过程采取动态管理的办法，只有在数据被上位机需要时才被采集，这部分变量称为活动变量。活动变量包括：

a）当前显示画面上正在使用的变量。

b）历史数据库正在使用的变量。

c）报警记录正在使用的变量。

d）命令语言中（应用程序命令语言、事件命令语言、数据变化命令语言、热键命令语言、当前显示画面用的画面命令语言）正在使用的变量。

同时，组态王对于那些暂时不需要更新的数据则不进行通信。这种方法可以大大缓解串口通信速率慢的矛盾，有利于提高系统的效率和性能。当系统中 I/O 变量数目明显增加时，这种通信方式可以保证数据采集周期不会有太大变化。

如果还需要对通信参数进行修改，就单击“上一步”按钮，返回上一个对话框进行修改；如果不需要修改，就单击“下一步”按钮。

6）继续单击“下一步”按钮，则弹出“设备安装向导——信息总结”对话框，如图 2-20 所示。

此向导页显示已配置的串口设备的设备信息，供工程人员查看。如果需要修改，就单击“上一步”按钮，返回上一个对话框进行修改，如果不需要修改，就单击“完成”按钮，在工程浏览器设备节点处显示出已添加的串口设备。

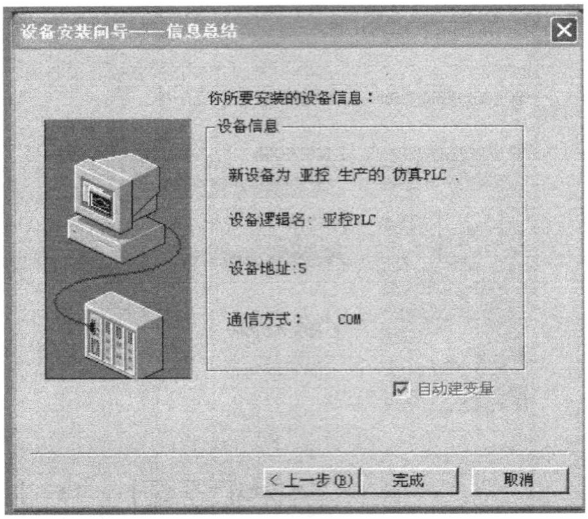

图 2-20 “设备安装向导——信息总结”对话框

2.1.4 定义变量

数据库是组态王最核心的部分。在组态王运行时，工业现场的生产状况要以动画的形式反映在屏幕上，同时在计算机前发布的指令也要被迅速送达生产现场，所有这一切都是以实时数据库为中介环节的，数据库是联系上位机和下位机的桥梁。

在数据库中存放的是变量（包括系统变量和用户定义的变量）的当前值。变量的集合形象地被称为数据词典，数据词典记录了所有用户可使用的数据变量的详细信息。

1. 变量的类型

在组态王系统中定义的变量与一般程序设计语言（如 BASIC、PASCAL、C 语言）定义的变量有很大不同，既要能满足程序设计的一般需要，又要考虑到工控软件的特殊需要。

（1）基本变量类型

变量的基本类型共有 I/O 变量和内存变量两类。I/O 变量是指可与外部数据采集程序直接进行数据交换的变量，如下位机数据采集设备（如 PLC、仪表等）或其他应用程序（如 DDE、OPC 服务器等）。这种数据交换是双向的、动态的，即在组态王系统运行过程中，每当 I/O 变量的值改变时，该值就会自动写入下位机或其他应用程序；每当下位机或应用程序中的值改变时，组态王系统中的变量值也会自动更新。所以，那些从下位机采集来的数据、发送给下位机的指令（如“反应罐液位”、“电源开关”等变量），都需要设置成“I/O 变量”。

内存变量是指那些不需要和其他应用程序交换数据，也不需要从下位机得到数据，只在组态王内需要的变量，比如计算过程的中间变量，这样的变量就可以设置成“内存变量”。

（2）变量的数据类型

组态王中的变量与一般程序设计语言中的变量比较类似，主要有以下几种。

1）实型变量。类似一般程序设计语言中的浮点型变量，用于表示浮点（float）型数据，取值范围为 10E-38～10E+38，有效值为 7 位。

2）离散变量。类似一般程序设计语言中的布尔（BOOL）变量，只有 0 和 1 两种取值，用于表示一些开关量。

3）字符串型变量。类似一般程序设计语言中的字符串变量，可用于记录一些有特定含义的字符串，如名称、密码等，该类型变量可以进行比较运算和赋值运算。字符串长度的最大值为 128 个字符。

4）整数变量。类似一般程序设计语言中的有符号长整数型变量，用于表示带符号的整型数据，取值范围为–2 147 483 648～2 147 483 647。

5）结构变量。当组态王工程中定义了结构变量时，在变量类型的下拉列表框中会自动列出已定义的结构变量，一个结构变量作为一种变量类型，在结构变量下可包含多个成员，每一个成员就是一个基本变量，成员类型可以为内存离散、内存整型、内存实型、内存字符串、I/O 离散、I/O 整型、I/O 实型和 I/O 字符串。

2．定义本案例的变量

定义变量就是定义图中可变的量，如数值的大小变化、可移动或伸缩的量、指示器的变化、开关的动作等。

（1）原料罐 A 变量

为了显示原料罐的液位、温度、压力变化，分别将其变量名称定义为液位 A、温度 A、压力 A。定义方法如下。

在工程浏览器中，从左边的工程目录显示区中选择大纲项数据库下的成员数据词典，然后在右边的目录内容显示区中用左键双击“新建”图标，弹出“定义变量”对话框，如图 2-21 所示。

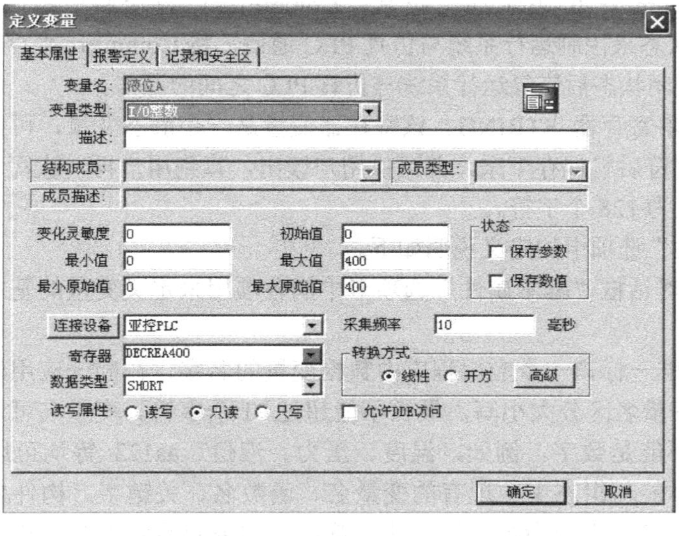

图 2-21 “定义变量”对话框

1）“定变量”对话框。在此对话框中，变量名定义为液位 A，变量类型为 I/O 整数，连接设备选择亚控 PLC，寄存器定义为 DECREA400，寄存器的数据类型定义为 SHORT，读写属性定义为只读，单击“确定”按钮，液位 A 变量定义结束。

液位 A、温度 A、压力 A 的定义方法基本相同。

变量类型：I/O 整数；连接设备寄存器分别为 RADOM120、RADOM10；数据类型：SHORT；最大值、最大原始值分别为 120、10；读、写属性为只读。采集频率为 100 毫秒（目的是演示过程中变量变化较快，效果好）。其他项默认即可。

亚控仿真 PLC 提供内部寄存器的变量说明。亚控仿真 PLC 提供了内部寄存器变量，即 INCREA、DECREA、STATIC、RADOM、CommErr、STRING，INCREA、DECREA、STATIC、RADOM 寄存器变量的编号从 1～1 000，变量的数据类型均为整型 SHORT，2 个字节；范围是，-32 768～32 767。下面分别介绍这 6 类寄存器变量。

① 自动加 1 寄存器 INCREA。该寄存器变量的编号原则是在寄存器名后加上整数值，此整数值同时表示该寄存器变量的递增变化范围，例如，INCREA900 表示该寄存器变量从 0 开始自动加 1，其变化范围是 0 到 900。

② 自动减 1 寄存器 DECREA。该寄存器变量的编号原则是在寄存器名后加上整数值，此整数值同时表示该寄存器变量的递减变化范围。

③ 静态寄存器 STATIC。该寄存器变量是一个静态变量，可保存用户下发的数据，在用户写入数据后就保存下来，可供用户读出，直到用户再一次写入新的数据为止。此寄存器变量编号的原则是在寄存器名后加上整数值，此整数值同时表示该寄存器变量能存储的最大数据范围，例如，STATIC300 表示该寄存器变量能接收 0～300 中的任意一个整数。

④ 随机寄存器 RADOM。该寄存器变量的值是一个随机值，可供用户读出，此变量是一个只读型，用户写入的数据无效，此寄存器变量的编号原则是在寄存器名后加上整数值，此整数值同时表示该寄存器变量产生数据的最大范围。

⑤ CommErr 寄存器。该寄存器变量为可读写的离散变量，用来表示组态王与设备之间的通信状态。CommErr=0 表示通信正常；CommErr=1 表示通信故障。用户通过控制 CommErr 寄存器状态来控制运行系统与仿真 PLC 通信，将 CommErr 寄存器置为打开状态时中断通信，置为关闭状态后恢复运行系统与仿真 PLC 之间的通信。

⑥ 常量字符串寄存器 STRING。该寄存器变量是一个静态变量，可保存用户下发的字符，在用户写入字符后就保存下来，并可供用户读出，直到用户再一次写入新的字符为止。字符串长度最大值为 128 个字符。

2）“基本属性”选项卡的定义说明如下。

“定义变量”对话框“基本属性”选项卡中的各项用来定义变量的基本特征，各项意义解释如下。

① 变量名：惟一标识一个应用程序中数据变量的名字，在同一应用程序中的数据变量不能重名，数据变量名区分大小写，最长不能超过 31 个字符。变量名可以是汉字或英文名字，第一个字符不能是数字。例如，温度、压力、液位、aa123 等均可以作为变量名。在命名变量名时，不能与组态王中现有的变量名、函数名、关键字、构件名称等重复；命名的首字符只能为字符，不能为数字等非法字符，名称中间不允许有空格、算术符号等非法字符存在。

② 变量类型：在对话框中只能定义 8 种基本类型中的一种，用鼠标单击变量类型下拉列表框，列出可供选择的数据类型，当定义有结构模板时，一个结构模板就是一种变量类型。

③ 描述：此编辑框用于编辑和显示数据变量的注释信息。例如，若想在报警窗口中显示某变量的描述信息，则可在定义变量时，在描述编辑框中加入适当说明，并在报警窗口中

加上描述项，此时，在运行系统的报警窗口中就可见该变量的描述信息。该描述信息最长不超过 39 个字符。

④ 变化灵敏度：数据类型为模拟量或长整型时此项有效。只有当该数据变量的值变化幅度超过“变化灵敏度”时，组态王才更新与之相连接的图素（默认为 0）。

⑤ 最小值：指该变量值在数据库中的下限值。

⑥ 最大值：指该变量值在数据库中的上限值。

⑦ 最小原始值：当变量为 I/O 模拟变量时，在驱动程序中输入原始模拟值的下限值。

⑧ 最大原始值：当变量为 I/O 模拟变量时，在驱动程序中输入原始模拟值的上限值。

以上⑤～⑧这 4 项是对 I/O 模拟量进行工程值自动转换所需要的。组态王将采集到的数据按照这 4 项的对应关系自动转为工程值。

⑨ 保存参数：在系统运行中修改变量的域值（可读可写型）时，系统会自动保存这些参数值，系统退出后，其参数值不会发生变化。当再启动系统时，变量的域的参数值为上次系统运行时最后一次的设置值，无需用户再去重新定义。

⑩ 保存数值：在系统运行中变量的值发生变化后，系统会自动保存该值。当系统退出后再次运行时，变量的初始值为上次系统运行过程中变量值最后一次变化的值。

⑪ 初始值：这项内容与所定义的变量类型有关，当定义模拟量时，出现编辑框可输入一个数值；当定义离散量时，出现开或关两种选择。当定义字符串变量时，出现编辑框可输入字符串，它们规定软件开始运行时变量的初始值。

⑫ 连接设备：只对 I/O 类型的变量起作用，只需从下拉式“连接设备”列表框中选择相应的设备即可。此列表框所列出的连接设备名是组态王设备管理中已安装的逻辑设备名。

⑬ 寄存器：指定要与组态王定义的变量进行连接通信的寄存器变量名，该寄存器与指定的连接设备有关。

⑭ 转换方式：规定 I/O 模拟量输入原始值到数据库使用值的转换方式。有线性、开方和非线性表、累计等转换方式。

⑮ 寄存器数据类型：只对 I/O 类型的变量起作用，定义变量对应的寄存器的数据类型。共有 9 种数据类型供用户使用，这 9 种数据类型是：

a）Bit：1 位；范围为 0 或 1。

b）BYTE：8 位，1 个字节；范围为 0～255。

c）SHORT，2 个字节；范围为-32 768～32 767。

d）UNSHORT：16 位，2 个字节；范围为 0～65 535。

e）BCD：16 位，2 个字节；范围为 0～9 999。

f）LONG：32 位，4 个字节；范围为-999 999 999～999 999 999。

g）LONGBCD：32 位，4 个字节；范围为 0～99 999 999。

h）FLOAT：32 位，4 个字节；范围为 10e-38～10e38，有效位 7 位。

i）String：128 个字符长度。

⑯ 采集频率：用于定义数据变量的采样频率。当采集频率为 0 时，只要组态王上的变量值发生变化时，就会进行写操作；当采集频率不为 0 时，会不停地往下写。

⑰ 读写属性：定义数据变量的读写属性，工程人员可根据需要定义变量为“只读”属性、“只写”属性、“读写”属性。只读：对于进行采集的变量一般定义属性为只读，其采集

频率不能为 0；只写：对于只需要进行输出而不需要读回的变量一般定义属性为只写；读写：对于需要进行输出控制又需要读回的变量一般定义属性为读写。

（2）原料罐 B 变量

定义变量为液位 B、温度 B、压力 B，对应设备寄存器为 DECREA500、RADOM120、RADOM10；液位 B 的最大值、最大原始值为 500，其他与原料罐 A 设置一致。

（3）反应罐变量

定义变量为液位 C、温度 C、压力 C，对应设备寄存器为 INCREA900、RADOM150、RADOM10；液位 C 的最大值、最大原始值为 900，其他与原料罐 A 设置一致。

（4）阀门和水流变量

为了显示阀门的开关状态，定义其变量名称为阀门 1 和阀门 2，变量类型为 I/O 离散，对应设备寄存器名称分别为 STATIC1、STATIC2，其数据类型为 Bit，读写属性为只写。

水流的变量名称设为水流 1、水流 2，变量类型为 I/O 整数，对应设备寄存器名称分别为 STATIC10、STATIC12，其数据类型为 SHORT，读写属性为只写。

2.1.5 动画连接

所谓“动画连接”就是建立画面的图素与数据库变量的对应关系。当工业现场的数据（如温度、液面高度等）发生变化时，通过 I/O 接口将引起实时数据库中变量的变化，如果定义了一个画面图素（如指针），与这个变量相关，将会看到指针在同步偏转。

1．主控画面的动画连接

本案例动画连接的图素是原料罐 A、原料罐 B、反应罐、阀门和水流共 13 个变量。

（1）罐体颜色和液位显示的动画连接

原料罐 A 的动画连接。原料罐 A 的液位 A 显示与对应图素进行动画连接。进入主控画面，双击原料罐 A 图素，弹出如图 2-22 所示的“反应器”对话框。

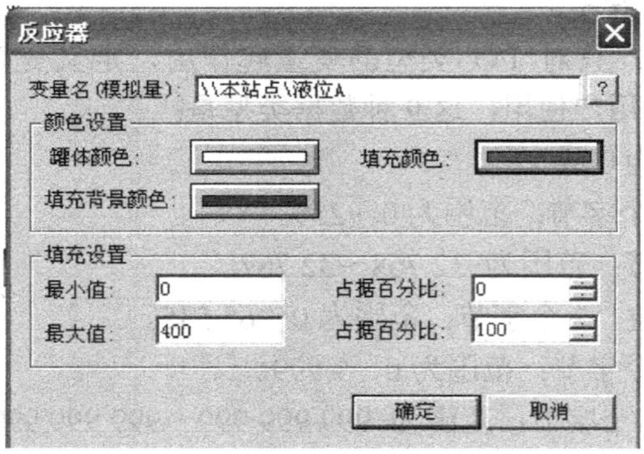

图 2-22 “反应器”对话框

对“反应器”对话框中的各项设置说明如下。

1）变量名。变量名是图素连接的在数据词典中已经定义的变量，本例中所连接的变量是液位 A，即反应罐 A 的液面高度。

2）颜色设置。它是对罐体颜色、填充颜色、填充背景色的设置。

① 罐体颜色指罐体的外观颜色，可以根据需要或罐体的实际颜色进行设置。设置方法

是，用鼠标左键按下罐体颜色后面的颜色按钮，移动鼠标，单击所选颜色即可。

② 填充颜色代表罐体内的液体颜色。设置方法同①。

③ 填充背景颜色代表罐体内部的颜色。设置方法同①。填充颜色和填充背景颜色不能一致，否则将不易观察液位变化。

3）填充设置。它是对液体填充高低限和百分比的设置。

① 最小值是指最低液位，占据百分比是指当为最小液位时，在液位显示条中所占的比例。本例中，最小值和占据百分比均为 0。

② 最大值是指最高液位，占据百分比是指当为最高液位时，在液位显示条中所占的比例。本例中，最大值为 400，占据百分比均为 100。

用鼠标左键单击变量名右面的“？”按钮，弹出，“选择变量名”对话框，如图 2-23 所示。双击变量名为液位 A，或按“确定”按钮。在变量与图素之间就建立起了对应关系。

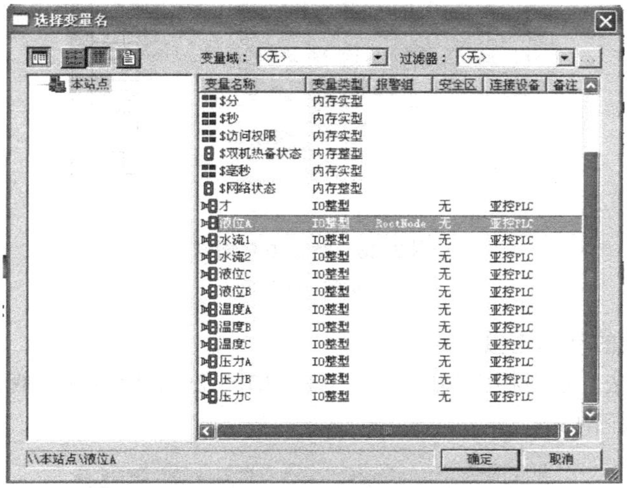

图 2-23 “选择变量名”对话框

原料罐 B 的液位 B 显示的动画连接设置与原料罐 A 一致。最大值设置为 500。

反应罐液位显示的动画连接。双击图 2-1 中反应罐中的黑色长条（注意：黑色长条是独立图素，不可与罐体组合），弹出对话框，单击“填充”按钮，弹出“填充连接”对话框，如图 2-24 所示。

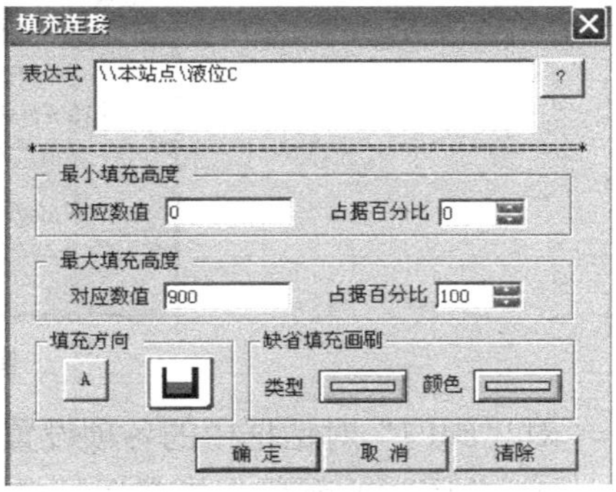

图 2-24 “填充连接”对话框

对“填充连接”对话框中的各项设置说明如下。

1）表达式：在此编辑框内输入合法的连接表达式，单击“？”按钮，可以查看已有的变量名，本例为液位 C。

2）最小填充高度：当液位填充高度为最小时的对应数值，本例为 0；所占据的被连接对象的高度的百分比，本例为 0。

3）最大填充高度：当液位填充高度最小时的对应数值，本例为 900；所占据的被连接对象的高度的百分比，本例为 100。

4）填充方向：规定填充方向，由“填充方向”按钮和填充方向示意图两部分组成。共有 4 种填充方向，单击“填充方向”按钮，本例选向上填充，如图 2-25a 所示。

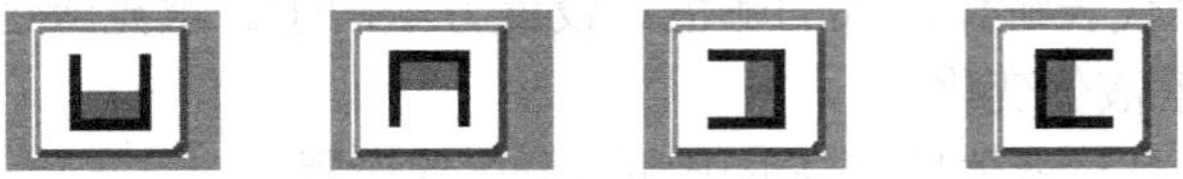

a)　b)　c)　d)

图 2-25　填充方向

a) 向上填充　b) 向下填充　c) 向左填充　d) 向右填充

5）默认填充画刷：可根据实际选取液体的形状（类型）和颜色，如图 2-26 所示。

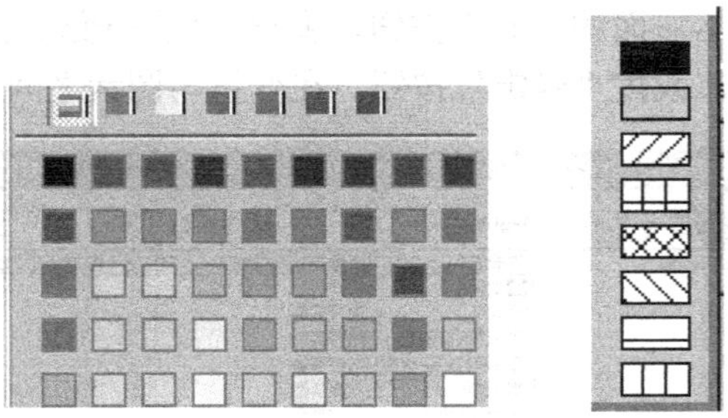

a)　b)

图 2-26　默认填充画刷

a) 类型　b) 颜色

（2）阀门和水流的动画连接

1）阀门连接方法。双击相应阀门图素，弹出如图 2-27 所示的“阀门”对话框。变量名选取数据词典中的阀门 1。

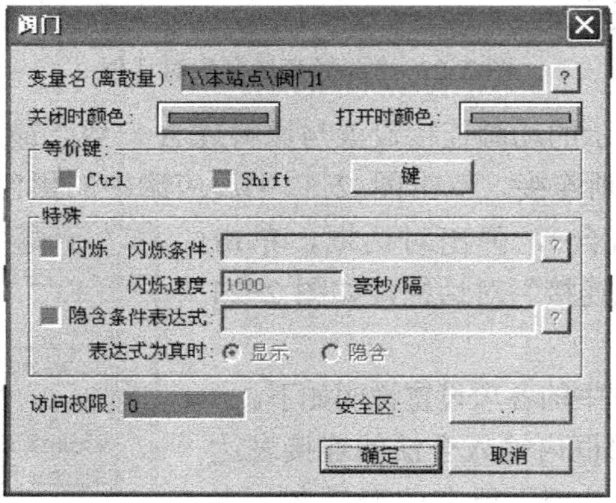

图 2-27　“阀门”对话框

对“阀门”对话框中的各项设置说明如下。

① 关闭时的颜色是指在运行中阀门关闭的颜色，本例选红色。打开时的颜色是指运行中阀门打开的颜色，本例选绿色。

② 等价键是指在运行中使阀门关闭或打开，可以使用〈Ctrl〉或〈Shift〉键，也可按下“键”按钮，选择其他键。

2）水流的动画连接。利用工具箱立体管道工具画出一段管道，并在管道属性对话框中设置管道宽度为 20，流线宽度为 14，流线长度为 8，流线颜色为黄色。

然后双击这段管道，弹出“动画连接”对话框，单击“流动”按钮，弹出“管道流动连接”对话框，如图 2-28 所示。“流动条件”：在数据词典中找到水流 1，然后按“确定”按钮。管道动画连接的前后比较如图 2-29 所示。水流 2 的动画连接与水流 1 一致，变量名为水流 2。

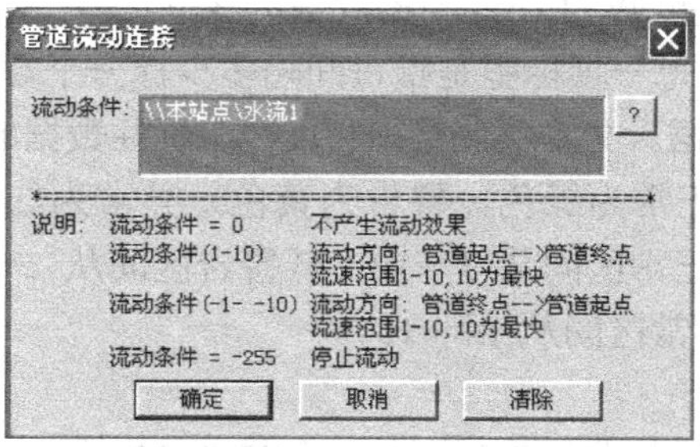

图 2-28 “管道流动连接”对话框

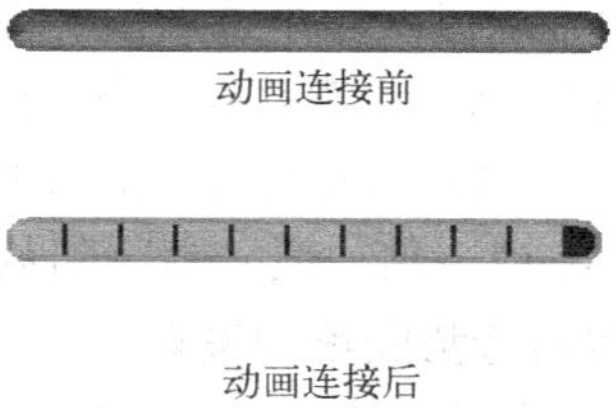

图 2-29 管道动画连接的前后比较

在完成水流动画连接后，将其按图 2-1 所示放置。

（3）液位、温度、压力数字显示或仪表显示

本例需要显示的变量是液位 A、温度 A、压力 A、液位 B、温度 B、压力 B、液位 C、温度 C、压力 C 共 9 个变量。

按图 2-1 所示输入到画面中，并在其后输入“XXX”用来显示数值，再对“XXX”动画连接。

双击“XXX”，弹出动画连接对话框，单击模拟值输出按钮，弹出“模拟值输出连接”对话框，在表达式中输入变量名，调整输出格式，然后按“确定”按钮。

在使用仪表显示时，从图库中找到仪表画在主控画面中，仪表图表如图 2-30 所示。然后双击它，弹出“仪表向导”对话框，如图 2-31 所示。

图 2-30 仪表图素

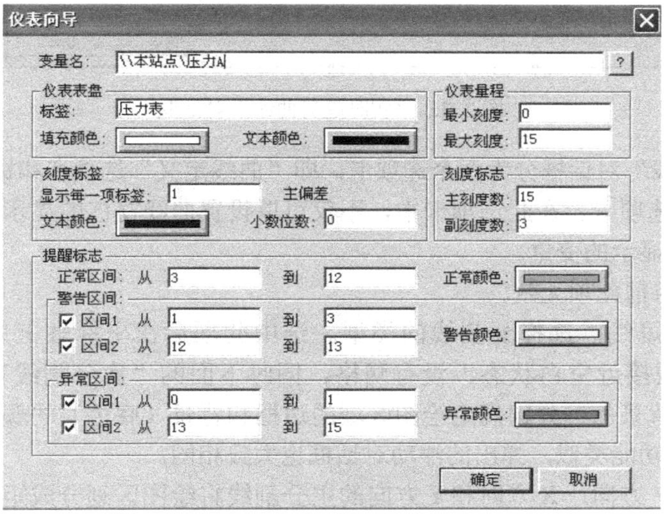

图 2-31 “仪表向导”对话框

对“仪表向导”对话框中的各项设置说明如下。

1）变量名：所显示的变量名称，本例为压力 A.。

2）仪表表盘：设置仪表名称和表盘颜色。填充颜色是指表盘的颜色。标签是仪表名称，文本颜色是标签的文字颜色。

3）仪表量程：指测量范围，本例为 0~15，最小刻度为 0，最大刻度为 15。

4）刻度标志：指仪表的刻度线。本例主刻度数为 16，副刻度数为 3。

5）刻度标签：刻度线显示数据情况。显示每一项标签是指每间隔多少标一个数据，不能小于 1。本例为 1，即每条主刻度线上都标有数据。文本颜色是指刻度线上标注数据的颜色。

6）提醒标志：表盘指示区的颜色标志，正常为绿色，警告为黄色，异常为红色，以提醒值班人员。各区间根据实际情况而定。本例正常区间从 3～12。低警告区间从 2～3，高低警告区间从 12～14。低异常区间从 0～1，高异常区间从 14～15。

2. 实时趋势曲线的设置

双击“实时趋势曲线”对象，弹出“实时趋势曲线”对话框，如图 2-32 所示。

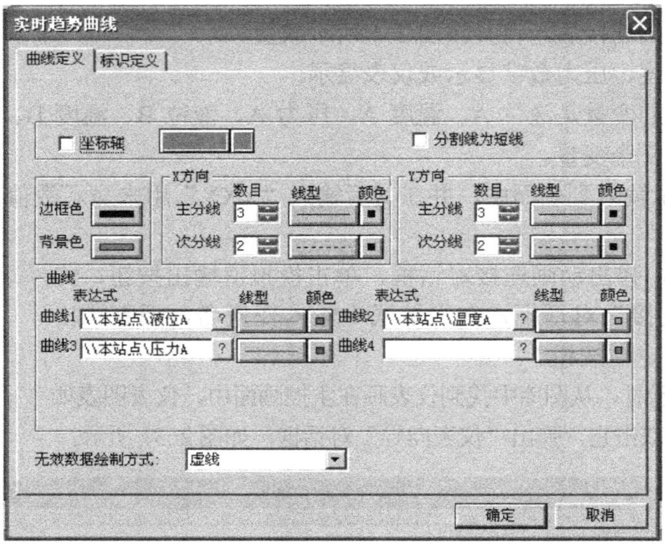

图 2-32 “实时趋势曲线”对话框

“实时趋势曲线”对话框分为两个选项卡，即“曲线定义”选项卡和标识定义选项卡。

1）曲线定义选项卡。在此选项卡中，不仅可以设置曲线窗口的显示风格，而且可以设置趋势曲线中所要显示的变量。

① 坐标轴：目前此项无效。

② 分割线为短线：选择分割线的类型。选中此项后在坐标轴上只有很短的主分割线，整个图纸区域接近空白状态，没有网格，同时下面的“次分割线”选择项变灰。

③ 边框色、背景色：分别规定绘图区域的边框和背景（底色）的颜色。这两个按钮功能与坐标轴按钮的功能类似，弹出的浮动对话框也大致相同。

④ X方向、Y方向：X方向和Y方向的主分割线将绘图区划分成矩形网格，次分割线将再次划分主分割线划分出来的小矩形。这两种线都可改变线型和颜色。分割线的数目可以

通过小方框右边“加减”按钮增加或减小，也可通过编辑区直接输入。可以根据实时趋势曲线的大小决定分割线的数目，分割线最好与标识定义（标注）相对应。

⑤ 曲线：定义所绘的 1～4 条曲线 Y 坐标对应的表达式，由于实时趋势曲线可以实时计算表达式的值，所以它可以使用表达式。可在实时趋势曲线名的编辑框中输入有效的变量名或表达式，表达式中所用变量必须是数据词典中已定义的变量。按右边的“？”按钮可列出数据库中已定义的变量或变量域供选择。每条曲线可通过右边的线型和颜色按钮来改变线型和颜色。

本例“曲线 1”定义的变量为液位 A，曲线颜色设置为红色；“曲线 2”定义的变量为温度 A，曲线颜色设置为绿色；“曲线 3”定义的变量为压力 A，曲线颜色设置为蓝色。

2）标识定义选项卡。单击“标识定义”选项卡，如图 2-33 所示。

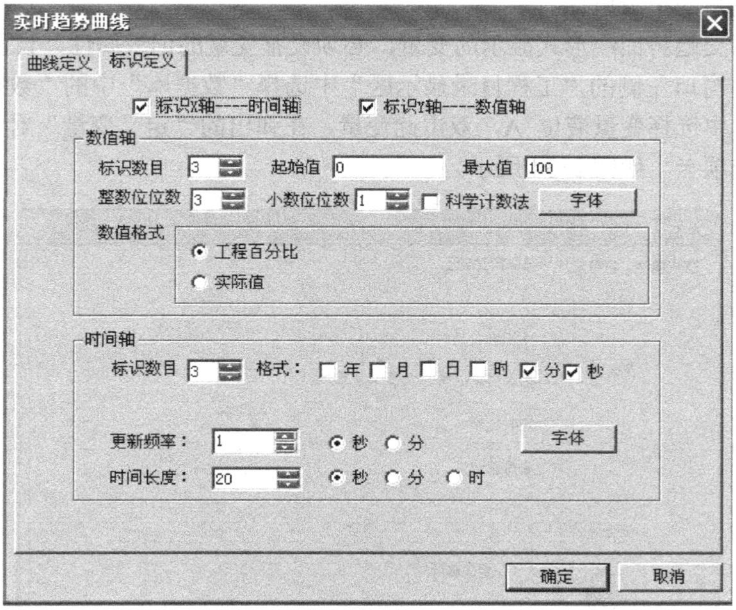

图 2-33 “标识定义”选项卡

① 标识 X 轴——时间轴、标识 Y 轴——数值轴：选择是否为 X 或 Y 轴加标识，即在绘图区域的外面用文字标注坐标的数值。如果选中此项，左边的检查框中就有标记，同时下面定义相应标识的选择项也由灰变加亮。

② 数值轴（Y 轴）定义区。

a）标识数目：数值轴标识的数目，这些标识在数值轴上等间隔。

b）起始值：规定数值轴起点对应的百分比值，最小为 0。

c）最大值：规定数值轴终点对应的百分比值，最大为 100。

d）数值格式：有工程百分比和实际值两种。因为一个实时趋势曲线可以同时显示 4 个变量的变化，而各变量的数值范围可能相差很大，为使每个变量都能被表现清楚，一般变量在 Y 轴上以百分数表示，即以变量值与变量范围（最大值与最小值之差）的比值表示，故 Y 轴的范围是 0（0%）～1（100%）。

③ 时间轴定义区。

a）标识数目：时间轴标识的数目，这些标识在数值轴上等间隔。在组态王开发系统中，时间是以 yy:mm:dd:hh:mm:ss 的形式表示，在 Touchview 运行系统中，显示实际的时间。在组态王开发系统画面制作程序中的外观和历史趋势曲线不同，在两边是一个被拆成两半的标识，与历史趋势曲线相区别。

b）格式：时间轴标识的格式，选择显示哪些时间量。

c）更新频率：TouchView 是自动重绘一次实时趋势曲线的时间间隔。与历史趋势曲线不同，它不需要指定起始值，因为其时间始终在当前时间到当前时间减去时间长度之间。

④ 时间长度：时间轴所表示的时间范围。

3．历史趋势曲线的设置

（1）设置变量的记录属性

对于要以历史趋势曲线形式显示的变量，必须设置变量的记录属性，设置过程如下。

在工程浏览窗口左侧的“工程目录显示区”中选择“数据库”中的“数据词典”选项，在“数据词典”中选择变量液位 A，双击此变量，在弹出的“定义变量”对话框中单击“记录和安全区”选项卡，如图 2-34 所示。

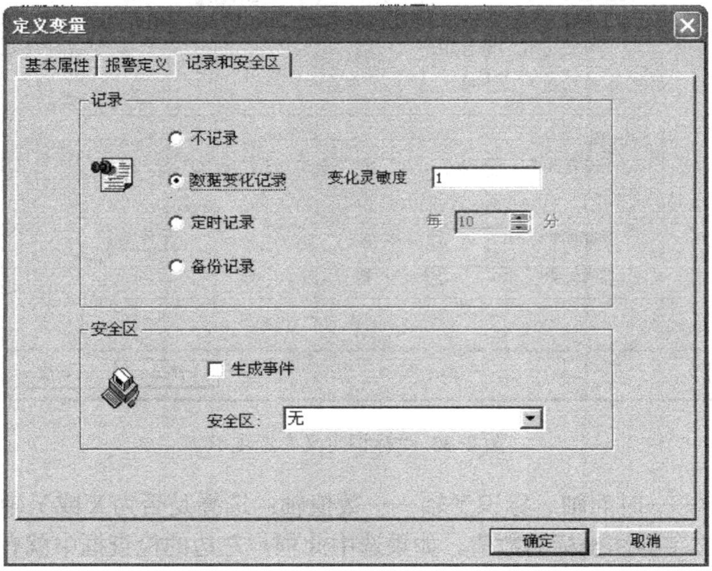

图 2-34 “记录和安全区”选项卡

记录属性的定义如下。

1）不记录：若此选项有效时，则该变量值不进行历史记录。

2）数据变化记录：当系统运行时，变量的值发生变化，而且在当前变量值与上次值之间的差值大于设置的变化灵敏度时，该变量的值才会被记录到历史记录中。这种记录方式适合于数据变化较快的场合。

3）变化灵敏度：定义变量变化记录时的阈值，本例选 1。例如，如果第一次记录值是 9，那么当第二次的变量值为 9.9 时，由于 9.9−9=0.9<1，也就是第二次变量值相对第一次记录值

的变化小于设定的“变化灵敏度”，所以对第二次变量值不进行记录；当第三次变量值为 11 时，由于 11−9.9=1.1>1，即变化幅度大于设定的“变化灵敏度”，所以此次变量值才被记录到历史记录中。

4）定时记录：无论变量变化与否，系统运行时都按定义的时间间隔将变量的值记录到历史库中，每隔设定的时间对变量的值进行一次记录。最小定义时间间隔单位为 1min，这种方式适用于数据变化缓慢的场合。

5）备份记录：选择该项。系统在平常运行时，不再直接向历史库中记录该变量的数值，而是通过其他程序调用组态王历史数据库接口，向组态王的历史记录文件中插入数据。在进行历史记录查询时，可以查询到这些插入的数据。

（2）定义历史数据文件的存储目录

在工程浏览器窗口左侧的“工程目录显示区”中双击“系统配置”中的“历史数据记录”选项，弹出“历史库配置”对话框，选择运行时启动历史数据记录和历史库，单击历史库后的“配置”按钮，弹出“历史记录配置”对话框，如图 2−35 所示。

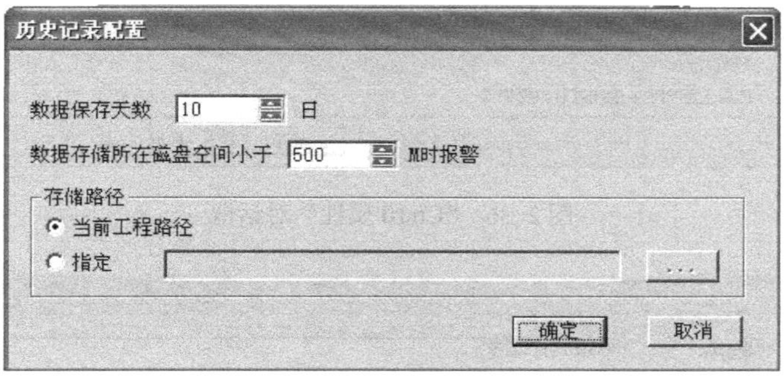

图 2−35 “历史记录配置”对话框

对“历史记录配置”对话框中各项的设置说明：

1）运行时启动历史数据记录选择：若选择，则运行系统启动时，直接启动历史记录。否则，运行时用户也可以通过系统变量“$启动历史记录”来随时启动历史记录，或通过选择运行系统中“特殊”菜单下的“启动历史记录”命令来启动历史记录。

2）数据存储所在磁盘空间设置：当存放数据磁盘小于 500MB 时，组态王软件报警提示，防止数据漏记。

3）数据保存天数：在编辑框中选择历史库保存的时间长度，最长为 9 999 天，最短为 1 天。当到达规定的时间时，系统会自动删除这些历史记录文件。

4）历史库存储路径的选择：对于历史库的存储路径，可以选择当前工程路径，也可以指定一个路径。若工程为单机模式运行，则系统在指定目录下建立一个“本站点”目录，存储历史记录文件。若是网络模式，本机为历史记录服务器，则系统在该目录下为每个与本机连接的 I/O[0]服务器建立一个目录，分别保存来自各站点的历史数据。

（3）设置历史曲线控件

选中此控件，单击鼠标右键，在弹出的下拉菜单中执行“控件属性”命令，弹出“Ctr10 属性”（即历史曲线控制属性）对话框，如图 2−36 所示。

历史趋势曲线属性窗口分为 5 个选项卡，即曲线选项卡、坐标系选项卡、预置打印选项报警区域选项和游标配置选项。

1）“曲线”选项卡。在此选项卡中可以利用添加历史曲线变量。单击此选项卡中的“历史库中添加...”按钮，弹出“增加曲线”对话框，如图 2-37 所示。

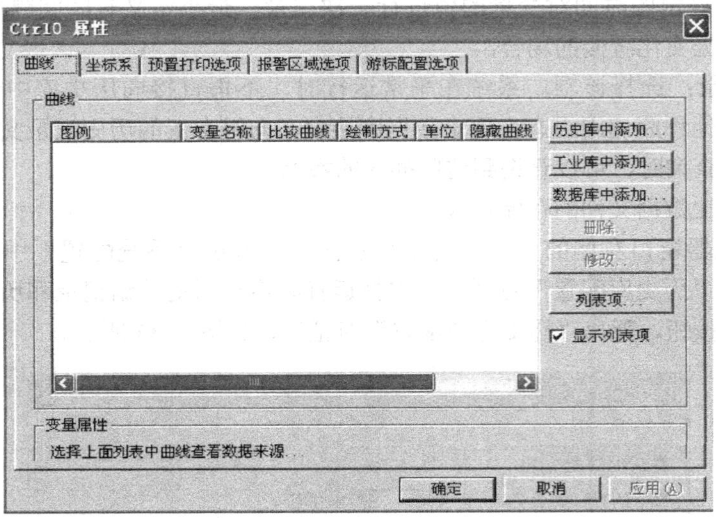

图 2-36 “Ctr10 属性”对话框

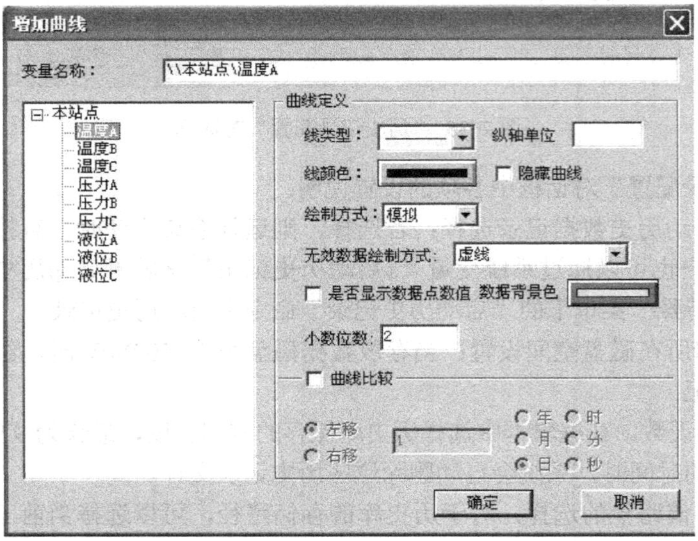

图 2-37 “增加曲线”对话框

单击“本站点”左侧的“+”，系统将工程中所有设置了记录属性的变量显示出来，在选择“液位 A”变量后，此变量自动显示在“变量名称”后面的编辑框中。绘制方式为模拟。将 9 个变量依次添加在曲线表中，每个变量的线颜色都不能相同，运行中将看到 9 条不同颜色的变化曲线。增加曲线后的历史“曲线”选项卡，如图 2-38 所示。

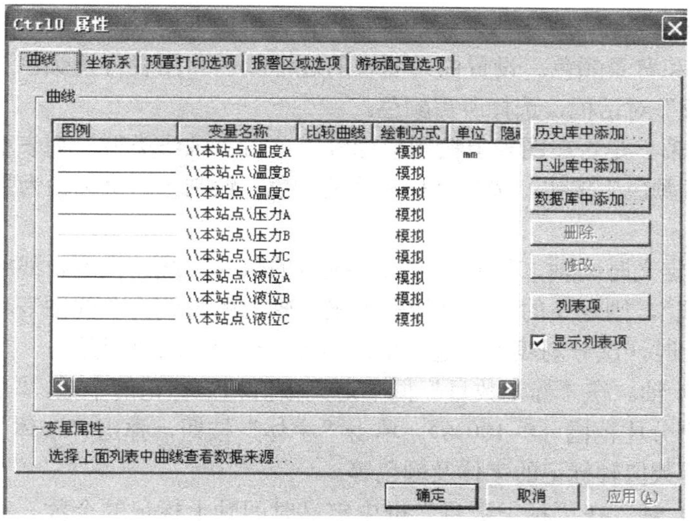

图2-38 增加曲线后的历史“曲线”选项卡

2）“坐标系”选项卡。历史曲线控件中的“坐标系”选项卡，如图2-39所示。

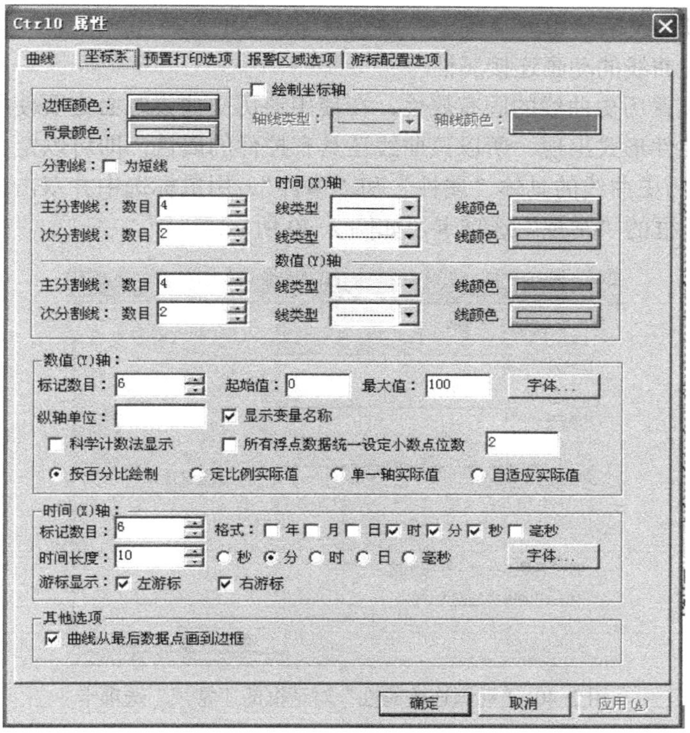

图2-39 “坐标系”选项卡

在此选项卡中可以设置历史曲线控件的显示风格，如历史曲线控件的背景颜色、坐标轴、数值轴、时间轴的显示格式等。在“数值轴”中如果“按百分比绘制”被选中，历史曲线变量就将按照百分比的格式显示，否则按照实际数值显示。

下面，对“坐标系”选项卡中显示的各项设置说明如下。

① 边框颜色和背景颜色。设置曲线图表的边框颜色和图表背景颜色。单击相应按钮，弹出“浮动调色板”对话框，选择所需颜色。

② 绘制坐标轴。是否在图表上绘制坐标轴。单击“轴线类型”列表框选择坐标轴线的线型；单击“轴线颜色”按钮，选择坐标轴线的颜色。绘制出的坐标轴为带箭头的表示 X、Y 方向的直线。

③ 分割线。定义时间轴、数值轴主次分割线的数目、线的类型及线的颜色等。若选择了分割线“为短线”，则定义的主分割线变为坐标轴上的短线，曲线图表不再是被分割线分割的网状结构。此时，次分割线不再起作用，其选项也变为灰色无效。

④ 数值（Y）轴。在“标记数目”框中定义数值轴上标记的个数，“最大值”编辑框定义初始显示值的百分比范围（0~100%）。单击“字体”按钮，弹出“字体、字形、字号”选择对话框，可选择数值轴标记的字体及颜色等。

⑤ 时间（X）轴。在“标记数目”框中定义时间轴上标记的个数。通过选择“格式”选项，选择时间轴显示的时间格式。“时间长度”框定义初始显示时图表所显示的时间段的长度。单击“字体”按钮，弹出“字体、字形、字号”选择对话框，选择时间轴标记的字体及颜色等。

在完成所有项定义后，单击“确定”按钮返回。

（4）设置历史曲线的动画连接属性

以上所述为设置历史曲线的固有属性，在使用该历史曲线时必定要使用到这些属性。由于该历史曲线以控件形式出现，所以该曲线还具有控件的属性，即可以定义“属性”和“事件”。下面详述该历史曲线的具体“属性”和“事件”。用鼠标选中并双击该控件，弹出“动画连接属性”对话框的“常规”选项卡，如图 2-40 所示。

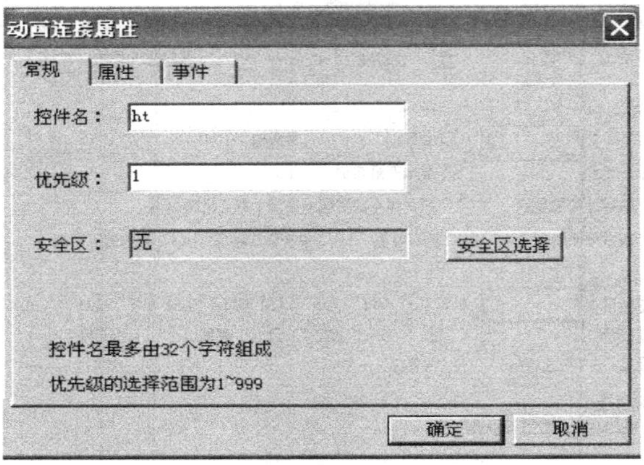

图 2-40 “动画连接属性”对话框的“常规”选项卡

动画连接属性共有 3 个选项卡。

1）“常规”选项卡：如图 2-40 所示。控件名：定义该控件在组态王中的标识名，如“ht”，该标识名在组态王当前工程中应是唯一的。

2）“属性”选项卡：如图 2-41 所示。定义控件属性与组态王变量相关联的关系。该历史曲线的属性及含义见表 2-1。

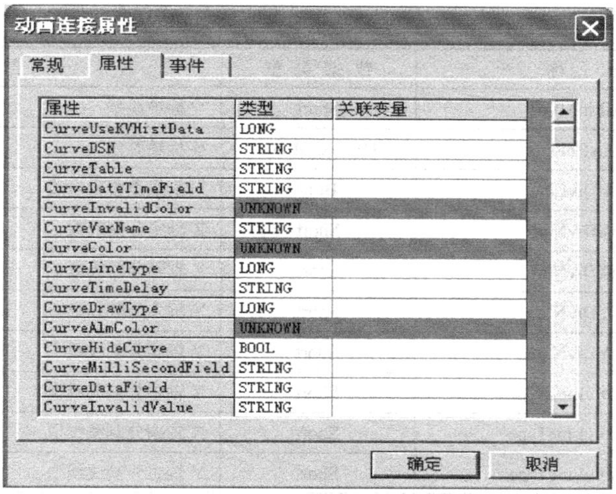

图 2-41 “动画连接属性”对话框的“属性”选项卡

表 2-1 历史曲线的属性及含义表

序　号	名　称	数 据 类 型	含　义
1	CurveUseKVHistData	Bool	使用组态王历史数据
2	CurveDSN	String	使用数据源名称
3	CurveTable	String	数据库的表名
4	CurveDateTimeField	String	数据库的时间字段名
5	CurveInvalidColor	OLE_COLOR	数据库的无效值
6	CurveVarName	String	连接变量名
7	CurveColor	OLE_COLOR	曲线颜色
8	CurveLineType	Short	曲线线型
9	CurveTimeDelay	String	曲线比较时间差
10	CurveDrawType	Short	曲线绘制方式
11	CurveAlmColor	OLE_COLOR	报警显示颜色
12	CurveHideCurve	Bool	是否隐藏曲线
13	CurveMilliSecondField	String	毫秒字段名称
14	CurveDataField	String	数据字段名称
15	CurveInvalidValue	String	无效值字段名称
16	CurveUser	String	ODBC 数据源用户名
17	CurvePwd	String	ODBC 数据源密码
18	CurveSavePwd	Bool	ODBC 是否保存密码
19	CurveList	Bool	是否显示曲线列表
20	CtrlBtn	Bool	是否显示控制按钮
21	BorderColor	OLE_COLOR	边界颜色
22	BakColor	OLE_COLOR	背景颜色
23	DrawXYAxis	Bool	是否绘制坐标轴

（续）

序　号	名　称	数据类型	含　义
24	AxisLineType	Short	坐标轴线型
25	AxisColor	OLE_COLOR	坐标轴颜色
26	ShortDivLine	Bool	分割线是否为短线
27	MajXDivNum	Short	X 轴主分割线数
28	MinXDivNum	Short	X 轴副分割线数
29	MajYDivNum	Short	Y 轴主分割线数
30	MinYDivNum	Short	Y 轴副分割线数
31	MajXDivLineType	Short	X 轴主分割线线型
32	MinXDivLineType	Short	X 轴副分割线线型
33	MajYDivLineType	Short	Y 轴主分割线线型
34	MinYDivLineType	Short	Y 轴副分割线线型
35	MajXDivColor	OLE_COLOR	X 轴主分割线颜色
36	MinXDivColor	OLE_COLOR	X 轴副分割线颜色
37	MajXDivColor	OLE_COLOR	Y 轴主分割线颜色
38	MinYDivColor	OLE_COLOR	Y 轴副分割线颜色
39	YLabelNum	Short	Y 轴标记数
40	YminVal	Double	Y 轴标记最小值
41	YmaxVal	Double	Y 轴标记最大值
42	YLableFont	IFontDisp	Y 轴标记字体
43	XLabelNum	Short	X 轴标记数
44	Xwidth	Short	X 轴宽度
45	XLableFont	IFontDisp	X 轴标记字体
46	XLabelFmtYear	Bool	X 轴标记格式——是否显示年
47	XlabelFmtMonth	Bool	X 轴标记格式——是否显示月
48	XlabelFmtDay	Bool	X 轴标记格式——是否显示日
49	XlabelFmtHour	Bool	X 轴标记格式——是否显示时
50	XlabelFmtMinute	Bool	X 轴标记格式——是否显示分
51	XlabelFmtSecond	Bool	X 轴标记格式——是否显示秒
52	XlabelFmtMilliSecond	Bool	X 轴标记格式——是否显示毫秒
53	XWidthUnit	Short	X 轴宽度单位：秒、分、时、日
54	XLableColor	OLE_COLOR	X 轴标记颜色
55	YLableColor	OLE_COLOR	Y 轴标记颜色
56	CurveNum	Long	返回当前曲线图表中的曲线数目
57	AdjustWidth	Long	时间轴调整宽度
58	AdjustWidthUnit	Short	时间轴调整宽度单位：秒、分、时、日、毫秒
59	Percent	Bool	是否按百分比绘制
60	YMinReal	Double	Y 轴最小值
61	YMaxReal	Double	Y 轴最大值

（续）

序　号	名　称	数据类型	含　义
62	SampleInterval	Long	采样间隔（秒）
63	SampleIntervalMs	Long	采样间隔（毫秒）
64	PrintTitle	String	打印标题
65	XLVernierShow	Bool	是否显示左游标
66	XRVernierShow	Bool	是否显示右游标
67	XLabelFmtMicroSecond	Bool	X 轴标记格式——是否显示微秒
68	SampleUS	Bool	是否微秒采样
69	bPrintTitle	Bool	是否打印标题
70	bPrintList	Bool	是否打印曲线列表
71	YUNIT	String	纵轴单位
72	bHiHiAlarmArea	Bool	是否显示高高限报警区
73	HiHiAlarmAreaUp	Double	高高限报警区上边界位置
74	HiHiAlarmAreaDown	Double	高高限报警区下边界位置
75	bHiAlarmArea	Bool	是否显示高限报警区
76	HiAlarmAreaUp	Double	高限报警区上边界位置
77	HiAlarmAreaDown	Double	高限报警区下边界位置
78	bLoAlarmArea	Bool	是否显示低限报警区
79	LoAlarmAreaUp	Double	低限报警区上边界位置
80	LoAlarmAreaDown	Double	低限报警区下边界位置
81	bLoLoAlarmArea	Bool	是否显示低低限报警区
82	LoLoAlarmAreaUp	Double	低低限报警区上边界位置
83	LoLoAlarmAreaDown	Double	低低限报警区下边界位置
84	LVernierStr	String	左游标附加信息
85	RVernierStr	String	右游标附加信息
86	LVernierAppendStr	Bool	左游标是否显示附加信息
87	RVernierAppendStr	Bool	右游标是否显示附加信息
88	LShowVernierValType	Short	左游标数值显示方式： 0 不显时数值 1 一直显示数值 2 移动游标时显示数值
89	RShowVernierValType	Short	右游标数值显示方式： 0 不显时数值 1 一直显示数值 2 移动游标时显示数值
90	bPrintSubTitle	Bool	是否打印子标题
91	PrintSubTitle	String	打印子标题
92	SubTitlePos	Short	子标题位置

3）“事件”选项卡：如图 2-42 所示。定义控件的事件函数。该历史曲线的属性及含义见表 2-1。

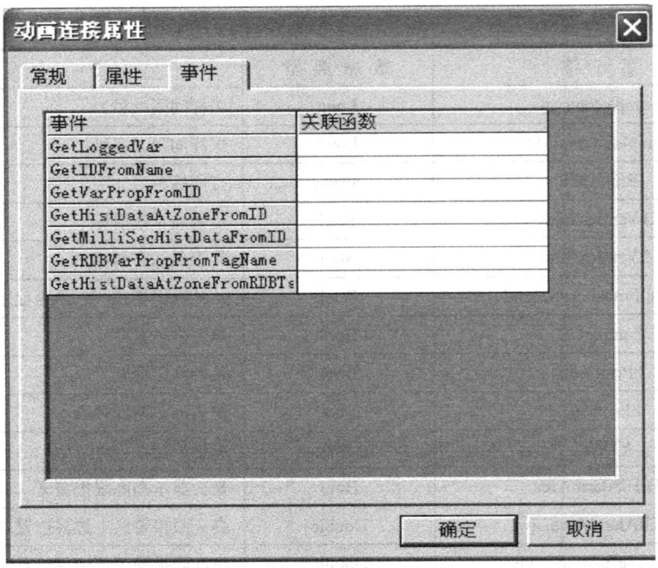

图 2-42 “动画连接属性”对话框的“事件”选项卡

属性方法的使用举例。举一个简单的例程来说明控件属性的使用。

CtrlBtn 为是否显示控制按钮。Bool 类型，1 为显示控制按钮，0 为隐藏控制按钮。CurveList 为是否显示曲线列表。Bool 类型，1 为显示曲线列表，0 为隐藏曲线列表。假设不希望让对方利用趋势曲线控件自带的工具栏来实现相应的操作，也不显示曲线列表，则可以隐含此工具栏并隐藏曲线列表，利用“CtrlBtn”属性和“CurveList”属性来实现。

在“历史曲线”画面空白处单击右键，弹出右键快捷菜单，选择“画面属性”，单击“命令语言”按钮，进入画面属性命令语言编辑画面，在画面“显示时”编写脚本程序，单击“控件”按钮，弹出“控件选择”对话框，在控件选择对话框的“控件名称”处选择前面定义的历史曲线控件名称“ht”，然后在“查看类型”中选择“控件属性”，则此控件的所有的属性都会列出，可以选择需要的控件属性。选择“CtrlBtn”属性，单击“确定”按钮，则画面命令语言编辑框中出现所选择的控件的属性。对此属性进行赋值。

```
ht.CtrlBtn=0;
```

用同样的方法选择“CurveList”属性，对此属性进行赋值。

```
ht.CurveList=0;
```

完成编辑后单击“确定”按钮，完成画面属性命令语言的编辑；然后保存“历史曲线”画面进入运行系统，可以发现，运行后工具栏与曲线列表都被隐藏了，如图 2-43 所示。

4. 设置报警窗口

（1）定义报警组

在工程浏览器窗口左侧“工程目录显示区”中选择“数据库”中的“报警组”选项，在右侧“目录内容显示区”中双击“进入报警组”图标，弹出“报警组定义”对话框，如图 2-44 所示。

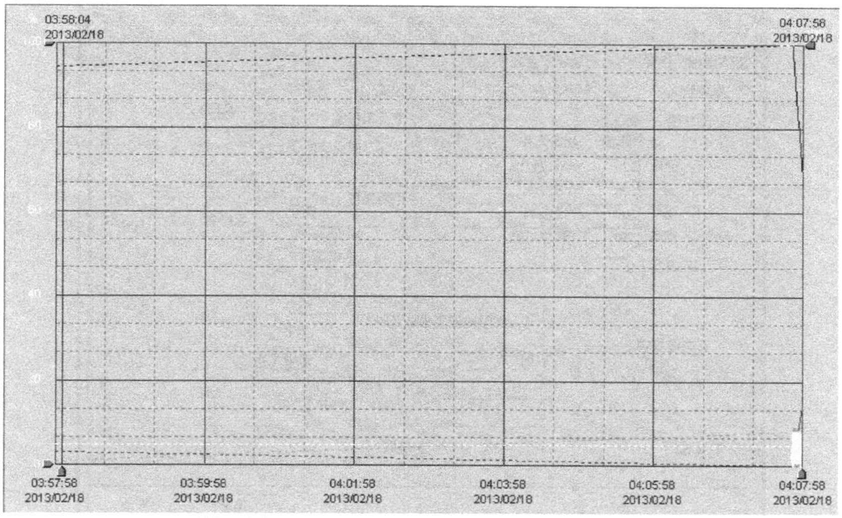

图 2-43　运行后工具栏与曲线列表都被隐藏

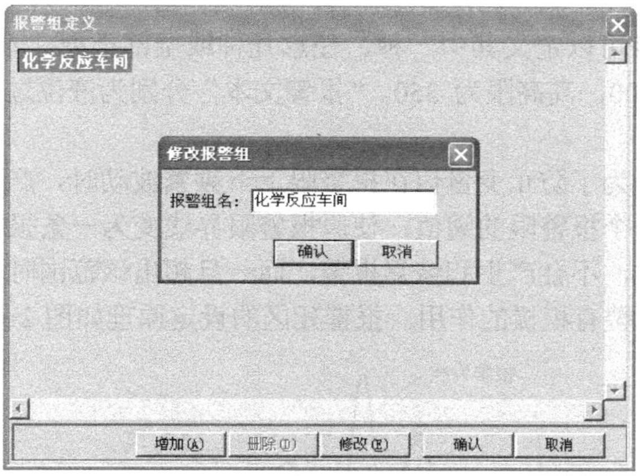

图 2-44　“报警组定义”对话框

单击“修改”按钮，将名称为 RootNode 报警组改名为“化学反应车间”。

注：报警组的划分以及报警组名称的设置是由用户根据实际情况指定的。

（2）变量的报警设置

在组态王工程浏览器“数据库”→“数据词典”中新建一个变量或选择一个原有变量并双击，在弹出的“定义变量”对话框中选择“报警定义”选项卡。

1）越限报警设置。模拟量的值在跨越规定的高、低报警限值时产生的报警。越限报警的“报警限”共有 4 个，即低低限、低限、高限及高高限，如图 2-45 所示。

在变量值发生变化时，如果跨越某一个限值，就立即发生越限报警。某个时刻，对于一个变量，只可能越一种限，因此只产生一种越限报警，例如，如果变量的值超过高高限，就会产生高高限报警，而不会产生高限报警。另外，如果两次越限，就得看这两次越的限是否是同一种类型，如果是，就不再产生新报警，也不表示该报警已经恢复；如果不是，则先恢复原来的报警，再产生新报警。

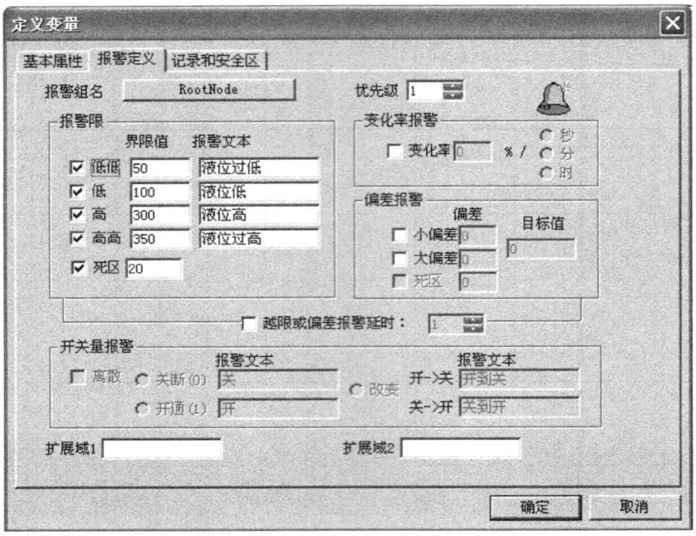

图 2-45 “定义变量”对话框的“报警定义”选项卡

对越限类型的报警可以定义其中一种、任意几种或全部类型。本例设置低低限为 50，低限为 100，高限为 300，高高限为 350。“报警文本”分别为液位过低、液位低、液位高、液位过高，死区为 20。

报警死区的作用是为了防止变量值在报警限上下频繁波动时，产生许多不真实的报警，在原报警限上下增加一个报警限的阈值，使原报警限界线变为一条报警限带，当变量的值在报警限带范围内变化时，不会产生和恢复报警，而一旦超出该范围时，才产生报警。这样对消除波动信号的无效报警有积极的作用。报警死区的设定原理如图 2-46 所示。

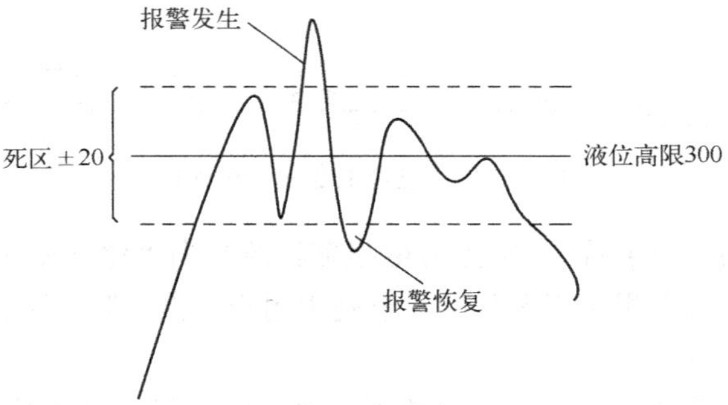

图 2-46　报警死区的设定原理图

2）偏差报警。偏差报警是在模拟量的值相对目标值上下波动超过指定的变化范围时产生的报警。偏差报警可以分为小偏差和大偏差两种。当波动的数值超出大小偏差范围时，分别产生大偏差报警和小偏差报警。偏差报警限的计算方法为

小偏差报警限=偏差目标值±定义的小偏差

大偏差报警限=偏差目标值±定义的大偏差

偏差报警在使用时可以按照需要定义一种偏差报警或两种都使用。在变量变化的过程中，如果跨越某个界限值，就立刻会产生报警，而同一时刻，不会产生两种类型的偏差报

警。如果本例中原料罐 A 要求液位保持在 200，则在正常时允许液位上下偏差应不大于 50，最大偏差不超过 100。当要求按偏差设置报警时，小偏差限值设为 50，大偏差设定为 100。

3）变化率报警。变化率报警是指模拟量的值在一段时间内产生的变化速度超过了指定的数值而产生的报警，即变量变化太快时产生的报警。在系统运行过程中，每当变量发生一次变化，系统都会自动计算变量变化的速度，以确定是否产生报警。变化率报警的类型以时间为单位分为 3 种，即%x/秒、%x/分、%x/时。变化率报警的计算公式为

变量变化率=［（变量的当前值−变量上−次变化的值）×100］/［（变量本次变化的时间−变量上−次变化的时间）×（变量的最大值−变量的最小值）×（报警类型单位对应的值）］

其中，报警类型单位对应的值定义为：若报警类型为秒，则该值为 1；若报警类型为分，则该值为 60；若报警类型为时，则该值为 3 600。取计算结果的整数部分的绝对值作为结果，若计算结果大于等于报警极限值，则立即产生报警。当变化率小于报警极限值时，报警恢复。如果本例中原料罐 A 中原料加注量每秒钟不允许超过总容积的 2%，那么在设置变化率报警时，变化率就设为 2。

4）越限或偏差报警延时。对于偏差报警死区的定义和使用与越限报警大致相同，这里不再赘述。

报警延时是对系统当前产生的报警信息不提供显示和记录，而是进行延时，在延时时间到后，如果该报警不存在了，就表明该报警可能是一个误报警，不用理会，系统自动清除；如果延时到后，该报警还存在，就表明这是一个真实的报警，系统将其添加到报警缓冲区中，进行显示和记录；如果定时期间，有新的报警产生，则重新开始定时。

5）离散型变量的报警类型。离散报警实际是 I/O 设备开关量产生的信号引起的报警。离散量有 1、0 两种状态。离散型变量的报警有 3 种状态，即

① 1 状态报警：当变量的值由 0 变为 1 时产生报警。

② 0 状态报警：当变量的值由 1 变为 0 时产生报警。

③ 状态变化报警：当变量的值由 0 变为 1 或由 1 变为 0 时都产生报警。

在定义时，对这 3 种报警类型只能选择一种。完成选择后，在报警文本中输入不多于 15 个字符的类型说明。

（3）报警窗口的设置

在报警窗口创建完成后，要对其进行配置。双击报警窗口，弹出“报警窗口配置属性页”对话框，如图 2-47 所示。

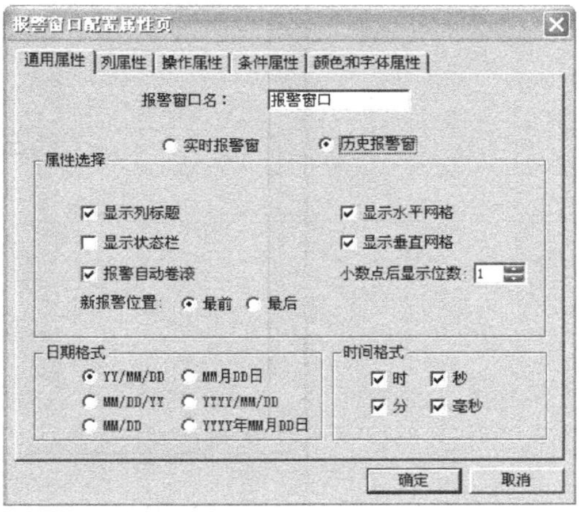

图 2-47 “报警窗口配置属性页”对话框

报警窗口分为 5 个选项卡，即通用属性选项卡、列属性选项卡、操作属性选项卡、条件属性选项卡、颜色和字体属性选项卡。

1）通用属性选项卡中各选项的含义：

① 报警窗口名。定义报警窗口在数据库中的变量登记名。此报警窗口变量名可在为操作报警窗口建立的命令语言连接程序中使用。报警窗口名的定义应该符合组态王变量的命名规则。本例报警窗口命名为报警窗口。

实时报警窗只显示当前报警情况，历史报警窗显示所有已经发生的报警情况。本例选历史报警窗，如图 2-47 所示。

② 属性选择。属性选择有如下 7 个选项：

a）显示列标题。选中后，在开发系统和运行系统中，在窗口的上部均出现每一列的列标题。如显示报警时间的列的上部，会有标题显示“报警时间”。

b）显示状态栏。选中后，在开发系统和运行系统中，在窗口的下部均出现报警窗的状态信息栏。状态栏中显示当前报警窗中的报警条数等。

c）报警自动卷滚。选中后，系统运行时，如果报警窗中的信息显示超过当前窗口一页显示，当出现新的报警时，报警窗就会自动滚动，显示新报警。

d）显示水平网格。选中后，在开发和运行中，在窗口的信息显示部位均出现水平网格线。

e）显示垂直网格。选中后，在开发和运行中，在窗口的信息显示部位均出现垂直网格线。

f）小数点后显示位数。定义报警窗中数据显示部分各种数据显示时的小数位数。

g）新报警位置。产生一条报警或事件后显示到报警窗口的位置。“最前”为新报警出现在报警窗口的最上方，先前显示的报警在窗口中依次向下移动一行；“最后”为新报警出现在报警窗的最后一行。本例按组态王默认设置。

③ 日期格式。选择报警窗中日期的显示格式，只能选择一项。

④ 时间格式。选择报警窗中时间的显示格式，即显示时间的哪几个部分。如“xx 分 xx 秒”或“xx 时 xx 分 xx 秒”。该选择应该符合逻辑，例如只选择时和秒是错误的。当时间格式选择错误时，系统会提示“时间格式不对”。

2）列属性选项卡的配置。单击报警窗口配置属性页中的“列属性”选项卡，设置报警窗口的列属性，如图 2-48 所示。

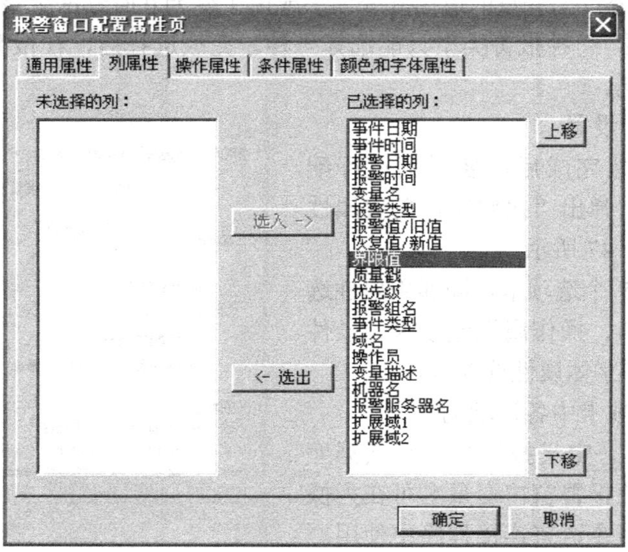

图 2-48 “报警窗口配置属性页”对话框中的“列属性”选项卡

列属性主要配置报警窗口究竟显示哪些列以及这些列的顺序，这就是所谓的列属性。其各项意义如下。

① 未选择的列。在此框中出现的列将不在报警窗口中显示。

② 已选择的列。在此框中出现的列将在报警窗口中显示。

③ 选入。选入某一列项，在报警窗中显示，在“未选择的列”中选中一列名称后，单击“选入”按钮，就可将列选入到“已选择的列”中，即可在报警窗口中显示。注意，必须在左边未选择的列框中选择某一列后，才可以执行此功能。

④ 选出。将“已选择的列”选出，不在报警窗口中显示。在“未选择的列”中选中一列名称后，单击“选出”按钮，就可将列选出到“未选择的列”中，即不在报警窗口中显示。注意，必须在右边已选择的列框选择某一个列名后，才可以执行此功能。

⑤ 上移。选入的列的排序。上移某一列名，必须在右边框选择某一个列名后，并且选择的列名不在右边框的最前面时，才能执行此功能。

⑥ 下移：选入的列的排序。下移某一列名，必须在右边框选择某一个列名后，并且选择的列名不在右边框的最后面时，才能执行此功能。

3）操作属性选项卡的配置。单击“报警窗口配置属性页”中的“操作属性”选项卡，设置报警窗口的操作属性，如图2-49所示。

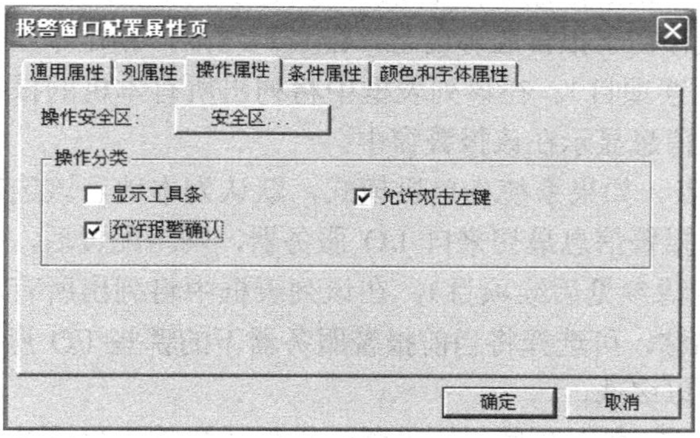

图2-49 “报警窗口配置属性页”对话框的“操作属性”选项卡

操作属性各项的意义如下。

① 操作安全区。配置报警窗口在运行系统中的操作权限——允许操作该报警窗的安全区。安全区可以选择多个。

② 操作分类。配置报警窗口在运行时支持的操作内容和方式。

③ 允许报警确认。系统运行时，允许通过图标等操作方式对报警进行确认。

④ 显示工具条。选中时，在开发和运行中的报警窗顶部显示快捷按钮，并允许用户在系统运行时通过图标操作报警窗。

⑤ 允许双击左键。系统运行时，允许在某一报警条上双击左键执行预置自定义函数功能。

4）条件属性选项卡的配置。单击报警窗口配置属性页中的“条件属性”选项卡，设置报警窗口报警信息显示的过滤条件，如图 2-50 所示。条件属性在运行期间可以在线进行修改。

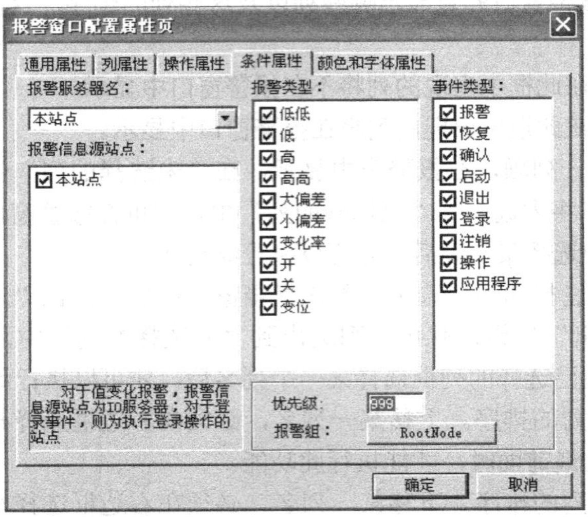

图 2-50 “报警窗口配置属性页”对话框的“条件属性”选项卡

条件属性各项的意义如下。

① 报警服务器名。如果系统为单机模式，该选项就不用选择；如果为网络模式，网络中各站点的报警信息就存在于报警服务器上，配置网络后，指定本机是哪些报警服务器的用户（网络配置请参见后续项目）。在该列表框中将列出所有本机的报警服务器，可指定将哪个报警服务器上的报警信息显示在该报警窗中。

② 报警信息源站点。如果系统为单机模式，默认为本地，该选项就不用选择；如果为网络模式，因为数据的报警信息最初来自 I/O 服务器，网络配置后，指定本机是哪些 I/O 服务器的用户（网络配置请参见后续项目），在该列表框中将列出所有本机当前选择的报警服务器下的 I/O 服务器名称，可选择将当前报警服务器下的哪些 I/O 服务器上的报警信息显示在该报警窗中。本项可以多选。

③ 优先级。选择报警窗中要显示的报警和事件的最高优先级条件，高于设定优先级的报警和事件将显示在报警窗中。若规定优先级条件为 500，则 1～500 的报警和事件信息将显示在报警窗中，而优先级在 501～999 的报警和事件将不显示。优先级选择的范围为 1～999 的整数。

④ 报警组：选择报警窗中要显示的报警和事件的报警组条件。选择的报警组及其子报警组的报警和事件允许显示在报警窗中，只能选择一个报警组。

⑤ 报警类型。选择报警窗口中允许显示何种类型的报警。

⑥ 事件类型。选择报警窗口中允许显示何种类型的事件。注意，对于实时报警窗，事件类型选项不可用，只能在运行系统中进行修改。实时报警窗的事件类型只有 3 种，即报警、确认和恢复。

2.1.6 编写程序

本例程序的编写目的是控制水流的流动并显示流动效果。当阀门 1 打开时，水流 1 流动；当阀门 1 关闭时，水流不流动。同样，阀门 2 控制水流 2。

程序如下。

```
存在时
If(阀门 1==1)          //阀门 1 打开
水流 1=10;             //管道水流 1 流动
else
水流 1=0;              //管道水流 1 停止
If(阀门 2==1)          //阀门 2 打开
水流 2=10;             //管道水流 2 流动
else
水流 2=0;              //管道水流 2 停止
```

2.1.7 调试与运行

1. 调试

完成以上内容后，检查各变量的定义、动画连接等是否正确，然后试运行，观察以下内容是否正确。

（1）主控画面的调试

原料罐液面是否向下压缩（即液面减少）至 0，然后不断重复，反应罐则相反。单击阀门指示变绿，并且相应水流有动画效果；再单击阀门指示变红，水流没有动画效果。

可能存在的问题：

1）液面没有显示。可能的原因是：①没有动画连接；②变量数据类型错误；③填充颜色和填充背景颜色一致，看不到液面的变化。

2）反应罐液面向下压缩。动画连接中填充方向错误。

3）原料罐液面向上填充。设备寄存器错误。反应罐液面 A 对应的亚控仿真 PLC 寄存器应为 DECREA400，实际可能是 INCREA400 了。

4）原料罐液位变化到 0 或反应罐液位到最大时出现停顿。在动画连接中，最大值比实际最大值小了，如反应罐液面最大值应为 900，设置时可能是 100。

5）反应罐液面或原料罐液面不能完全填充。最大值对应的百分比小于 100，或者最大值大于实际最大值。

6）水流没有动画效果。可能的原因是：①没有动画连接；②编写程序错误；③变量对应的设备寄存器错误。

7）单击阀门没有变化。没有动画连接。

8）阀门单击变绿随后变红（即阀门打开后随即关闭），不能保持。读写属性错误，应为只写。

（2）实时趋势曲线的调试

在实时趋势曲线中的曲线应该随着时间的推移不断地移动，正常曲线应该变化幅度不大，但由于本例采用的设备是亚控仿真 PLC，寄存器是加 1、减 1 及随机寄存器，所以变化幅度很大。

可能存在的问题是，不显示曲线。这是当定义变量时最大值太大了，应改为与寄存器后缀数字一致。

（3）历史趋势曲线的调试

在正常情况下，历史趋势曲线不像实时趋势曲线那样自动平移，需要按“跨度”按钮才可看到曲线。

可能存在的问题如下。

1）不显示历史曲线。可能的原因是：①没有移动跨度按钮；②变量定义中记录和安全区页中选择了不记录；③变量定义中最大值太大。

2）多条曲线颜色相同。在增加曲线项中忽略了曲线颜色的设置。

3）曲线出现变化太大。本例采用仿真 PLC 的寄存器，由于加 1 或减 1 采集频率高，所以曲线变成折线，如在实际设备中，就属于不正常现象了。

（4）报警窗口的调试

当设备正常工作时应该没有报警信息出现，本例中为了看到报警信息，设置了易发生报警的限值，故可以看到很多报警信息。

可能存在的问题是，没有报警信息。这是由于在变量定义中没有设置报警定义项。

2．运行

（1）系统中历史趋势曲线的操作

在完成历史曲线属性定义后，进入组态王运行系统，运行系统的历史趋势曲线如图 2-51 所示。

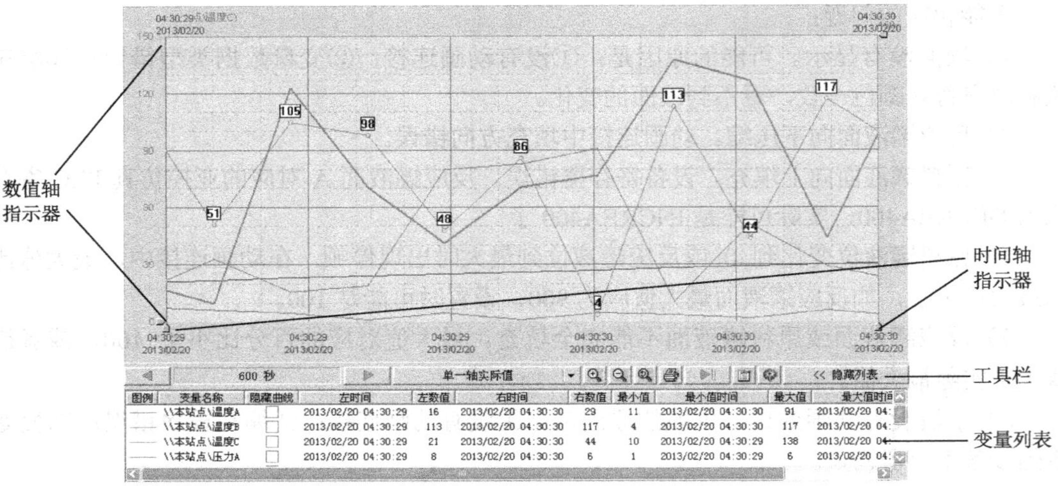

图 2-51　运行系统的历史趋势曲线图

1）数值轴指示器的使用。拖动数值轴（Y 轴）指示器，可以放大或缩小曲线在 Y 轴方向的长度，一般情况下，该指示器标记为当前图表中变量量程的百分比。另外，用户可以修改该标记值为当前曲线列表中某一条曲线的量程数值。修改方法是，用鼠标单击图表下方工具条中的“百分比”按钮右侧的箭头按钮，弹出如图 2-52 所示的数值轴显示数据菜单，选其一，然后双击变量列表框中显示的某个变量，就可以以高亮度显示该

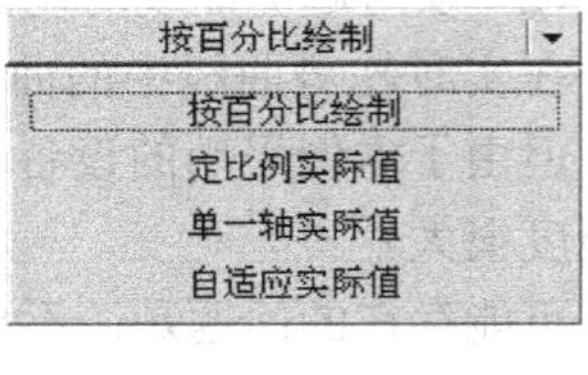

图 2-52　数值轴显示数据菜单

变量了，这种方法便于对所选变量进行分析。

2）时间轴指示器的使用。拖动时间轴指示器时所获得的时间字符串显示在时间指示器的顶部。时间轴指示器可以配合函数等获得曲线某个时间点上的数据。

3）工具条的使用。曲线图表的工具条是用来查看变量曲线详细情况的。工具条的具体作用可以通过将鼠标放到按钮上时弹出的提示文本看到。下面详细介绍每个按钮的作用。

① 调整跨度设置按钮。单击“调整跨度设置”按钮，如图 2-53a 所示，弹出“输入历史调整跨度”对话框，如图 2-53b 所示，修改当前跨度时间的设定值。

a)　　b)

图 2-53　跨度调整

a) 调整跨度设置　b)“输入历史调整跨度”对话框

在“单位”框中选择跨度的时间单位，有日、时、分、秒、毫秒。在“跨度”文本框中输入时间跨度的数值。

在设置参数对话框中（运行时单击“设置参数”按钮）不能设置到毫秒级，要设置到毫秒级需要使用命令语言。

单击按钮，可使曲线图表向左移动一段指定的时间段。单击按钮，可使曲线图表向右移动一段指定的时间段。

② 曲线图表无级缩放。

- 放大按钮：在曲线图表中选择一个矩形曲线区域，单击该按钮，或直接单击该按钮，可以放大当前的曲线图表。

a）当在曲线区域选取了矩形区域时，时间轴最左/右端被调整为矩形左/右边界所在的时间，数值轴标记最上/下端被调整为矩形上/下边界所在数值，从而使曲线局部放大，左/右指示器的位置分别置时间轴最左/右端。

b）当未选定矩形区域时，如左/右指示器不在时间轴最左/右端，时间轴最左/右端被调整为左/右指示器所在的时间，数值轴不变，从而使曲线局部放大，左/右指示器位置分别置时间轴最左/右端。

c）当未选定矩形区域、左/右指示器在时间轴最左/右端时，时间轴宽度被调整为原来的一半，保持中心位置不变，数值轴不变，从而使曲线局部放大，左/右指示器位置分别置时间轴最左/右端。

- 缩小按钮：在曲线图表中选择一个矩形曲线区域，单击该按钮，或直接单击该按钮，可以缩小当前的曲线图表。

a）当在曲线区域选取了矩形区域时，矩形左/右边界所在的时间被调整为时间轴最左/右端所在的时间，矩形上/下边界所在数值被调整为数值轴最上/下端所在数值，从而使曲线局部缩小，左/右指示器位置分别置时间轴最左/右端。

b）当未选定矩形区域时，如左/右指示器不在时间轴最左/右端，左/右指示器所在的时间被调整为时间轴最左/右端所在的时间，数值轴不变，从而使曲线局部缩小，左/右指示器位置分别置时间轴最左/右端。

c）当未选定矩形区域、左/右指示器在时间轴最左/右端时，时间轴宽度被调整为原来的两倍，保持中心位置不变，数值轴不变，从而使曲线局部缩小，左/右指示器位置分别置时间轴最左/右端。

● 还原按钮：单击按钮，还原到上次缩放前的状态。

③ 打印曲线。单击按钮，弹出“打印属性”对话框。选择打印机，单击“属性”按钮，设置打印属性，即纸张大小、打印方向等。可以将当前图表中显示的曲线及坐标系打印出来。

④ 更新曲线图表终止时间为当前时间。单击按钮，可将曲线图表的终止时间更新为当前时间。

⑤ 定义新曲线。单击按钮，弹出“增加曲线”对话框，如图 2-37 所示。选择需要增加曲线的变量名称，定义其绘制属性，单击“确定”按钮，在曲线图表中就会增加一条曲线。

⑥ 设置图表数值轴和时间轴参数。单击按钮，弹出“输入新参数”对话框，如图 2-54 所示。修改时间轴的起止时间范围和数值轴百分比的范围。

可以查阅以往时间段的历史记录。

⑦ 隐藏/显示变量列表：单击按钮<< 隐藏列表或显示列表 >>，可以隐藏/显示曲线变量列表。

曲线变量列表

曲线变量列表主要显示当前曲线图表中所显示以下信息，即曲线所对应的变量名称，左右指示器的时间，指示器对应的曲线上的点的数据值，在当前图表范围中曲线变量的最大值、最小值和平均值，动态选择是否隐藏某条曲线。

在变量列表上单击右键或选中某条列表项，单击右键，弹出如图 2-55 所示的快捷菜单。

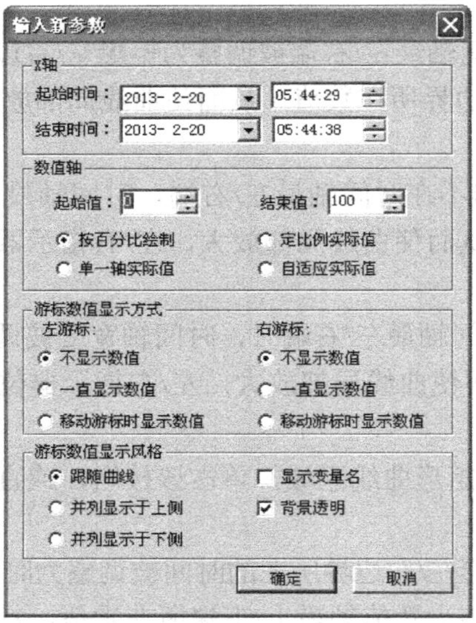

图 2-54 “输入新参数”对话框

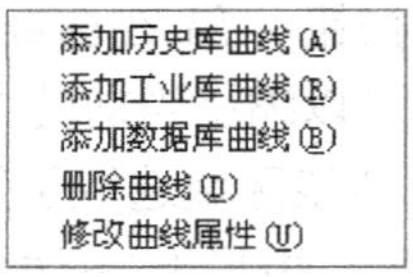

图 2-55 快捷菜单

a）增加曲线：增加一条曲线到当前曲线图表。

b）删除曲线：删除当前列表中选中的曲线。

c）修改曲线属性：修改当前选中的曲线的绘制属性。

（2）系统中的报警窗

1）报警窗的操作。如果在报警窗配置中选择了“显示工具条”和“显示状态栏”，则运行系统的标准报警窗的显示就如图 2-56 所示。

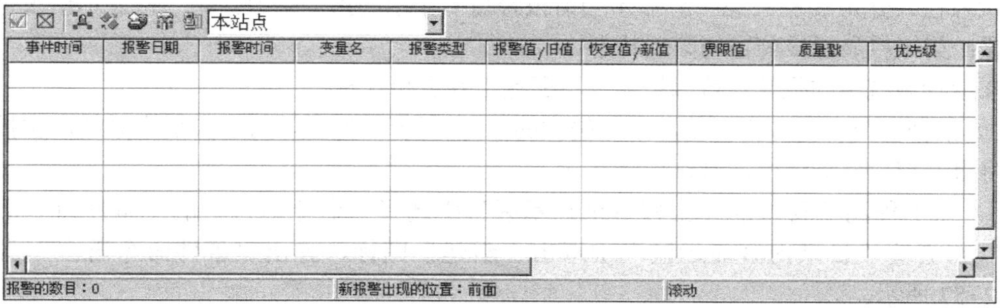

图 2-56　运行系统的标准报警窗

标准报警窗共分为 3 个部分，即工具条、报警和事件信息显示部分及状态栏。工具箱中按钮的作用如下。

① ☑确认报警。若在报警窗中选择未确认过的报警信息条，则该按钮变为有效，单击该按钮，确认当前选择的报警。

② ⊠报警窗暂停/恢复滚动。每单击一次该按钮，暂停/恢复滚动状态就发生一次变化。假如在报警窗中不断滚动显示报警时，可以单击该按钮暂停滚动，仔细查看某条报警，然后再按该按钮，继续滚动，报警窗的暂停上滚动并不影响报警的产生，恢复滚动后，在暂停期间没有显示出来的报警会全部显示出来。暂停和恢复滚动在状态栏第三栏有相应显示。

③ 更改报警类型。更改当前报警窗显示报警类型的过滤条件。当单击该按钮时，弹出一个报警类型对话框，在对话框中的列表框中列出了所有报警类型供选择，完成选择后，单击对话框上的“确定”按钮关闭对话框。在完成选择后，只显示符合当前选择的报警类型的报警信息。

④ 更改事件类型。更改当前报警窗显示事件类型的过滤条件。当单击该按钮时，弹出一个事件类型对话框，在对话框中的列表框中列出了所有事件类型供选择，在完成选择后，单击对话框上的“确定”按钮关闭对话框。在完成选择后，只显示符合当前选择的事件类型的事件信息。

⑤ 更改优先级。更改当前报警窗显示的优先级过滤条件。当单击该按钮时，弹出一个优先级编辑对话框，编辑优先级后，单击对话框上的“确定”按钮关闭对话框。在完成选择后，只显示符合当前选择优先级的报警和事件信息。

⑥ 更改报警组。更改当前报警窗显示的报警组过滤条件。当单击该按钮时，弹出一个报警组选择对话框，选择完报警组后，单击对话框上的“确定”按钮关闭对话框。在完成选择后，只显示符合当前选择的报警组及其子报警组的报警和事件信息。

⑦ 更改报警信息源。更改当前报警窗显示的报警信息源过滤条件。当单击该按钮

时，弹出一个报警信息源选择对话框，对话框中的列表框中列出了可供选择的报警信息源，在完成选择后，单击对话框上的“确定”按钮关闭对话框。在报警窗只显示符合当前选择的报警信息源的报警和事件信息。

⑧ 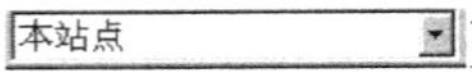更改当前报警窗显示的报警服务器过滤条件。单击列表框右侧的下拉箭头，从中选择报警服务器，在完成选择后，在报警窗只显示符合当前选择的报警服务器的报警和事件信息。

状态栏共分为 3 栏：第一栏显示当前报警窗中显示的报警条数；第二栏显示新报警出现的位置；第三栏显示报警窗的滚动状态。

在运行系统中的报警窗可以按需要不配置工具条和状态栏。

2）报警窗口自动弹出。使用系统提供的“$新报警”变量，可以实现当系统产生报警信息时将报警窗口自动弹出，操作步骤如下。

① 在工程浏览窗口的“工程目录显示区”中选择“命令语言”的“事件命令语言”选项，在右侧“目录内容显示区”中双击“新建”图标，弹出“事件命令语言”窗口，如图 2-57 所示。

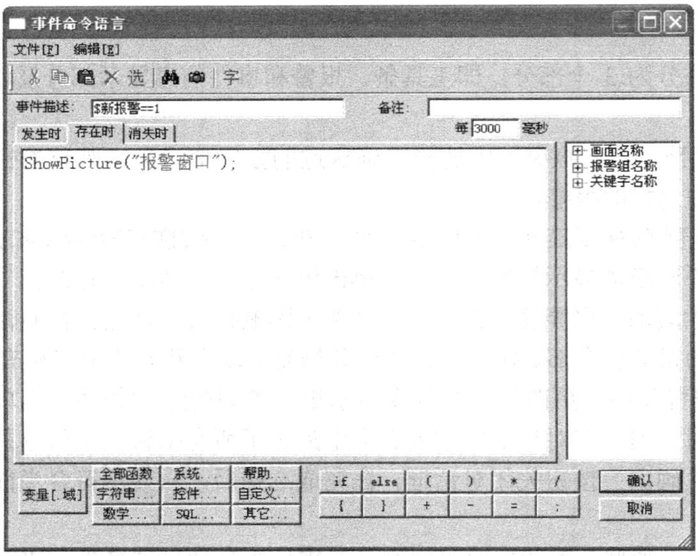

图 2-57 “事件命令语言”窗口

事件描述：$新报警= =1

存在时：ShowPicture(“报警窗口”)

② 单击“确认”按钮关闭编辑框。当系统有新报警产生时，即可弹出报警窗口。

2.1.8 工程加密

为了防止他人对工程内容进行修改，在组态王开发系统中可以分别对多个工程进行加密。当进入一个有密码的工程时，必须正确输入密码方可进入开发系统，否则不能打开该工程进行修改，这就实现了组态王开发系统的安全管理。

如果要对该工程的开发系统进行加密，就执行工程浏览器中“工具”→“工程加密”命令，此时弹出“工程加密处理”对话框，如图 2-58 所示。

密码：输入密码，密码长度不超过 12 个字节，密码可以是字母（区分字母大小写）、数字和其他符号等。本例密码为 123。

确认密码：再次输入相同密码进行确认。

单击“取消”按钮将取消对工程实施的加密操作；单击“确定”按钮，系统将对工程进行加密。在加密过程中系统会弹出提示信息框，显示对每一个画面分别进行加密处理。在加密操作完成后，系统弹出“工程加密”对话框，显示“操作完成”信息，如图 2-59 所示。

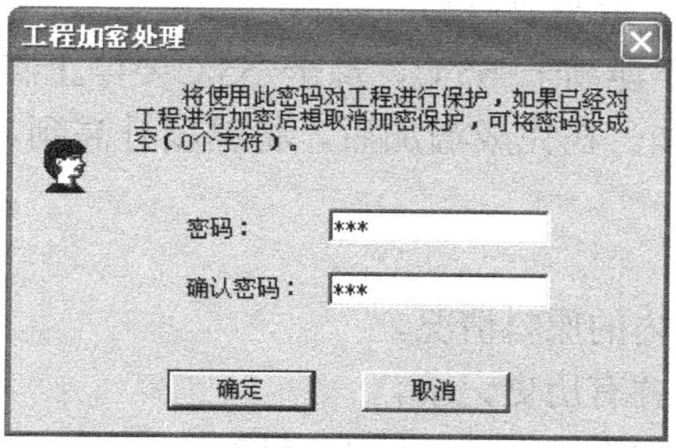

图 2-58 “工程加密处理”对话框

图 2-59 显示“操作完成”信息

退出组态王工程浏览器。每次在开发环境下打开该工程都会出现检查文件密码对话框，要求输入工程密码，如图 2-60 所示。

在正确输入密码后，将打开该工程，否则显示“密码错误”信息，如图 2-61 所示。

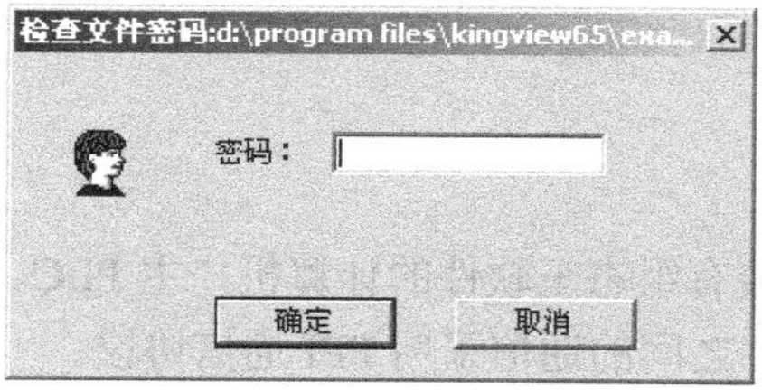

图 2-60 “检查文件密码”对话框

图 2-61 显示“密码错误”信息

单击“重试”按钮，将回到密码对话框，用户可重新输入密码。

任务 2.2 4 种原料的化学反应车间监控

2.2.1 项目说明

1. 工程项目描述

生产某种产品需要 4 种原料，分别是原料 1、原料 2、原料 3 和原料 4。这 4 种原料的不同配比可以生产 4 种不同品种的产品，分别命名产品 1、产品 2、产品 3 和产品 4。

2. 工艺过程

原料 1、原料 2 按某一比例混合，然后送入反应釜。原料 3 和原料 4 按某一比例混合，然后滴加到反应釜中。在反应釜中进行化学反应，产品分装在不同的产品罐中。

3. 工艺要求

1）将原料 1 先加入到混合罐 1 中，并开始搅拌，同时再加入原料 2，在加完原料 2 后，再搅拌 30min，然后检验是否合格（考虑原料受环境温度的影响），合格后，才可送入反应釜。

2）将原料 3 先送入混合罐 2，再将原料 4 放入混合罐 2，搅拌 30min，搅拌完成后才可滴加到反应釜。

3）在化学反应开始前，可能需要调节反应釜中的温度，温度在 25～40℃之间才可以滴加。如果低于 25℃，就需要加热；高于 40℃，就需要冷却。

4）在反应过程中，温度保持在 50℃，不能高于 55℃，高于 55℃要停止滴加。压力不能高于 0.8MPa，高于此值，报警并停止滴加。在完成滴加后，将温度升高到 70℃，保温 20min，送入产品罐中。

4. 技术要求

1）在计算机控制中心可以观察到各个罐内的原料情况。

2）能够反映反应罐的温度、压力变化，并有历史记录。

3）为避免因反应剧烈而引起的爆炸，压力上限不应超过 1.0 MPa。

4）要控制混合罐 2 中的原料，不可过快滴加。

5）控制系统采用西门子 PLC，并要求可靠性高。

6）将原料的库存、产品库存，汇总为实时报表和历史报表，并可打印。

7）对于原料、液位、压力、温度等参数可以设置。

8）根据不同的产品，能方便设置原料的参数。

9）4 种原料自动上料。

5. 实施方案

（1）硬件控制方案

1）硬件系统配置如图 2-62 所示。计算机为装有组态王软件的计算机，主 PLC、从 PLC 为双机冗余的 S7-200 CPU226PLC。计算机与 PLC 之间的通信采用 PPI 通信协议。

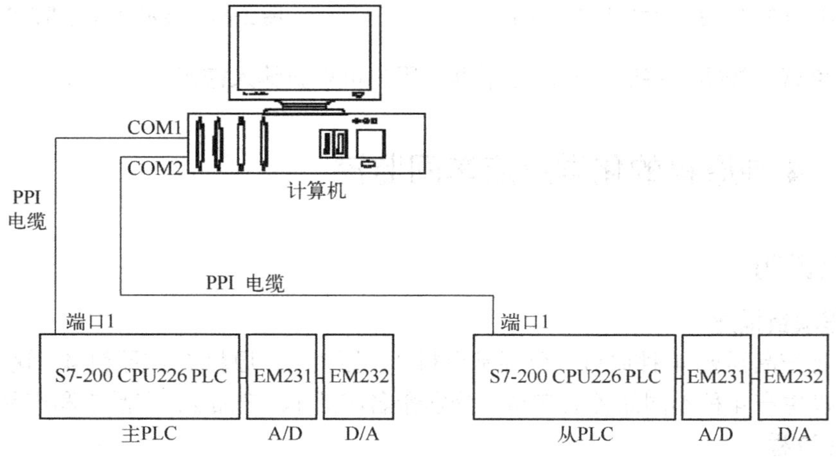

图 2-62 硬件系统配置图

本例中主要的监测数据为混合罐液位、反应罐温度、压力和搅拌电动机转速等，主要控制对象为搅拌电动机起停控制、进料电磁阀控制、电动调节阀控制等。在运行过程中，这些变量不可中断，如果出现中断，就可能会造成人身伤害和设备的损失。为在系统运行中，有效地减少数据丢失的可能，增加系统的可靠性，方便系统的维护，本系统采用双机冗余方案。

双设备冗余是指设备对设备的冗余，即两台相同的设备之间的冗余。对于用户比较重要的数据采集系统，用户可以用两个完全一样的设备同时采集数据，并与组态王进行通信。

正常情况下，主 PLC 与从 PLC 同时采集数据，但组态王只与主 PLC 通信，若主 PLC 通信出现故障，组态王将自动断开与主 PLC 的连接，并与从 PLC 建立连接。从 PLC 由热备状态转入运行状态，组态王从 PLC 中采集数据。此后，组态王一边与从 PLC 通信，一边监视主 PLC 的状态，在主 PLC 恢复正常后，组态王自动停止与从 PLC 的通信，并与主 PLC 建立连接，进行通信，而此时的从 PLC 又处于热备状态。这就要求从 PLC 与主 PLC 完全一样，即两台设备要完全处于热备状态，而且在组态王中定义该设备的 I/O 变量时，只能定义变量与主 PLC 建立连接，而对从 PLC 无需定义变量，它完全是对主 PLC 的冗余。

双机冗余的设置将在后面进行介绍。

2）硬件控制组态方案。根据工艺和技术要求制订硬件控制组态方案（如图 2-63 所示）。

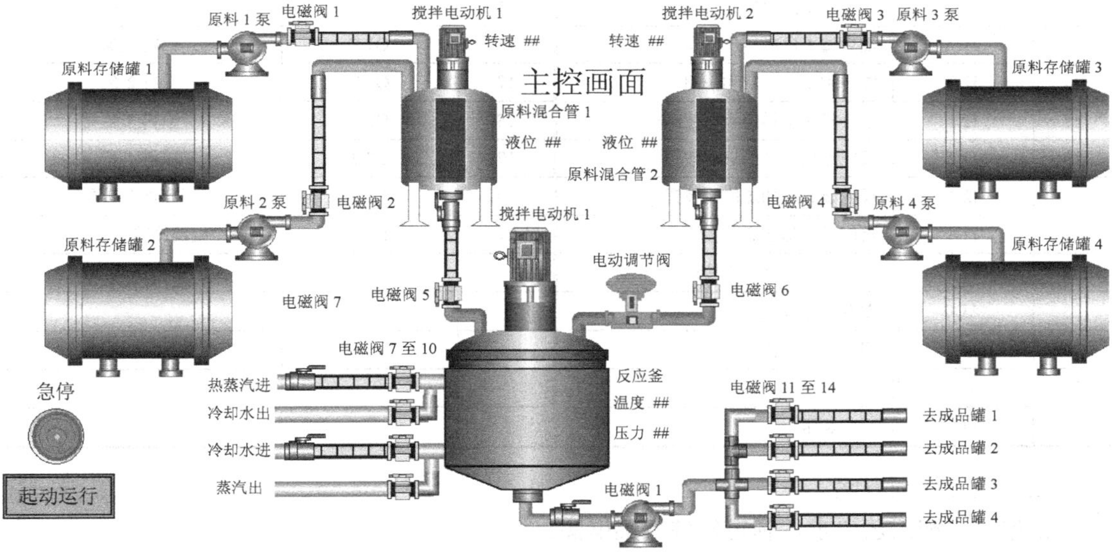

图 2-63　硬件控制组态方案

图中的各电磁阀、泵、搅拌电动机、电动调节阀等都为被控对象，液位、温度、压力和搅拌电动机转速均为监测对象。液位、温度、压力和转速等变量通过与预设值的比较实现对相应电磁阀的连锁控制，以确保生产安全。

3）I/O 分配表。主 PLC 的 I/O 分配表见表 2-2。

从 PLC 的 I/O 配置应与主 PLC 一致。

由于输出点数不足，所以扩展 EM222 输出模块使用了 EM222 输出模块的 Q2.0、Q2.1、Q2.2、Q2.3 输出点。

表 2-2　主 PLC 的 I/O 分配表

输入 I/O			输出 I/O		
序号	PLC 输入端	外 部 设 备	序号	PLC 输出端	外 部 设 备
1	I0.0	急停按钮	1	Q0.0	电磁阀 1
2	I0.1	混合罐 1 搅拌电动机转速传感器	2	Q0.1	电磁阀 2
3	I0.2	混合罐 2 搅拌电动机转速传感器	3	Q0.2	电磁阀 3
4	I0.3	混合罐 3 搅拌电动机转速传感器	4	Q0.3	电磁阀 4
5	I0.4	反应釜出料启动按钮	5	Q0.4	电磁阀 5
6	I0.5	反应釜出料停止按钮	6	Q0.5	电磁阀 6
7	I0.6	原料 1 上料启动按钮	7	Q0.6	电磁阀 7、9
8	I0.7	原料 1 上料停止按钮	8	Q0.7	电磁阀 8、10
9	I1.0	原料 2 上料启动按钮	9	Q1.0	电磁阀 11
10	I1.1	原料 2 上料停止按钮	10	Q1.1	电磁阀 12
11	I1.2	原料 3 上料启动按钮	11	Q1.2	电磁阀 13
12	I1.3	原料 3 上料停止按钮	12	Q1.3	电磁阀 14
13	I1.4	原料 4 上料启动按钮	13	Q1.4	搅拌电动机 1
14	I1.5	原料 4 上料停止按钮	14	Q1.5	搅拌电动机 2
15	I1.6	混合罐 1 出料启动按钮	15	Q1.6	搅拌电动机 3
16	I1.7	混合罐 1 出料停止按钮	16	Q1.7	原料 1 泵
17	I2.0	混合罐 2 出料启动按钮	17	Q2.0	原料 2 泵
18	I2.1	混合罐 2 出料停止按钮	18	Q2.1	原料 3 泵
19	I2.2	反应釜蒸汽加热启动按钮	19	Q2.2	原料 4 泵
20	I2.3	反应釜蒸汽加热停止按钮	20	Q2.3	反应釜出料泵
21	I2.4	反应釜冷却水启动按钮	21	DA0	电动调节阀输入
22	I2.5	反应釜冷却水停止按钮			
23	AD0	混合罐 1 液位			
24	AD1	混合罐 2 液位			
25	AD2	反应釜温度			
26	AD3	反应釜压力			

（2）软件控制方案

根据技术和工艺要求，制定软件方案框图。

1）原料自动输送控制软件。原料自动输送控制软件框图如图 2-64 所示。说明如下。

原料是否加完的判断。根据混合罐的液位变化来计算原料的加入量，对实时加入量与预设值比较，如果加入量>=预设值，判断原料加完，就关闭相应电磁阀和原料泵，否则继续。

在组态画面中输入原料的质量 m（预设值），已知密度ρ。在组态软件中，编写计算体积 V 的命令语言程序，将计算结果传送到 PLC，根据混合罐的液位变化计算出体积，并与组态王传送的预设值体积 V40 的内容比较。

以原料 1 计算计算体积 V 的命令语言参考程序如下。

FLOAT　V1;　//指定体积 V1 实数变量
FLOAT　P1 ; //指定体积 P1 实数变量
P1=1320 ;　//原料 1 密度值
V1=\\本站点\yuanliaow_1/P1;　//yuanliaow_1 为原料 1 的预设值（kg）
\\本站点\yuanliao1_v=V1;　//yuanliao1_v 原料 1 的体积送到 PLC 的 V40 中的变量

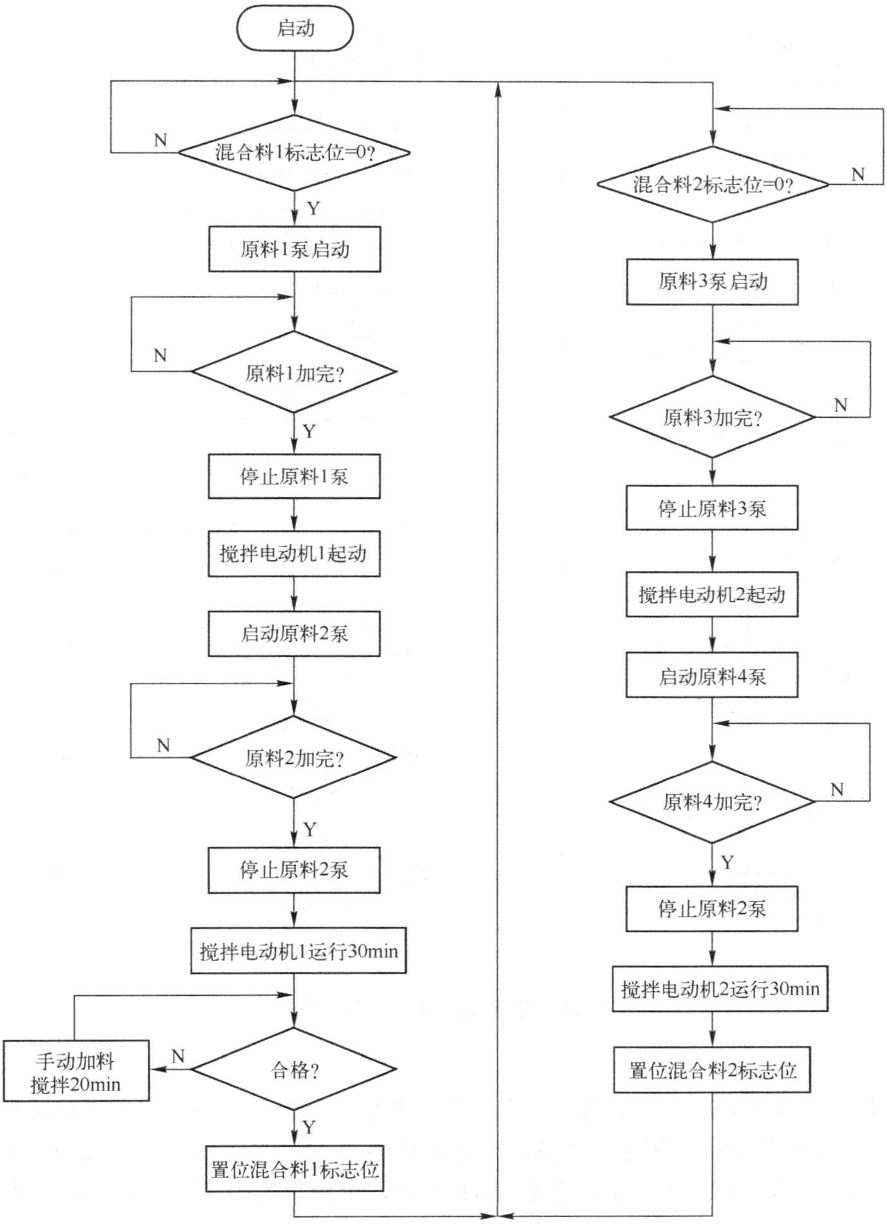

图 2-64　原料自动输送控制软件框图

2）化学反应自动控制软件。化学反应自动控制软件框图如图 2-65 所示。

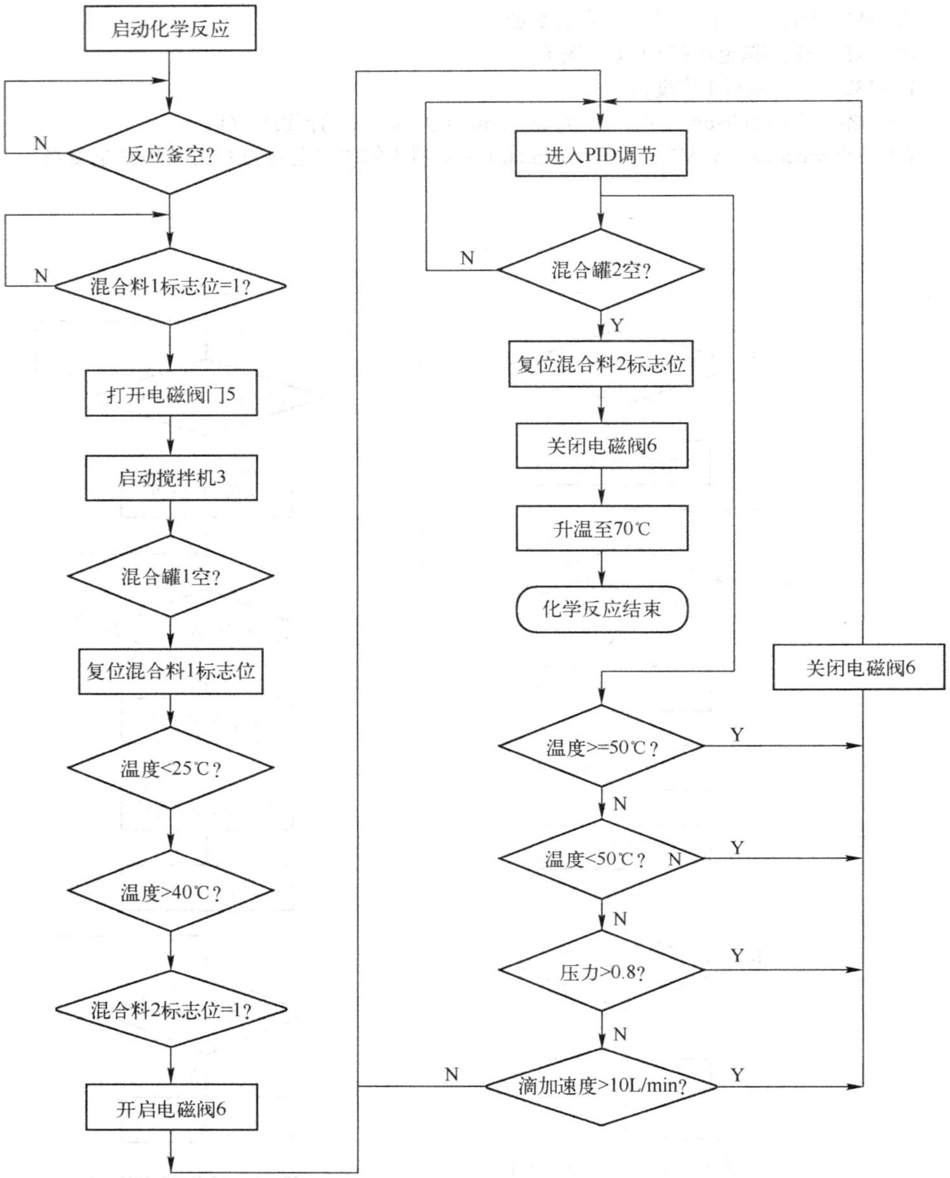

图 2-65　化学反应自动控制软件框图

说明：

本例中原料预设值是以配方的形式给出的，产品的存放也得根据配方来输送到相应的储存罐中，每个输送管道均设置了电磁阀，分别为电磁阀 11、电磁阀 12、电磁阀 13 和电磁阀 14，如果是采用产品 1 配方，那么电磁阀 11 打开，反应釜的产品就被输送到产品 1 罐中。判断配方的命令语言参考程序如下。

```
if(\\本站点\产品 1=="产品 1")      //配方是否为产品 1
\\本站点\start_7=1;               //是，使电磁阀 11 对应变量 start_7 置 1
```

```
if(\\本站点\产品 1=="产品 2")
//\\本站点\start_8=1;
if(\\本站点\产品 1=="产品 3")
//\\本站点\start_9=1;
if(\\本站点\产品 1=="产品 4")
//\\本站点\start_10=1;
```

3）反应釜出料控制。反应釜出料控制框图如图 2-66 所示。

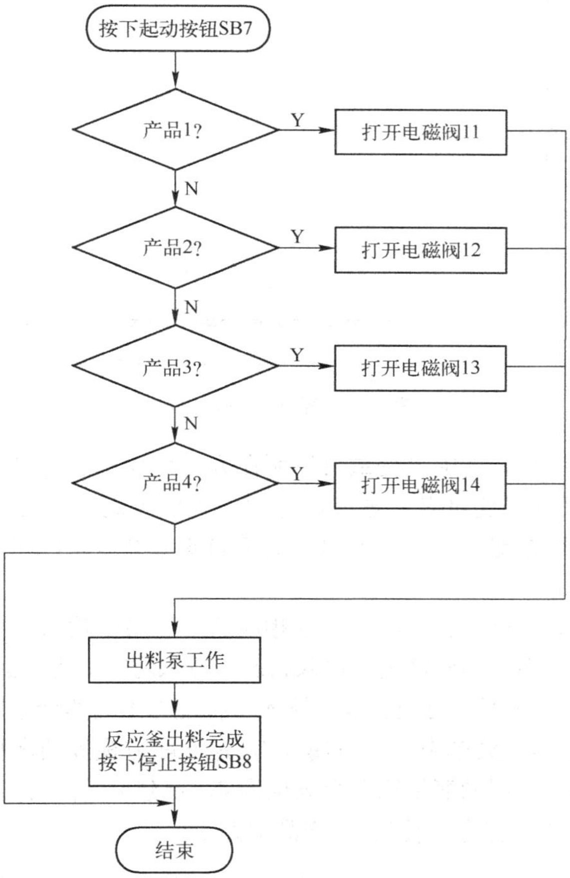

图 2-66 反应釜出料控制框图

2.2.2 应用配方功能

1. 配方的概念

在制造领域，配方是用来描述生产一件产品所用的不同配料之间的比例关系，它是生产过程中一些变量对应的参数设定值的集合。

2. 建立产品配方

1）组态王的工程浏览器能够创建和管理配方模板文件，在工程浏览器的目录显示区中，选中大纲项“文件”下的成员“配方”。在内容显示区中用左键双击“新建”图标，或者右键单击“新建”图标，从弹出快捷菜单中选择“新建配方”命令，弹出“配方定义”对话框，如图 2-67 所示。

图 2-67　配方定义对话框

2）在配方中加入变量。选中“变量 1”所在列名为变量名的单元格，此时单击菜单栏中“变量[V]”，弹出“选择变量名”窗口，选中一个已经定义好的变量，单击“确定”按钮，完成变量选择。“配方定义”窗口中相应变量的变量类型会自动显示出来。加入多个变量的方法相同。

3）建立配方。在第一行中各个配方名称相应的单元格中输入各种配方的名称。鼠标单击“配方 1”下面的单元格，单元格变为输入状态，输入配方名为产品 1。其余输入产品 2、产品 3、产品 4。然后，在下面对应变量中输入每种配方不同的变量的量值。在编辑完配方之后，用鼠标单击“工具”菜单中“配方属性”，定义配方模板的名称为产品配方，将按照实际配方种类改写为 4，使用的变量输入数据也为 4。已建立的配方如图 2-68 所示。配方模板保存路径要记清楚，本例保存路径为 D:\产品配方.csv。

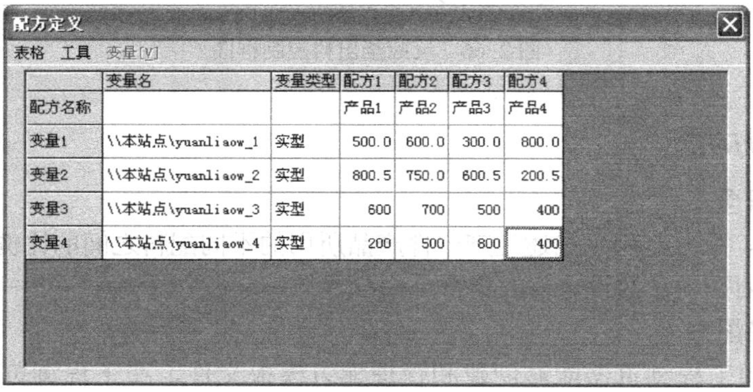

图 2-68　已建立的配方

已将配方中的 yuanliaow_1、yuanliaow_2、yuanliaow_3、yuanliaow_4 定义为 I/O 实数型变量；产品 1、产品 2、产品 3 和产品 4 定义为内存字符串型变量。

此配方中的数据为假设值，没有实际生产价值。

3．使用配方

在组态王开发系统建立一个画面，名称为配方和报表。在画面中制作配方表和配方使用按钮，如图 2-69 所示。图中配料数量下面的“###”分别与 yuanliaow_1、yuanliaow_2、yuanliaow_3、yuanliaow_4 这 4 个变量连接，配方名称“XXX”与变量连接。

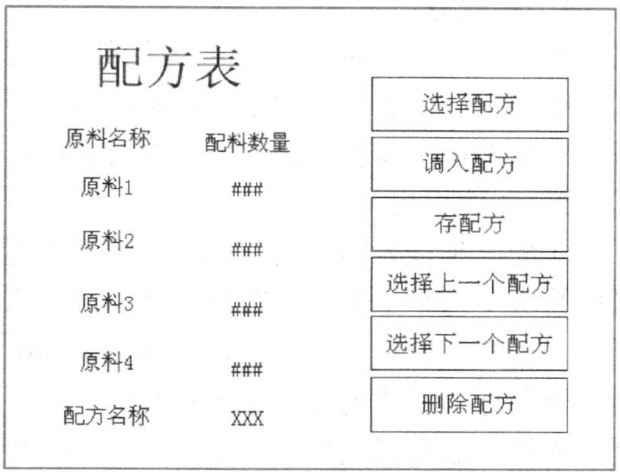

图 2-69　配方表和配方使用按钮画面

在画面上不仅显示配方中的配料数值，而且绘制多个按钮，各个按钮连接配方管理命令语言函数。

（1）选择配方按钮命令语言

RecipeSelectRecipe("D:\产品配方.csv",产品 1, "请输入配方名称");

用于在指定的配方模板文件中选取输入的配方，运行此函数后，弹出对话框，可以输入指定的配方，并把此配方名送入字符串变量中存放。

RecipeLoad("D:\产品配方.csv",产品 1);

其中，D:\产品配方.csv 为配方保存路径。产品 1 为配方模板中的配方名称。

（2）调入配方按钮命令语言

RecipeLoad("D:\产品配方.csv",产品 1);

将指定配方调入模板文件中的数据变量中。

（3）存配方按钮命令语言

RecipeSave("D:\产品配方.csv", 产品 1);

用于存放一个新建配方或把对原配方的修改变化存入已有的配方模板文件中。

（4）选择上一个配方按钮命令语言

RecipeSelectPrevI/OusRecipe("D:产品配方.csv", 产品 1);

用于在配方模板文件中选择当前配方的前一个配方。

RecipeLoad("D:产品配方.csv",产品 1);

（5）选择下一个配方按钮命令语言

RecipeSelectNextRecipe("D:\产品配方.csv", 产品 1);

用于在配方模板文件中选择指定配方的下一个配方。

RecipeLoad("D:\产品配方.csv",产品 1);

（6）删除配方按钮命令语言

RecipeDelete("D:\产品配方.csv", 产品 1);

用于删除指定配方模板文件中当前指定的配方。

4．配方在本例中的作用

1）减少因不同产品所需原料配比不同而导致输入数据的繁琐。

2）每个配方的调用自动控制原料的输送量。

3）便于统计用料的库存（将在实时报表中介绍）。

4）便于控制不同产品输送到不同的罐体中。

2.2.3 应用报表功能

1．报表概述

数据报表是反应生产过程中的数据及其状态等现象、并对数据进行记录的一种重要形式。组态王提供了丰富的报表函数，可实现各种运算、数据转换、统计分析及报表打印等，既可以制作实时报表，又可以制作历史报表。

2．创建报表

在配方和报表画面的组态王工具箱按钮中，用鼠标左键单击“报表窗口”按钮。此时，鼠标箭头变为小十字形，在画面上需要加入报表的位置，按下鼠标左键，并拖动，画出一个矩形，松开鼠标键，报表窗口（如图 2-70 所示）创建成功。将鼠标箭头移动到报表区域周边，当鼠标形状变为双十字形箭头时，按下左键，可以拖动表格窗口，改变其在画面上的位置。将鼠标挪到报表窗口边缘带箭头的小矩形上，这时鼠标箭头形状变为与小矩形内箭头方向相同，按下鼠标左键并拖动，可以改变报表窗口的大小。当在画面中选中报表窗口时，会自动弹出“报表工具箱”，如图 2-71 所示。不选择时，报表工具箱会自动消失。

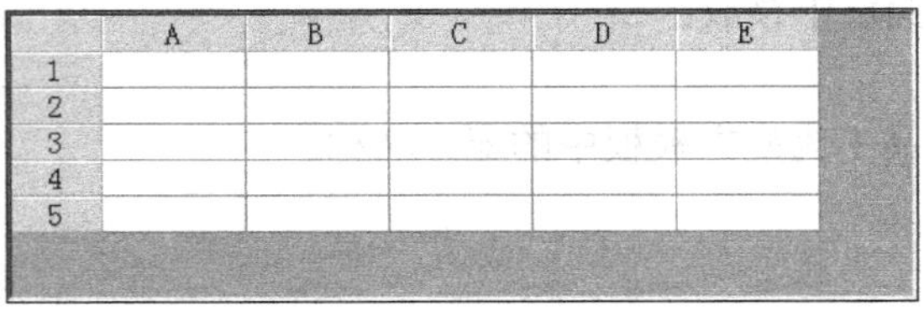

图 2-70　报表窗口

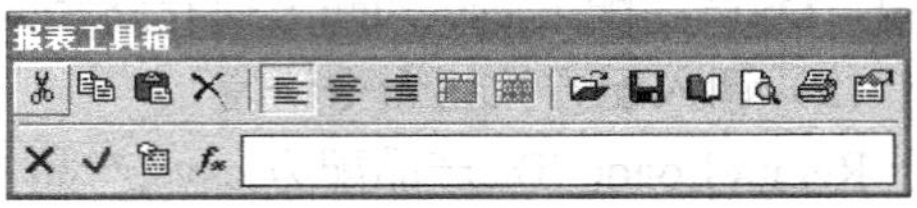

图 2-71　报表工具箱

3．设置报表

双击报表窗口表格区没有单元格的的灰色部分，弹出“报表设计”对话框，如图 2-72 所示。输入报表控件名称：shshBB；根据需要输入表格尺寸，本例行数为 11，列数为 4。

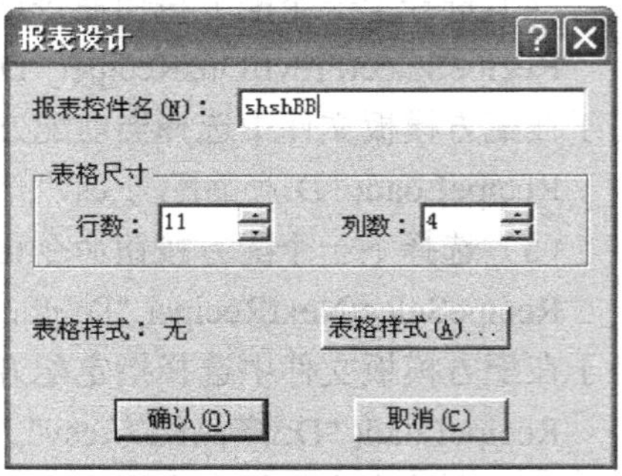

图 2-72 “报表设计”对话框

表格样式说明如下。可以直接套用已经定义的报表模板，不必重新定义相同的表格格式。单击“表格样式”按钮，弹出“报表自动调用格式”对话框。如果已经定义了报表格式，就可以在左侧的列表框中直接选择报表格式，而在右侧的表格中可预览当前选中的报表格式。单击“请选择模板文件：”后的“…”按钮，弹出“文件选择”对话框，选择一个自制的报表模板（*.rtl 文件），单击“打开”，报表模板文件的名称及路径就显示在“请选择模板文件：”的文本框中。在“自定义格式名称：”文本框中输入当前报表模板被定义为表格格式的名称，如“格式 A”。单击“添加”按钮，将其加入到格式列表框中，供用户调用。

4．实时报表

实时报表将有关变量当前的情况及时反映在表格中，为管理人员提供生产决策、质量控制等依据。

（1）实时报表的内容输入

本例实时报表反映原料的库存、成品的库存及混合罐中液位的变化情况等。在报表中，按 Microsoft Excel 工作表方法输入序号、物料名称、当前数量和当前库存，以及序号项下面的数字和物料名称项下的名称。其他项的输入，先选中单元格，在报表工具箱的报表文本编辑框中输入“=”，再单击报表工具箱中的插入变量按钮，弹出变量选取对话框，双击所需变量，再单击报表工具箱中的输入按钮，单元格中就显示该变量了。注意，“=”不可缺。本例的实时报表如图 2-73 所示。

	A	B	C	D
1	序号	物料名称	当前数量	当前库存
2	1	原料1		=\\本站点\yuanliaokc_1
3	2	原料2		=\\本站点\yuanliaokc_2
4	3	原料3		=\\本站点\yuanliaokc_3
5	4	原料4		=\\本站点\yuanliaokc_4
6	5	混合罐1液位	=\\本站点\hunhyewei_1	
7	6	混合罐2液位	=\\本站点\hunhyewei_2	
8	7	产品1		=\\本站点\chanpinkcun_1
9	8	产品2		=\\本站点\chanpinkcun_2
10	9	产品3		=\\本站点\chanpinkcun_3
11	10	产品4		=\\本站点\chanpinkcun_4

图 2-73　本例的实时报表

本例报表中的变量说明见表 2-3。

表 2-3　本例报表中的变量说明表

序　号	变 量 名 称	变 量 类 型	读/写属性	变 量 意 义	其　他
1	yuanliaokc_1	内存实数		原料 1 的库存数量	数值范围：−10 000～10 000 000 变量定义中状态：选择保存数值、保存参数 记录和安全区：选数据变化记录
2	yuanliaokc_2	内存实数		原料 2 的库存数量	
3	yuanliaokc_3	内存实数		原料 3 的库存数量	
4	yuanliaokc_3	内存实数		原料 4 的库存数量	
5	hunhyewei_1	I/O 实数	只读	原料混合罐 1 液位	数值范围：−10~1 000 其他同上
6	hunhyewei_2	I/O 实数	只读	原料混合罐 2 液位	
7	chanpinkcun_1	内存实数		产品 1 的库存数量	数值范围：−10 000~10 000 000 变量定义中状态：选择保存数值、保存参数 记录和安全区：选数据变化记录
8	chanpinkcun_2	内存实数		产品 2 的库存数量	
9	chanpinkcun_3	内存实数		产品 3 的库存数量	
10	chanpinkcun_4	内存实数		产品 4 的库存数量	

（2）原料入库与产品出库

在生产过程中，原料购入、产品的售出要及时反映到库存实时报表中。本例中在配方和报表画面中制作了“原料入库、产品出库情况”对话框，如图 2-74 所示。“###”与相应变量连接，如原料 1 入库数量“###”与 yuanliaork_1 连接，产品 1 的出库数量与 chpinchk_1 连接，其他相同。在动画连接中与模拟输入、模拟输出连接。

原料入库情况

原料名称	入库数量	入库确认
原料1	###	确认
原料2	###	确认
原料3	###	确认
原料4	###	确认

产品出库情况

产品名称	出库数量	出库确认
产品1	###	确认
产品2	###	确认
产品3	###	确认
产品4	###	确认

图 2-74 “原料入库、产品出库情况”对话框

1）原料 1 确认按钮的动画连接。原料 1 的入库动画连接步骤如下：按“弹起时”按钮，在弹出的对话框中输入命令语言程序：\\本站点\yuanliaokc_1=\\本站点\yuanliaokc_1+\\本站点\yuanliaork_1;其意义是，在该按钮弹起时，原料 1 当前的库存+入库的数量（即入库数量输入的数值）赋值给原料 1 当前的库存。比如，在按下确认按钮前的当前值为 1000，入库数量为 10000，在按钮弹起时，完成 1000+10000，弹起后当前值为 11000。

2）产品 1 确认按钮的动画连接。其命令语言程序为\\本站点\chanpinkcun_1=\\本站点\chanpinkcun_1-\\本站点\chpinchk_1;其意义是，在该按钮弹起时，产品 1 当前的库存−出库的数量赋值给产品 1 当前的库存。

5．配方和报表画面的命令语言程序

（1）原料库存的计算程序

当前的库存为原料的库存减去生产中使用的数量。原料的使用数量为每次从原料罐中输送到混合罐中的数量，其值为当前配方中的对应值。每次原料的输送是从原料开始输送到混合罐中的原料用完为止。库存是减去一次配方中的对应值。

在混合罐原料用完后使标志位置 1，便于识别本次原料输送完成。这时，计算库存，并将标志位清 0。

参考程序如下。

```
if(\\本站点\混合液 1 标志位==1)
  {
    if(\\本站点\yuanliao_1>=\\本站点\yuanliaow_1)        //原料 1 送入到混合罐 1 中的数//量等于
配方中原料 1 的数量
       \\本站点\yuanliaokc_1=\\本站点\yuanliaokc_1-\\本站点\yuanliaow_1;  //原料 1 的
//库存被减去配方表中的原料 1 的数量
    if(\\本站点\yuanliao_2>=\\本站点\yuanliaow_2)
       \\本站点\yuanliaokc_2=\\本站点\yuanliaokc_2-\\本站点\yuanliaow_2;
    \\本站点\混合液 1 标志位=0;
    }
if(\\本站点\hunhyewei_1<=0)           //混合罐中原料已经用完，置标志位为 1
  {
    \\本站点\混合液 1 标志位=1;
    \\本站点\yuanliao_1=0;            //原料 1 加入量清 0
    \\本站点\yuanliao_2=0;            //原料 2 加入量清 0
   }
if(\\本站点\混合液 2 标志位==1)
  {
```

```
        if(\\本站点\yuanliao_3>=\\本站点\yuanliaow_3)
            \\本站点\yuanliaokc_3=\\本站点\yuanliaokc_3-\\本站点\yuanliaow_3;
        if(\\本站点\yuanliao_4>=\\本站点\yuanliaow_4)
            \\本站点\yuanliaokc_4=\\本站点\yuanliaokc_4-\\本站点\yuanliaow_4;
        \\本站点\混合液 2 标志位=0;
        }
    if(\\本站点\hunhyewei_2<=0)
      {
        \\本站点\混合液 2 标志位=1;
        \\本站点\yuanliao_3=0;
        \\本站点\yuanliao_4=0;
      }
```

（2）产品库存的计算命令语言程序

当前产品库存数量为反应釜反应完成后输出的产品数量+输出产品前的产品库存数量。反应釜输出数量为当前配方中所有原料之和。

鉴于产品有 4 种，计算产品库存应先判断所使用的配方，然后再将原料的数量相加。为了不出现重复相加，只在产品从反应釜输出完成后、停止按钮弹起时，将反应罐出料完标志置 1，并在完成计算后将其清零。

参考程序如下。

```
    .if(\\本站点\反应釜出料完标志==1)    //反应釜反应完成后，将产品送入到相应的产品罐，送完后将该标志位置 1
        {
          if(\\本站点\产品 1=="产品 1")    //判读本次反应使用配方是否为产品 1，若是，则执行下面的计算命令；否则不执行
            \\本站点\chanpinkcun_1=\\本站点\yuanliaow_1+\\本站点\yuanliaow_2+\\本站点\yuanliaow_3+\\本站点\yuanliaow_4+\\本站点\chanpinkcun_1;
          if(\\本站点\产品 1=="产品 2")    //判读本次反应使用配方是否为产品 2
            \\本站点\chanpinkcun_2=\\本站点\yuanliaow_1+\\本站点\yuanliaow_2+\\本站点\yuanliaow_3+\\本站点\yuanliaow_4+\\本站点\chanpinkcun_2;
          if(\\本站点\产品 1=="产品 3")
            \\本站点\chanpinkcun_3=\\本站点\yuanliaow_1+\\本站点\yuanliaow_2+\\本站点\yuanliaow_3+\\本站点\yuanliaow_4+\\本站点\chanpinkcun_3;
          if(\\本站点\产品 1=="产品 4")
            \\本站点\chanpinkcun_4=\\本站点\yuanliaow_1+\\本站点\yuanliaow_2+\\本站点\yuanliaow_3+\\本站点\yuanliaow_4+\\本站点\chanpinkcun_4;
          \\本站点\反应釜出料完标志=0;
        }
    if(\\本站点\SB8==1)        //SB8 反应釜出料停止按钮
      \\本站点\反应釜出料完标志=1;
```

6．历史报表

历史报表将有关变量的以往情况调入到表格中，为管理人员提供生产数量查询、质量控制点等的依据。

本例历史报表可以查询的变量与实时报表相同。

（1）输入历史报表的内容

历史报表中的创建、设置与实时报表相同，只是填写的内容不同，画面名称为原料及库存报表。

在历史报表的第一列填写时间，第一行填写查询项目。本例历史报表如图 2-75 所示。

	A	B	C	D	E	F	G	H	I	J	K
1	时间 项目	混合罐液位		原料库存情况				产品库存情况			
2		混合罐1	混合罐2	原料1	原料2	原料3	原料4	产品1	产品2	产品3	产品4
3	1:00										
4	2:00										
5	3:00										
6	2:00										
7	1:00										
8	2:00										
9	1:00										
10	2:00										
11	1:00										
12	2:00										
13	1:00										
14	2:00										
15	1:00										
16	2:00										
17	1:00										
18	2:00										
19	1:00										
20	2:00										
21	1:00										
22	2:00										
23	1:00										
24	2:00										
25	1:00										
26	2:00										

图 2-75　本例历史报表

（2）设置历史报表查询

在历史报表画面（画面名称为原料及库存报表）中设置查询和打印，如图 2-76 所示。

图 2-76　历史报表的查询和打印

1）日期控件。图中 2013-3-10 为日期控件，设置日期控件的作用是在运行中设置查询时间。其创建及设置方法如下。在画面工具箱中单击“插入通用控件工具”按钮，弹出的“插入控件”对话框如图 2-77 所示。找到控件名 Microsoft Date and Time Picker Control 6.0 (SP4)，选中并确认，在画面中做出 2013-3-10。双击它，在弹出的“动画连接”对话框常规项的控件名中输入 date。在属性项中关联变量表中的 hour、day、month、year 分别与组态王自带变量$时、$日、$月、$年关联。关联方法是双击对应的单元格，在弹出的变量表中找到对应变量并双击。

2）确认按钮的动画连接。确认按钮是在日期控件选择了查询日期后，将有关变量数据显示在历史报表的单元格中。

历史报表查询函数。报表历史数据查询函数将按照用户给定的起止时间和查询间隔，从组态王历史数据库中查询数据，并填写到指定报表上。

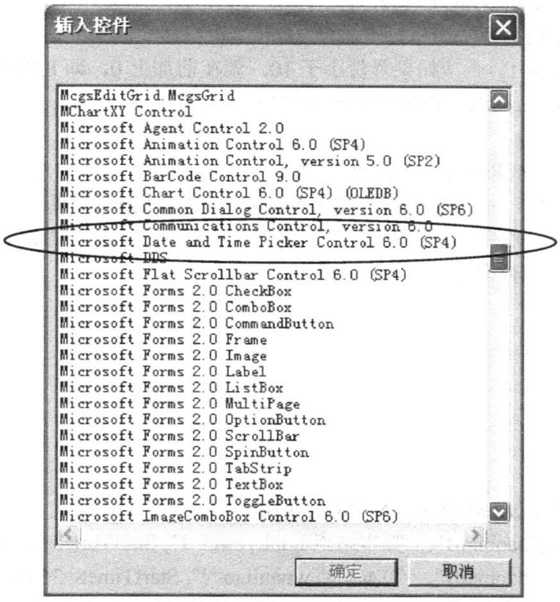

图 2-77 “插入控件”对话框

ReportSetHistData()

ReportSetHistData(String szRptName, String szTagName, Long nStartTime, Long nSepTime, String szContent) ;

参数说明如下。

① szRptName：要填写查询数据结果的报表名称。

② szTagName：所要查询的变量名称。

③ StartTime：数据查询的开始时间，该时间是通过组态王 HTConvertTime 函数转换的以 1970 年 1 月 1 日 8:00:00 为基准的长整型数，故用户在使用本函数查询历史数据之前，应先将查询起始时间转换为长整型数值。

④ SepTime：查询的数据的时间间隔，单位为秒。

⑤ szContent：查询结果填充的单元格区域。

例如：查询变量为 hunhyewei_1 自 2013 年 3 月 11 日 1:00 至 24:00 的数据，查询间隔为 3 600s，数据报表填充的区域为 B3:B26，历史报表名称为 baobiao1。

```
ReportSetHistData("baobiao1",  "\\本站点\hunhyewei_1", StartTime8, 3600, "B3:B26");
```

确认按钮的命令语言参考程序如下。

```
String Year ;  //查询开始年
String Month;
String Day;
/*——————取两位数年份（即取 2004 的 04）————*/
Year = StrRight( StrFromReal(date.Year, 0, "f" ), 2 );
Month = StrFromReal(date.Month,0, "f" );
```

```
Day = StrFromReal(date.Day,0, "f" );
//保证年月日都是用两位数表示，得到##/##/##字符串格式的日期
if( Strlen(Month ) == 1)      //如果月份小于 10，就在前加上 0，即 8 用 08 表示
 Month = "0" + StrFromReal(date.Month, 0, "f" );
if( Strlen(Day ) == 1 )
  Day = "0" + StrFromReal(date.Day,0, "f" );
baobdate = Year + "年" +   Month + "月" +   Day + "日";  //报表日期
//定义一个内存字符串变量“报表日期”，用于在报表中显示当前查询到的报表日期
Long StartTime8;  //查询时间
Long Y8;
Y8=date.Year;
Long M8;
M8=date.Month;
Long D8;
D8=date.Day;
StartTime8=HTConverttime(Y8, M8, D8, 1, 0, 0);
ReportSetHistData("baobiao1",   "\\本站点\hunhyewei_1", StartTime8, 3600, "B3:B26");
ReportSetHistData("baobiao1",   "\\本站点\yuanliao_2", StartTime8, 3600, "C3:C26");
ReportSetHistData("baobiao1", "\\本站点\yuanliaokc_1",StartTime8, 3600, "D3:D26");
ReportSetHistData("baobiao1", "\\本站点\yuanliaokc_2",StartTime8, 3600, "E3:E26");
ReportSetHistData("baobiao1", "\\本站点\yuanliaokc_3",StartTime8, 3600, "F3:F26");
ReportSetHistData("baobiao1", "\\本站点\yuanliaokc_4",StartTime8, 3600, "G3:G26");
ReportSetHistData("baobiao1", "\\本站点\chanpinkcun_1",StartTime8, 3600, "H3:H26");
ReportSetHistData("baobiao1", "\\本站点\chanpinkcun_2",StartTime8, 3600, "I3:I26");
ReportSetHistData("baobiao1", "\\本站点\chanpinkcun_3",StartTime8, 3600, "J3:J26");
ReportSetHistData("baobiao1", "\\本站点\chanpinkcun_4",StartTime8, 3600, "K3:K26");
```

（3）显示报表日期

在数据词典中定义 baobdate 为内存字符串型变量，在画面中 XXX 与其动画连接，运行中显示报表日期。

（4）打印设置

做出如图 2-76 中的打印图标，双击它，在按下时的命令语言对话框中输入如下程序。

```
ReportPageSetup("lishBB1");   //打印预览
ReportPrintSetup("lishBB1");   //打印
```

其中，lishBB1 为报表名称。

7. 运行报表

（1）运行实时报表

在输入变量的表单元格中，实时显示变量数据。如果某种原料购入或某种产品售出，操作人员就在相应的位置输入数据，按下“确认”按钮，相应库存就会自动增减。例如，产品 1 售出 2 000，当前库存为 12 000。操作员在产品 1 对应的出库数量中输入 2 000，并按“确认”按钮，当前库存就变成 10 000 了。

生产过程中原料的消耗或产品的产出，也会使相应库存自动减增。比如，在反应釜中反应完成输出产品后，按当前配方对应的产品库存增加。

（2）运行历史数据报表

在运行系统中如果查询 2013 年 3 月 11 日的库存情况，先单击日期控件后面的按钮，显示日历，如图 2-78 所示，从中选取 2013 年 3 月 11 日，然后单击日期下面的“确认”按钮，在表格中就显示出从 2013 年 3 月 11 日到当前的变量数据。同时，在报表日期下面的 XXX 位置显示：2013 年 3 月 11 日。

图 2-78　显示日历

如果需要打印，就按打印图标，先显示打印预览，设置完成后，再单击打印预览页左上角的“打印”按钮，即可把显示在屏幕上的报表打印出来。

2.2.4　菜单设置及应用

1．设计菜单栏

本例的菜单如图 2-79 所示。在组态王运行中，单击菜单栏中主控画面、反应釜、报警、参数设置、关于我们均可进入到对应画面中。当单击原料手动控制、配方和报表时，弹出悬浮菜单，然后再选取其中的一项，即可进入到相应的画面中。

图 2-79　本例的菜单

2．制作菜单

对于菜单栏中的主控画面、反应釜、报警、参数设置、关于我们这几项的做法，均需先输入文字，然后进行动画连接，动画连接方法同任务 2.1 中介绍的画面切换一致。

关于原料手动控制、配方和报表项制作方法，以原料和手动控制项为例进行介绍。单击画面中的工具箱菜单按钮，然后在画面中画出一长方形，双击它弹出“菜单定义”对话框，如图 2-80 所示。

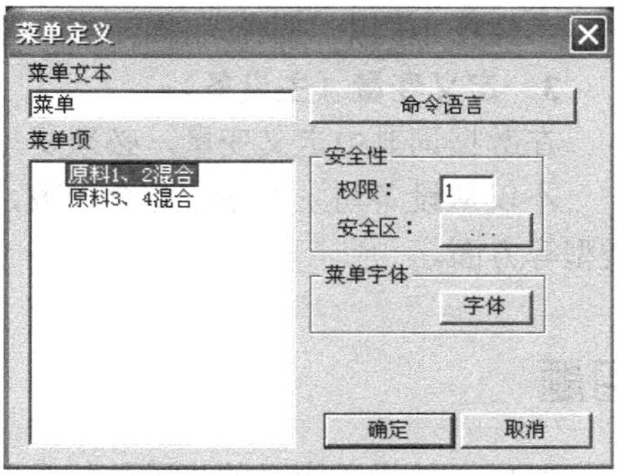

图 2-80　“菜单定义”对话框

在菜单文本中输入原料手动控制，在菜单项中单击左键选新建项，输入原料 1、2 混合，再选新建项，输入原料 3、4 混合。

完成菜单项后，单击“命令语言”按钮，弹出“命令语言”输入框，输入如下程序。

```
if(MenuIndex==0)
ShowPicture("原料 1、2 手动控制");
if(MenuIndex==1)
ShowPicture("原料 3、4 手动控制");
```

2.2.5　双机冗余的设置方法

定义双机冗余的步骤大致为定义从设备、定义主设备和定义变量（主设备）。

1．定义从设备

从设备的设置与一般的 I/O 设备设置方法相同，根据设备配置向导就可以完成从设备的配置。具体在本例中设备名称为从 PLC，定义串口为 COM2，逻辑地址为 3。

2．定义主设备

主设备的设置与一般的 I/O 设备设置方法大致相同。不同的是，在“设备配置向导——逻辑名称”对话框中，需要指定主设备的冗余设备的逻辑名称，如图 2-81 所示，选中“指定冗余设备”选项，“冗余设备逻辑名:”列表框就会变为可见，可从下拉列表中选出刚刚定义的设备“从 PLC”作为该设备的冗余设备。

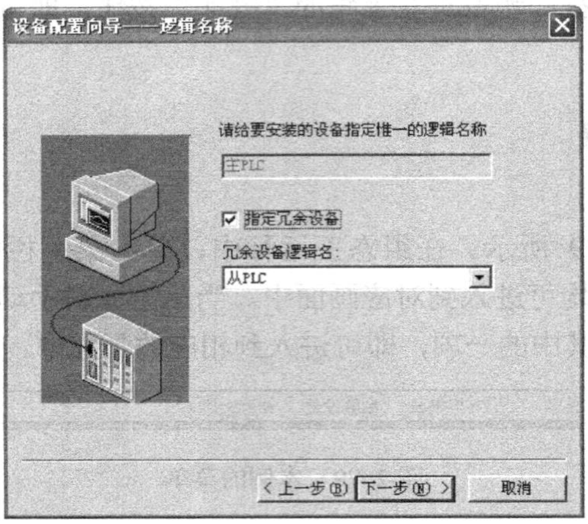

图 2-81　指定主设备的冗余设备的逻辑名称

另外，对组态王来说，两个冗余设备实际上是独立的两个设备，因此设备的名称、地址均不同。

具体在本例中主设备名称为主 PLC，定义串口为 COM1，逻辑地址为 2。

3．定义变量（主设备）

在数据词典中定义变量，必须要与主设备相连接，从设备不能定义任何变量。

不仅从设备与主设备应完全一致，而且两者的状态应完全一致，例如在采集数据和数据类型等方面。

习题

2-1　I/O 设备定义的步骤是什么？

2-2　组态王作为一个开放型的通用工业监控软件，可支持哪些 I/O 设备？

2-3　定义外部设备的目的是什么？

2-4　变量的基本类型有哪两种？如果外部设备是一个按钮开关，那么应定义为什么类型？读写属性应为什么属性？

2-5　在组态王设置的通信故障恢复参数中尝试恢复时间指的是什么？

2-6　对串行通信参数应设置哪些参数？计算机与外部设备的这些参数是否可以不一致？

2-7　组态王在工程连接实际的 I/O 设备时，必须对串行通信参数进行设置且设置项与实际设备中的设置完全一致（波特率、数据位、停止位、奇偶校验位）吗？

2-8　在组态王的工程浏览器的左侧选择数据词典，在右侧双击新建变量名，其变量名的字符个数是否有限制？

2-9　建立一流水线监控系统，如图 2-82 所示。在工件移出容器时，小门自动打开 90°；在工件完全移出容器时，自动关闭。

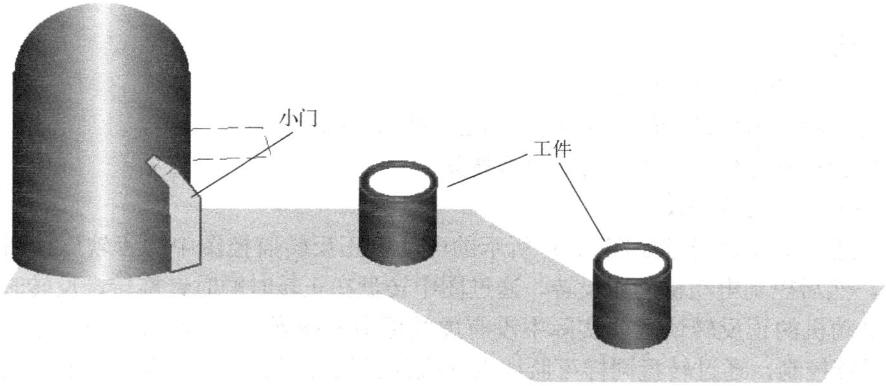

图 2-82　题 2-9 图

2-10　设计一个交通灯控制的监控系统。

2-11　写出组态王退出系统的命令语言。

2-12　趋势曲线有几种？趋势曲线的作用？

2-13　定义趋势曲线需要设置哪些内容？

2-14　制作已经定义的两个图像单元，并存入图库。

2-15　报警窗口的作用是什么？

2-16　如何建立报警窗口？

2-17　如何实现组态王画面切换命令语言（写出命令语言）？

2-18　组态王配方是什么？如何创建配方模板？

2-19　简述工程加密的意义。

2-20　简述双设备冗余的意义。

2-21　某食品厂生产多品种面包、饼干，采用组态王软件监控技术实现对生产过程的监控。

要求：

1）在计算机控制中心可以观察到各生产线的运行情况。

2）能够反映生产过程的温度，并有历史记录。

3）输出原料库存、产品库存的实时报表和历史报表，并打印。

4）利用组态王配方，根据不同的产品设置原料的参数。

项目 3　三相异步电动机正反转监控

本项目要点

- 组态王与 PLC 之间的通信
- 通过监控画面中的“软”按钮实现 PLC 对电动机的监控
- 将图素或单元转化为图库的“图库精灵”
- 动画连接中的隐含设置

项目概述：本项目通过如图 3-1 所示的电动机正反转监控图中的“软”按钮，实现对 PLC 控制，然后控制电动机的正反转。通过图中转盘在正转时顺时针旋转、反转时逆时针旋转来监视电动机的正反转情况（实际中没有虚线框中的图素）。现场的控制按钮也可对电动机进行正反转控制，通过转盘同样可监视电动机的正反转情况。监控画面中的“软”按钮和现场的控制按钮实现了两地控制。

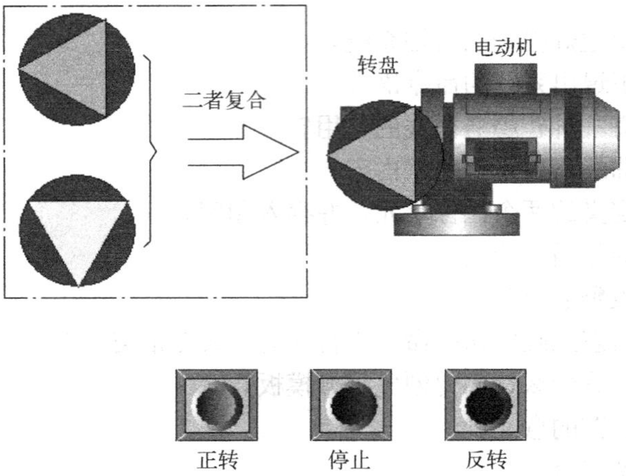

图 3-1　电动机正反转监控图

任务 3.1　制作画面及设置串口参数

3.1.1　制作画面

1. 电动机

单击菜单栏“图库”→“打开图库”，弹出图库管理器对话框，单击图库名马达，单击如图 3-1 中的电动机图素，单击“确定”按钮。将其放置在画图区的合适位置上，并调整其大小。

2. 转盘

单击工具箱中的按钮，画一个合适的圆，再单击工具箱中的按钮，在圆内画一个内接三角形，然后合成图素（画三角形目的是便于观察圆盘的旋转），然后再复制一个同样的图形。

3. 按钮

从图库中取出按钮，将其转换为普通图素，再将其合成图素，以便于动画连接的设置，不要合成单元，合成单元不能进行动画连接设置。

3.1.2 设置串口参数

对于不同的串口设备，其串口通信参数不同，该项目中对计算机通信串口参数设置的方法与“2.1.3 通信参数及外部设备定义”部分中“1. 通信参数设置”的设置方法相同，本项目选择 COM1 口，在工程浏览器的目录显示区，选择“设备”，双击“COM1”图标，弹出“设置串口——COM1”对话框，如图 3-2 所示设置串口参数即可。

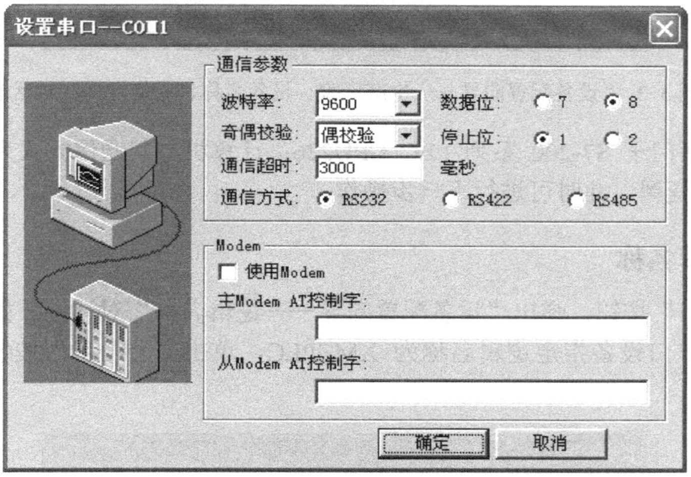

图 3-2 “设置串口——COM1”对话框

任务 3.2 定义西门子 PLC 与计算机连接

工程人员根据设备配置向导就可以完成串口设备的配置，其设备定义过程与“2.1.3 通信参数及外部设备定义”部分中的“2. I/O 设备定义”定义方法类似，具体操作过程如下。

3.2.1 设置生产厂家、设备名称和通信方式

在工程浏览器的目录显示区，用鼠标左键单击大纲项设备下的成员 COM1，在目录内容显示区出现“新建”图标，选中“新建”图标后用左键双击，弹出“设备配置向导——生产厂家、设备名称、通信方式”对话框；或者用右键单击，弹出快捷菜单，选择菜单命令“新建逻辑设备”，也弹出“设备配置向导——生产厂家、设备名称、通信方式”对话

框，如图 3-3 所示。

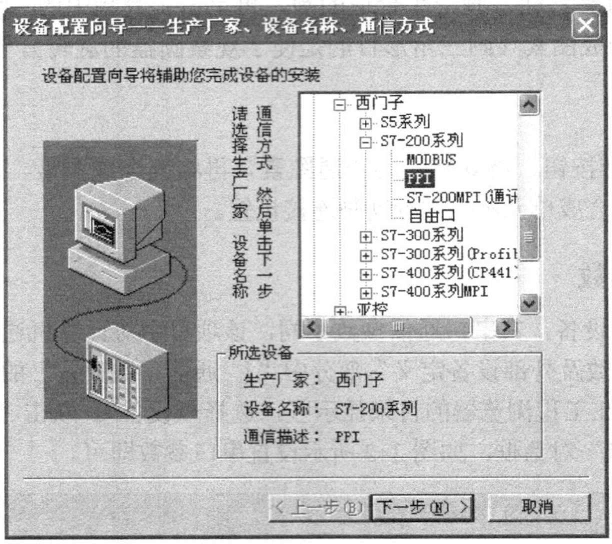

图 3-3 “设备配置向导——生产厂家、设备名称、通信方式”对话框

本项目采用西门子 S7-200 系列 PLC CPU226；计算机与其通信方式为 PPI，选中 PPI，“下一步”按钮将变黑，此时可进行下一步操作。

3.2.2 设置逻辑名称

单击“下一步”按钮，弹出“设备配置向导——逻辑名称”对话框，如图 3-4 所示。本项目给要配置的串口设备指定逻辑名称为 XMZPLC，单击“上一步”按钮，则可返回上一个对话框。

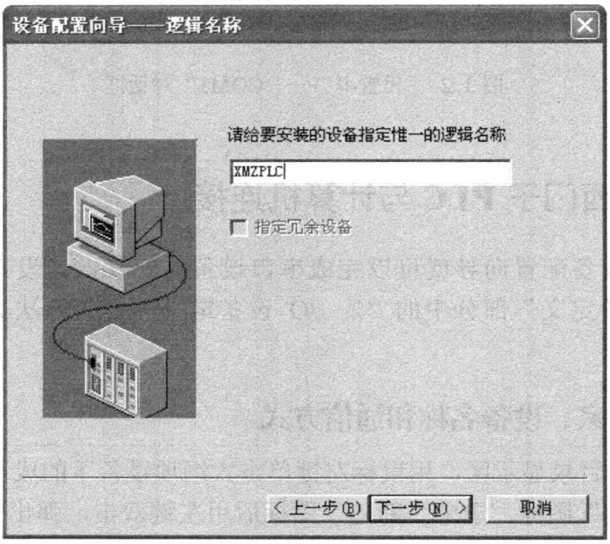

图 3-4 “设备配置向导——逻辑名称”对话框

3.2.3 设置串口号

单击“下一步”按钮，弹出“设备配置向导——选择串口号”对话框，如图 3-5 所示。工程人员为配置的串行设备指定与计算机相连的串口号，本项目选择串行口为 COM1。

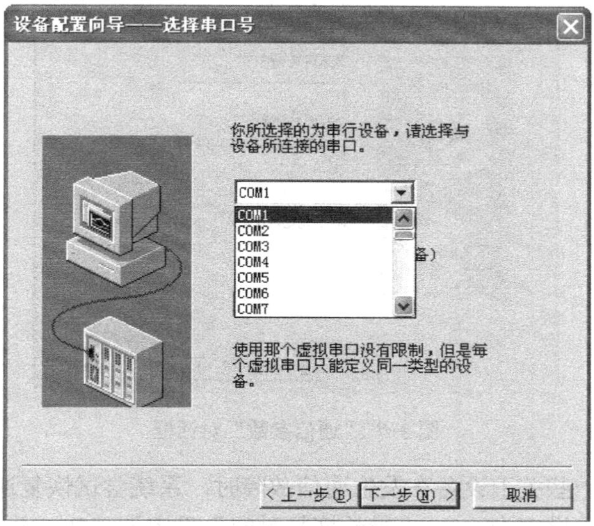

图 3-5 “设备配置向导——选择串口号”对话框

3.2.4 设置设备地址

单击“下一步”按钮，弹出“设备配置向导——设备地址设置指南”对话框，如图 3-6 所示。

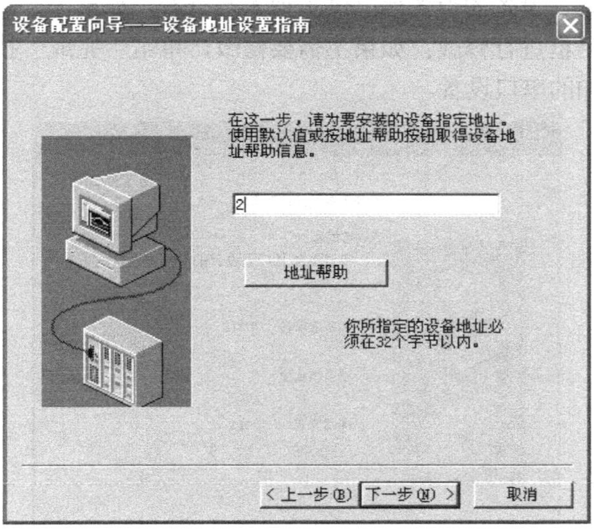

图 3-6 “设备配置向导——设备地址设置指南”对话框

本项目 PLC 地址选择为 2（PLC 地址默认值为 2）。

3.2.5 设置通信参数

单击“下一步”按钮，弹出“通信参数”对话框，如图3-7所示。

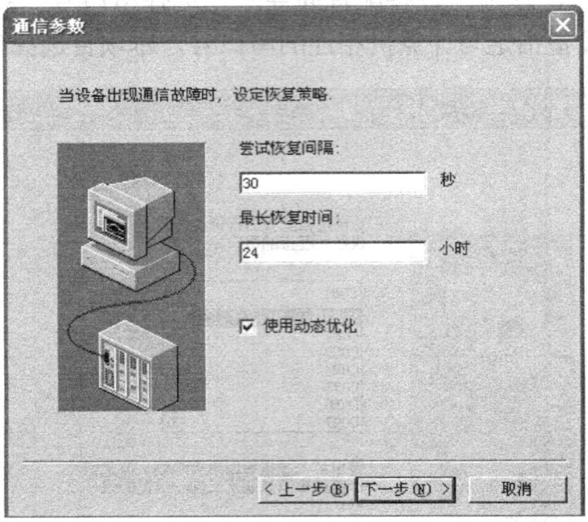

图3-7 “通信参数”对话框

在此对话框配置一些关于设备在发生通信故障时，系统尝试恢复通信的策略参数，该项目中“尝试恢复间隔”设定为30s，“最长恢复时间”设定为24h，并“使用动态优化”，以提高系统的效率和性能。如果还需要修改通信参数，可单击“上一步”按钮，返回上一个对话框进行修改；如果不需要修改，就单击“下一步”按钮。

3.2.6 信息总结

单击“下一步”按钮，弹出“设备安装向导——信息总结”对话框，如图3-8所示。此对话框显示已配置的串口设备的设备信息供工程人员查看，如果需要修改，单击“上一步”按钮，返回上一个对话框进行修改；如果不需要修改，单击“完成”按钮，则在工程浏览器设备节点处显示已添加的串口设备。

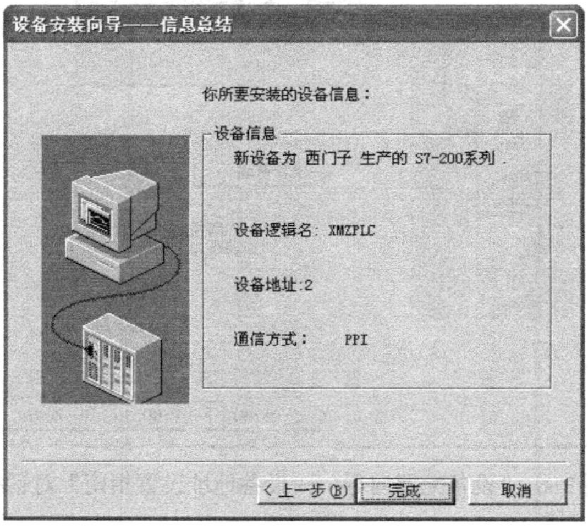

图3-8 “设备安装向导——信息总结”对话框

任务 3.3　定义变量

本项目中定义的变量分别为按钮正转、反转、停止、两个转盘的正反转及隐含设置。以定义正转按钮为例进行介绍。

打开工程浏览器，在工程目录选择区，单击数据库前面的“＋”，再单击数据词典。在工程显示区，双击新建，出现如图 3-9 所示的“定义变量”对话框。

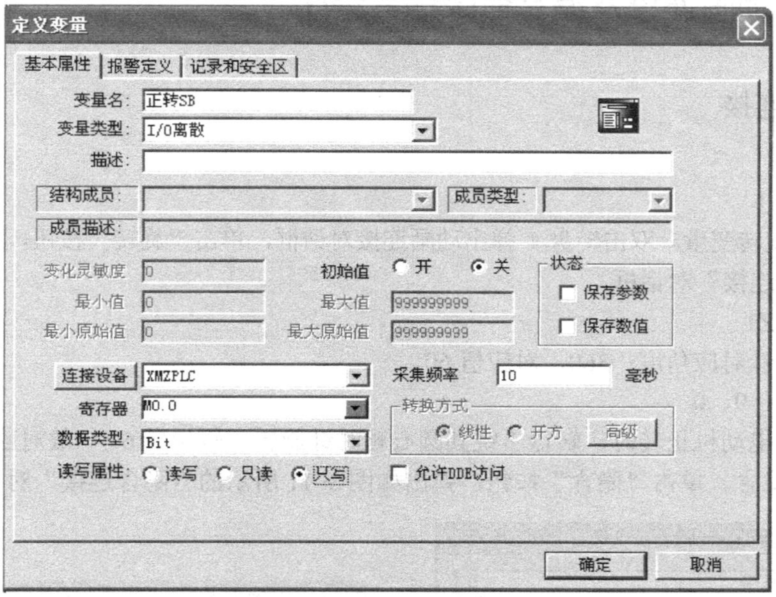

图 3-9　“定义变量”对话框

变量名：正转 SB。

变量类型：I/O 离散。

连接设备：XMZPLC（在设置 PLC 与计算机连接时命名的逻辑名称）。

寄存器：M0.0（M0.0 为 PLC 内部逻辑继电器）。

将变量“正转 SB”与 M0.0 关联在一起，即将正转 SB 置 1，M0.0 也置 1；将正转 SB 置 0，M0.0 也置 0，并传递到 PLC。

数据类型：Bit。

读写属性：只写。

表 3-1 为本项目的定义变量列表。

表 3-1　定义变量列表

类　别	变 量 名	变 量 类 型	PLC 寄存器	功　能
正转按钮	正转 SB	I/O 离散	M0.0	正转起动
反转按钮	反转 SB	I/O 离散	M0.1	反转起动
停止按钮	停止 SB	I/O 离散	M0.2	停止工作

（续）

类　　别	变　量　名	变 量 类 型	PLC 寄存器	功　　能
转盘 1	Z1	内存整数	-	控制旋转
	D1	I/O 离散	Q0.0	隐含条件
转盘 2	Z2	内存整数	-	控制旋转
	D2	I/O 离散	Q0.1	隐含条件

任务 3.4　动画连接及编写命令语言程序

3.4.1　动画连接

1．转盘

（1）转盘 1

1）设置旋转变量。双击转盘 1 弹出动画连接对话框，单击“旋转”按钮，弹出如图 3-10 所示的“旋转连接”对话框。

表达式：Z1

最大顺时针对应角度：360，对应值 60。

旋转中心：0，0

说明：当电动机正转时，转盘 1 绕其圆心顺时针旋转，每步转 6°，故对应值取 60。

2）设置隐含。单击“隐含”按钮，弹出如图 3-11 所示的“隐含连接”对话框。

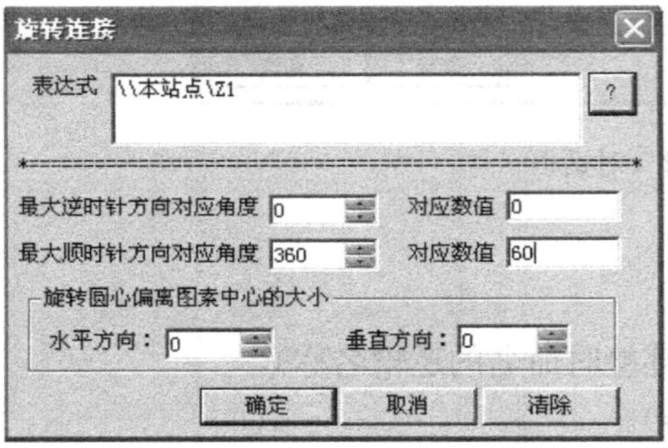

图 3-10　“旋转连接”对话框

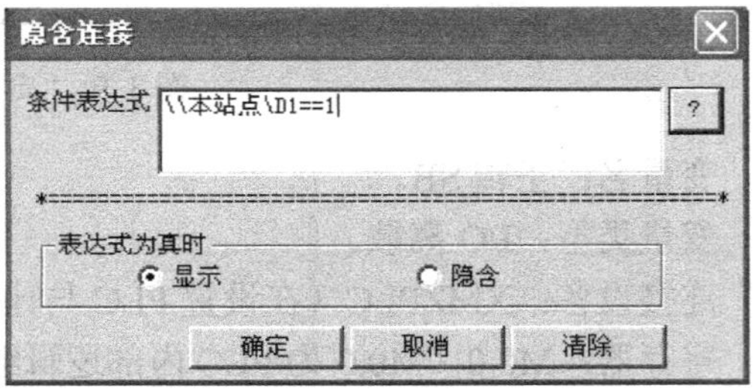

图 3-11　“隐含连接”对话框

条件表达式：D1==1

表达式为真时：显示

说明：当 PLC 的 Q0.0 为 1 时，电动机正转，组态王变量 D1 也为 1，使转盘 1 显示顺时针旋转，否则隐含。

（2）转盘 2

设置方法同转盘 1。

1）设置旋转变量。

表达式：Z2

最大逆时针对应角度：360，对应值 60

旋转中心：0，0

2）设置隐含

条件表达式：D2==1

表达式为真时：显示

说明：当 PLC 的 Q0.1 为 1 时，电动机反转，组态王变量 D2 也为 1，使转盘 2 显示逆时针旋转，否则隐含。

隐含连接说明。隐含连接是使被连接对象根据条件表达式的值而显示或隐含。对话框中各项设置的意义如下。

条件表达式：输入显示或隐含的条件表达式，单击“？”按钮，可以查看已定义的变量名和变量域。

当表达式的值为真时，规定当条件表达式值为 1（TRUE）时，若被连接对象是显示或隐含，则当条件表达式值为假时，定义了“显示”状态的对象自动隐含，定义了“隐含”状态的对象自动显示。

2．按钮

（1）以设置正转 SB 按钮为例

双击按钮图素，弹出动画连接对话框。单击“按下时”按钮，弹出如图 3-12 所示的“命令语言”窗口。

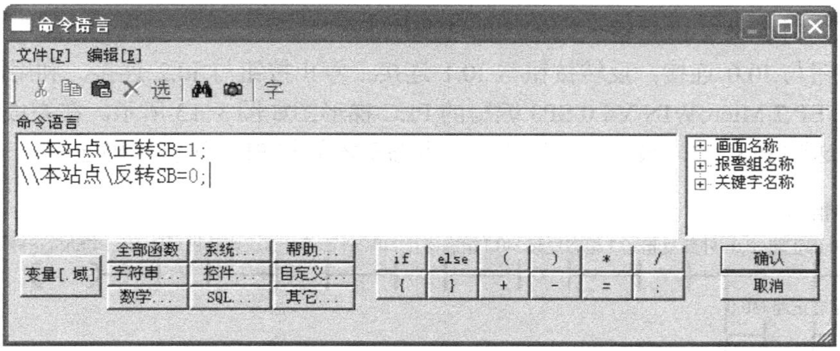

图 3-12 “命令语言”窗口

输入：正转 SB=1；反转 SB=0；然后按“确定”按钮。

再按“弹起时”按钮，弹出按钮“命令语言”窗口。输入：正转 SB=0；

说明：

1）正转 SB=1 使 M0.0 置 1，并传送到 PLC；反转 SB=0 使 M0.1 置 0，并传送到 PLC；目的使正转 SB 和反转 SB 互锁。

2）弹起时：正转 SB=0 设置时按钮相当于可复位按钮。

（2）设置反转按钮

按下时：正转 SB=0；反转 SB=1；

弹起时：反转 SB=0；

（3）设置停止按钮

按下时：停止 SB=1；

弹起时：停止 SB=0；

3.4.2 编写命令语言程序

存在时：

```
if(\\本站点\D1==1)
\\本站点\Z1=\\本站点\Z1+1;
if(\\本站点\Z1>=60)
\\本站点\Z1=0;
if(\\本站点\D2==1)
\\本站点\Z2=\\本站点\Z2+1;
if(\\本站点\Z2>=60)
\\本站点\Z2=0;
```

注：每 100μs 扫描 1 次。

任务 3.5 编写 PLC 梯形图及调试

3.5.1 编写 PLC 梯形图

本项目控制按钮与 PLC 输入端连接的情况如下。

正转按钮与 I0.0 连接；反转按钮与 I0.1 连接；停止按钮与 I0.2 连接。利用西门子 PLC 编程软件 STEP 7 MicroWIN V4.0 SP3 编写的 PLC 梯形图如图 3-13 所示。在完成编写梯形图后，将其传送到 PLC 中，最后关闭该软件，组态王才能与 PLC 进行正确通信。

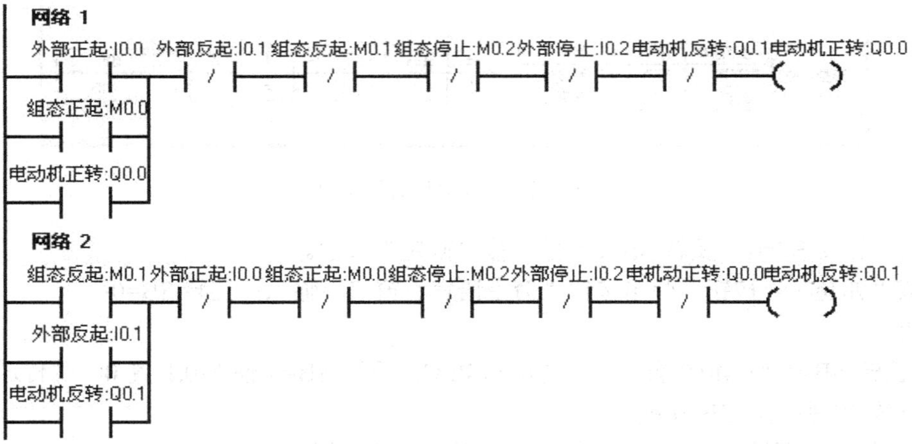

图 3-13 PLC 梯形图

3.5.2 调试

1. 计算机、PLC、外部设备之间的连接

计算机、PLC、外部设备之间的连接图如图 3-14 所示。

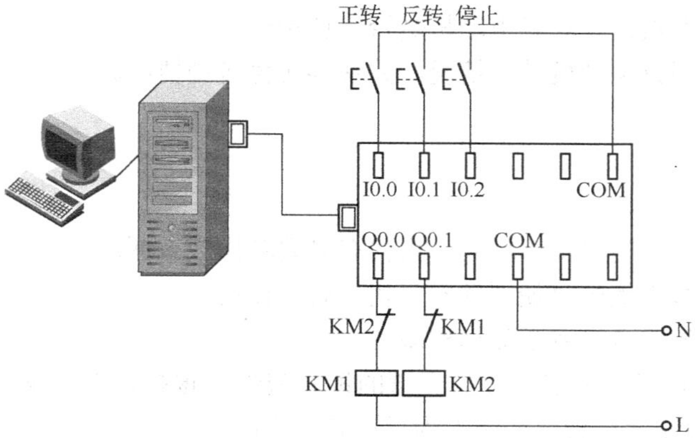

图 3-14　计算机、PLC、外部设备之间的连接图

2. 主电路连接

电动机正反转主电路连接图如图 3-15 所示。

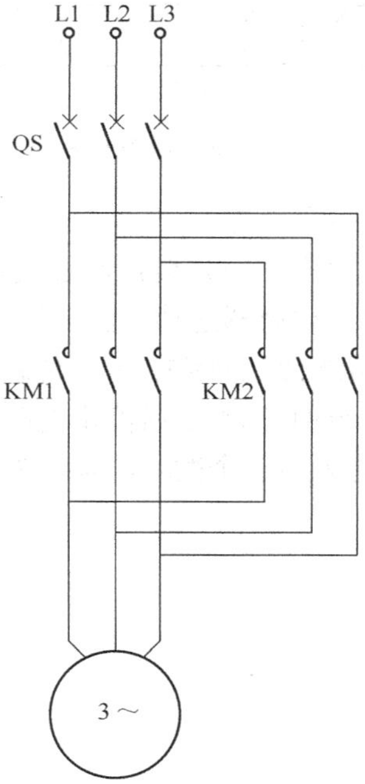

图 3-15　电动机正反转主电路连接图

3. 调试

1）检查各部分的连接导线是否正确。

2）将 PLC 梯形图传输到 PLC，并关闭编程软件 STEP 7 MicroWIN V4.0 SP3，以防止与组态王发生冲突。

3）打开组态王软件，并运行本项目。

4）按正转“软”按钮，观察电动机的转动方向；观察转盘是否顺时针转动。再按反转“软”按钮，观察电动机转动方向是否相反；观察转盘是否逆时针转动。

5）按停止“软”按钮，观察电动机是否停止转动。

6）按现场按钮观察电动机转动情况，并观察转盘转动情况。

习题

3-1　从图库中取出的“图库精灵”为何有时要转换成普通图素？

3-2　在通信参数设置中“使用动态优化”有何作用？

3-3　组态王中的隐含设置是如何实现的？

3-4　用户在组态王中可定义数据变量的读写属性，根据需要定义变量为哪几种属性？其中对于进行采集的变量一般定义属性为只读是否正确？

3-5　某车间传送带分为 3 段，由 3 台电动机分别驱动，传送带和传感器的安装位置如图 3-16 所示，采用组态王软件监控技术和 PLC 技术实现对生产过程的监控。

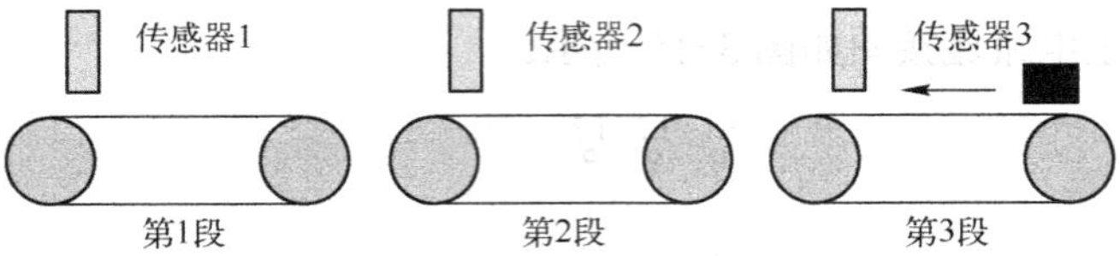

图 3-16　题 3-5 图

控制要求：传感器可以检测物品的存在。

传送带的动作如下：第 3 段传送带一直运转；第 2 段传送带的运转由传感器 3 起动，由传感器 2 停止；第 1 段传送带由 2 号传感器起动，由 1 号传感器停止。

一个工作循环是，起动 3 段传送带，物品被 3 号传感器检测，起动传送带 2，物品被 2 号传感器检测，起动 1 段传送带，同时延时 2s 后停止电动机 2，在物品 1 被 1 号传感器检测到 2s 后，将电动机 1 停止，随后进入下一个循环，等待 3 号传感器检测物品。

项目 4　组态监控系统在小型生产线上的应用

本项目要点

- MPI 通信网络的组建方法
- S7-300 PLC 程序的编写方法
- 组态王画面图素的制作方法
- 组态王命令语言程序的编写方法
- 画面动画连接制作
- 调试

本案例主要内容如下。

某小型生产线由 3 个工作环节构成，即供料单元、喷漆与烘干单元以及分拣单元。在供料单元的供料台检测传感器检测到有工件后，由机械手自动抓取工件送至传送带，在传送带入料口检测传感器检测到有工件送入后，传送带将工件输送至喷漆单元停留 10s，进行喷漆，喷漆结束后将工件送至烘干箱停留 30s 烘干，烘干结束后送至分拣单元进行物料分拣操作。3 个单元分别由 3 台 S7-300 控制器完成控制，控制器之间采用 MPI 或者 PROFIBUS-DP 进行通信连接。小型生产线监控画面如图 4-1 所示。

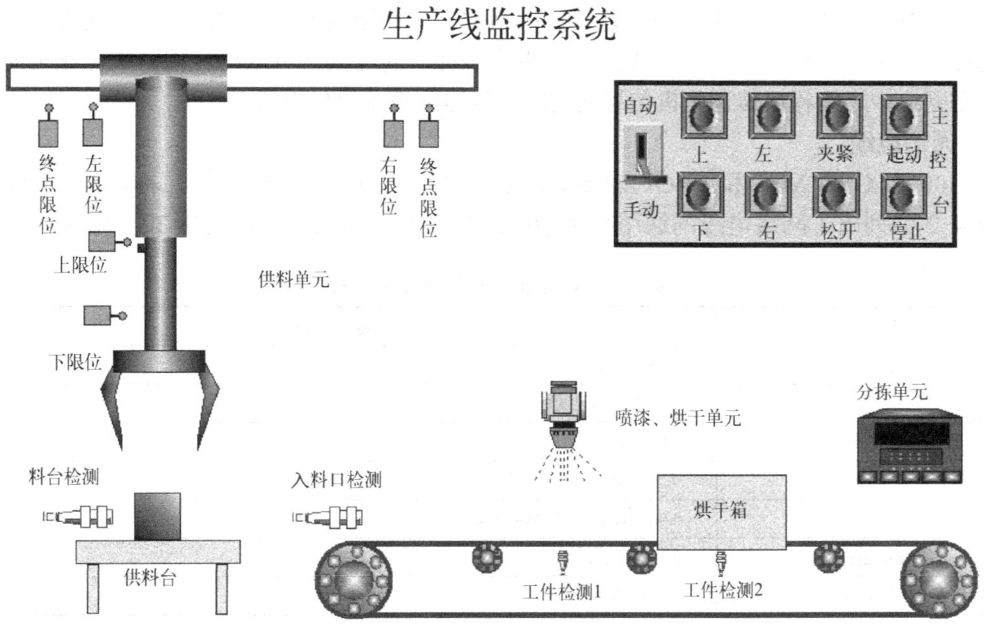

图 4-1　小型生产线监控画面

任务 4.1　组建 S7-300 网络

4.1.1　认识通信设备和连接通信电缆

1．通信口

S7-300 CPU 主机上的通信口是符合欧洲标准 EN50170 中 PROFIBUS 标准的 RS-485 兼容 9 针 D 型接口。9 针 D 型接口与 PROFIBUS 的名称对应关系如表 4-1 所示。

表 4-1　9 针 D 型接口与 PROFIBUS 的名称对应关系表

引　脚　号	9 针 D 型接口	PROFIBUS 名称	
1	逻辑地	屏蔽	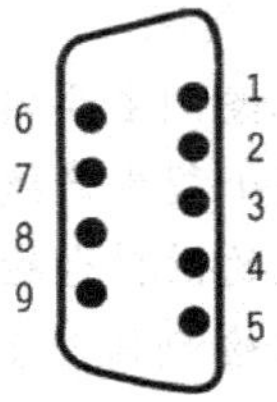
2	逻辑地	24V 返回	
3	RS-485 信号 B	RS-485 信号 B	
4	RTS TTL	发送申请	
5	逻辑地	5V 返回	
6	+5V，100Ω，串联电阻	+5V	
7	+24V	+24V	
8	RS-485 信号 A	RS-485 信号 A	
9	10 位协议选择	不用	
端口外壳	机壳接地	屏蔽	

2．网络连接器

网络连接器可以用来把多个设备连接到网络中。网络连接器有两种：一种是仅提供连接到主机的接口，另一种增加了一个编程接口。带有编程口的连接器可以把编程器或操作员面板直接增加到网络中，编程口传递主机信号的同时，为这些设备提供电源。

3．通信电缆

S7-300 PLC 的 MPI 和 PROFIBUS-DP 通信网络使用 RS-485 标准，采用屏蔽双绞线电缆。表 4-2 中列出了网络电缆的通用技术指标。每个网段中最多只能连接 32 个设备。

表 4-2　网络电缆的通用技术指标

技 术 指 标	描　　述
电缆类型	屏蔽双绞线
回路阻抗	±115Ω/km
有效电容	30pF/m
标称阻抗	大约 135～160Ω（频率为 3～20 MHz）
衰减	0.9dB/100m（频率=200kHz）
导线截面积	0.3～0.5mm^2
电缆直径	8mm±0.5mm

4．网络电缆的偏压电阻和终端电阻

西门子公司提供两种网络连接器，即一种标准网络连接器和一种带编程接口的连接器。

两种连接器都有两组螺钉连接端子，可以用来连接输入电缆和输出电缆。两种连接器也都有网络偏置和终端匹配的选择开关。典型的网络连接器偏置和终端如图 4-2 所示（注：电缆的两个末端必须有终端和偏置）。

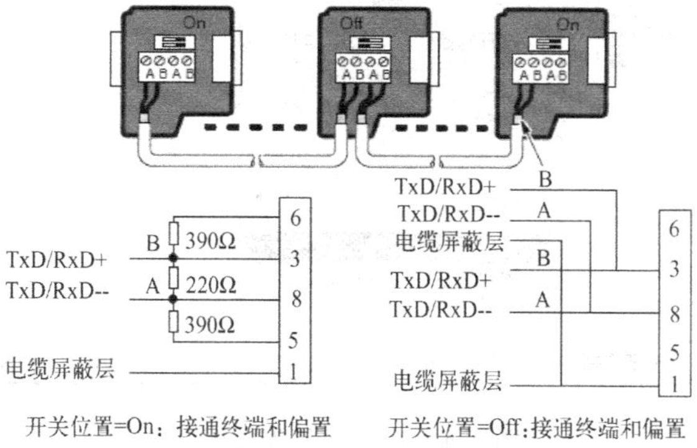

图 4-2　典型的网络连接器偏置和终端

5. 网络中继器

RS-485 中继器为网段提供偏压电阻和终端电阻。中继器有以下用途。

1）增加网络的长度。在网络中使用一个中继器可以使网络的通信距离扩展 50m。网络中继器如图 4-3 所示。如果在已连接的两个中继器之间没有其他节点，那么网络的长度将能达到波特率允许的最大值。在一个串联网络中，最多可以使用 9 个中继器，但是网络的总长度不能超过 9 600m。

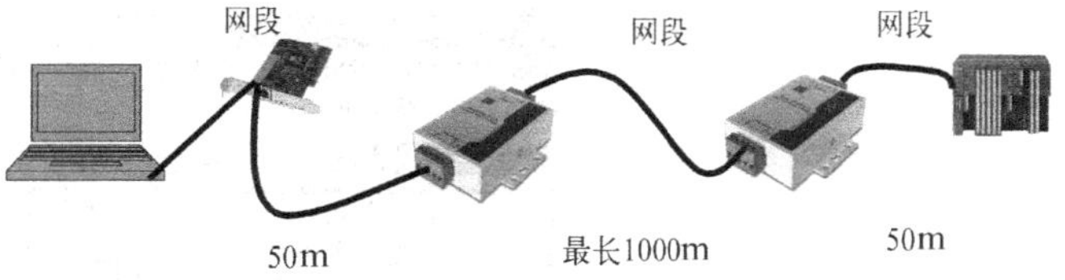

图 4-3　网络中继器

2）为网络增加设备。在 9 600 的波特率下、50m 距离之内，一个网段最多可以连接 32 个设备。使用一个中继器允许在网络上再增加 32 个设备。

3）实现不同网段的电气隔离。如果不同的网段具有不同的地电位，那么将它们隔离就会提高网络的通信质量。

一个中继器在网络中被算做网段的一个节点，尽管如此，它没有被指定站地址。

4.1.2　MPI 网络的组建方法

1. 供料单元的硬件组态

（1）控制站点的建立

打开 SIMATIC Manager 软件，建立一个名称为自动分拣监控系统的工程文件，然后单击菜单“插入”→“站点”→“SIMATIC 300 站点”，选中“SIMATIC 300 站点”右键选择“重命名”命令，将站点名称改为供料单元。站点重命名的方法如图 4-4 所示。

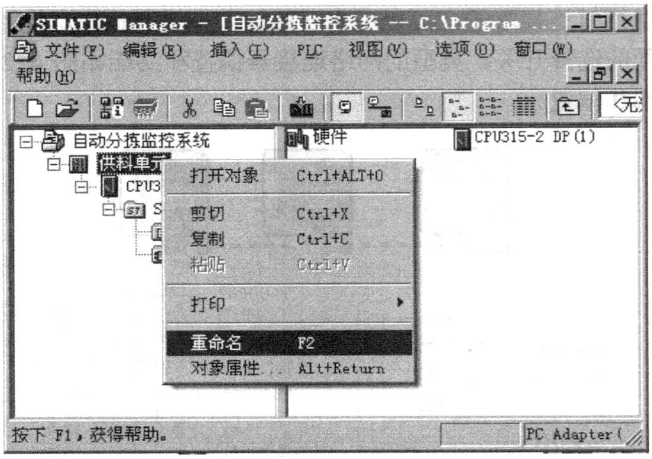

图 4-4　站点重命名的方法

（2）硬件组态

双击“供料单元”右侧的“硬件”进入硬件组态设置画面，根据需要放置电源模块 PS-307、CPU 模块 CPU315-2DP、数字量输入模块 SM321 DI16×24、数字量输出模块 SM322 DI16×24（模块具体型号以模块下部所标的订货号为准）。PLC 硬件组态如图 4-5 所示。

设置完成供料单元硬件组态后，以同样的方法再插入两个 SIMATIC 300 站点，并重命名为喷漆与烘干单元、分拣单元，分别选中新建的两个站点，双击右侧的硬件，以同样的方法进行硬件组态。建立好的工程如图 4-6 所示。

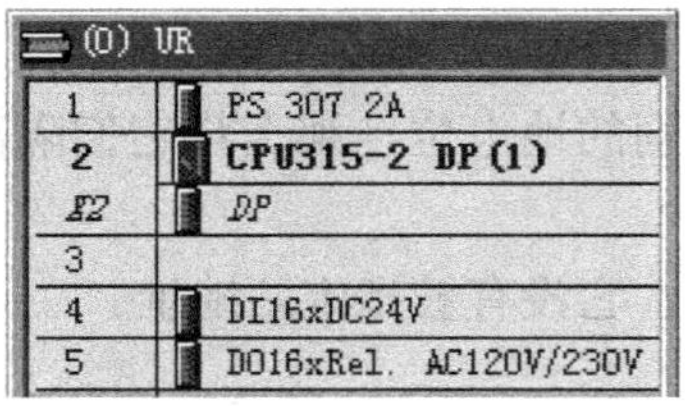

图 4-5　PLC 硬件组态

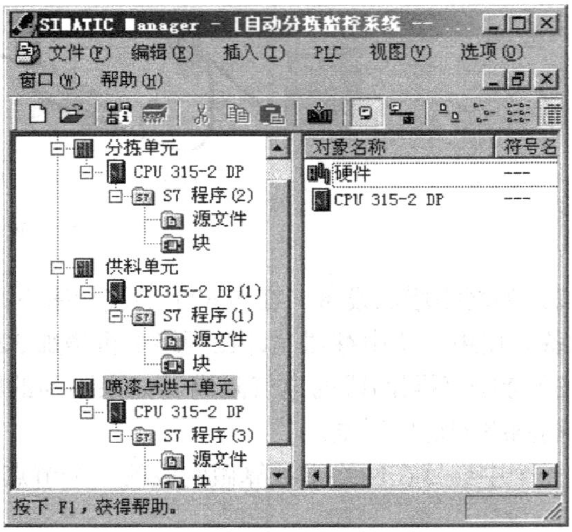

图 4-6　建立好的工程

2．网络组态

双击供料单元的“硬件”图标，打开供料单元硬件组态画面，选中 PLC 机架上的 CPU 模块，单击右键（或者直接双击 CPU 模块），打开对象的属性，会自动弹出 CPU 属性设置对话框。打开 CPU 属性设置窗口的方法如图 4-7 所示。

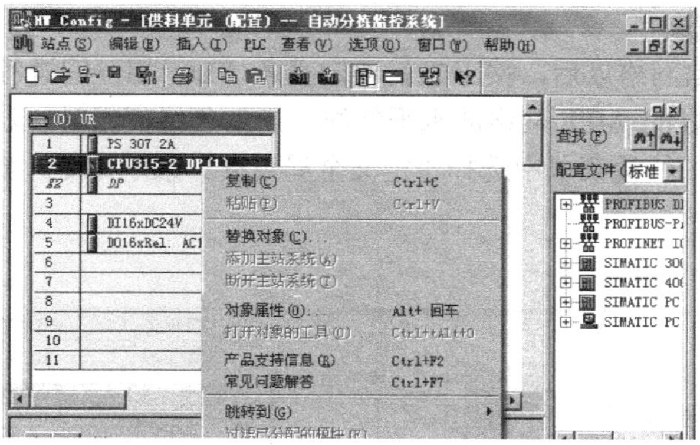

图 4-7　打开 CPU 属性设置窗口的方法

CPU 属性设置对话框中的“常规”选项卡显示有 MPI 口的通信地址，MPI 地址即是 PLC 的地址，本项目将供料单元的 MPI 地址设置为 2，将喷漆与烘干单元的 MPI 地址设置为 3，将分拣单元的 MPI 地址设置为 4，相互间进行 MPI 通信联网。因此，需要对每一 CPU 模块的 MPI 通信进行设置。S7-300 的 MPI 属性设置方法如图 4-8 所示。

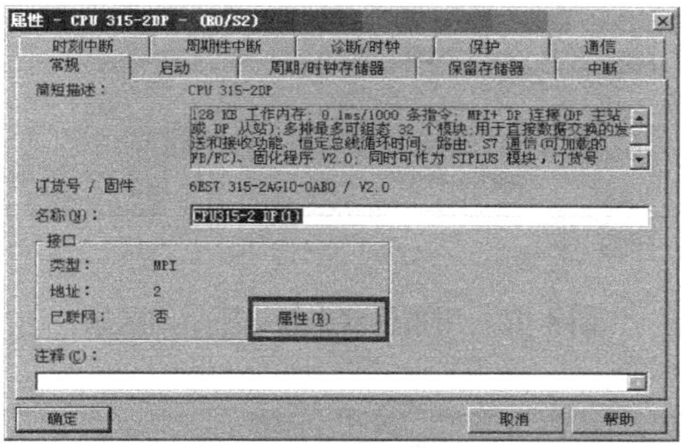

图 4-8　S7-300 的 MPI 属性设置方法

单击画面中的“属性”按钮，弹出 MPI 接口属性设置的对话框，设置供料站地址为 2，MPI 网络通信速度为 187.5kbit/s，如图 4-9 所示。以同样的方法设置另外两个站点地址为 3 和 4，通信速度为 187.5kbit/s。建立好后，在硬件组态的工具栏上单击按钮（编译并保存）。这样硬件组态就完成了。

打开 SIMATIC Manager 管理器界面，单击工具栏中的按钮（组态网络），可以观察到已经建立好的 MPI 网络。MPI 网络结构如图 4-10 所示。

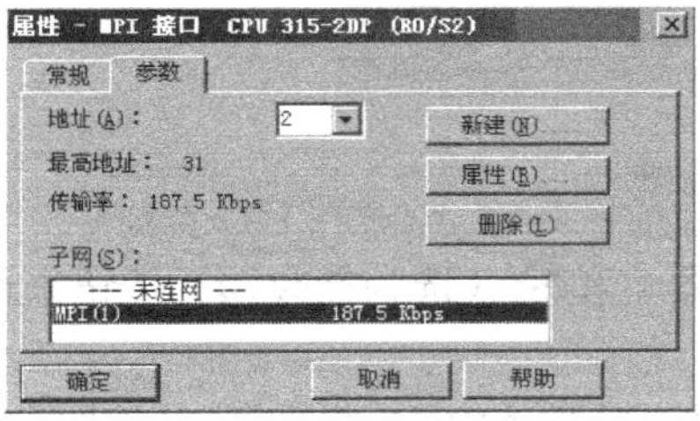

图 4-9　设置 MPI 通信参数

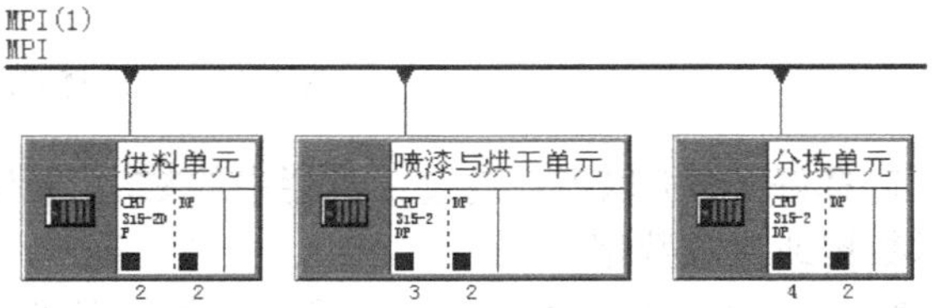

图 4-10　MPI 网络结构

3. 建立全局数据表

建立好 MPI 通信网络以后，接下来就要定义各 PLC 相互间进行数据交换的全局数据表。首先选中已建立好的 MPI 网络的水平红线，当红色线变粗时，表明已经选中，然后单击鼠标右键，在弹出的快捷菜单中选择“定义全局数据”菜单命令，如图 4-11 所示，便会弹出全局数据定义表。

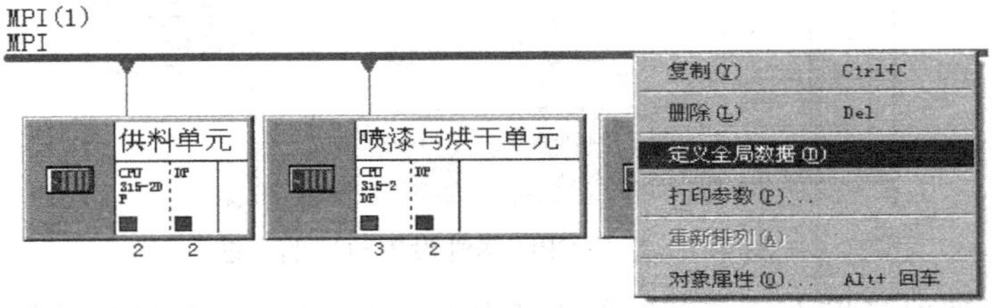

图 4-11 选中“定义全局数据”菜单命令

接着在全局数据表中插入需要进行数据通信的 PLC，用鼠标双击如图 4-12 箭头所示的区域，弹出“选择 CPU”模块的对话框，如图 4-13 所示，选择好需要进行数据交换的 CPU 模块。

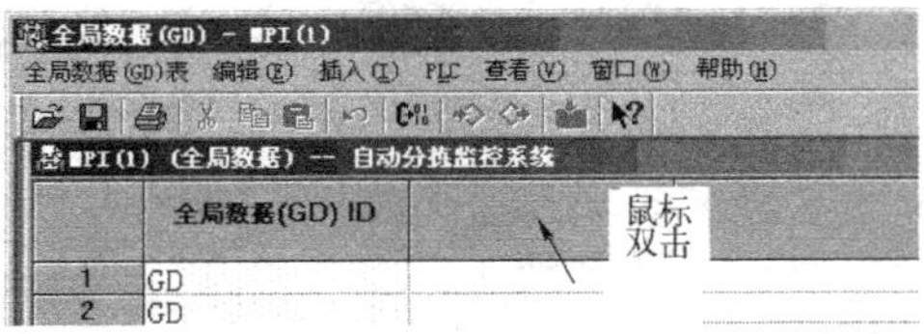

图 4-12 用鼠标双击箭头所示的区域

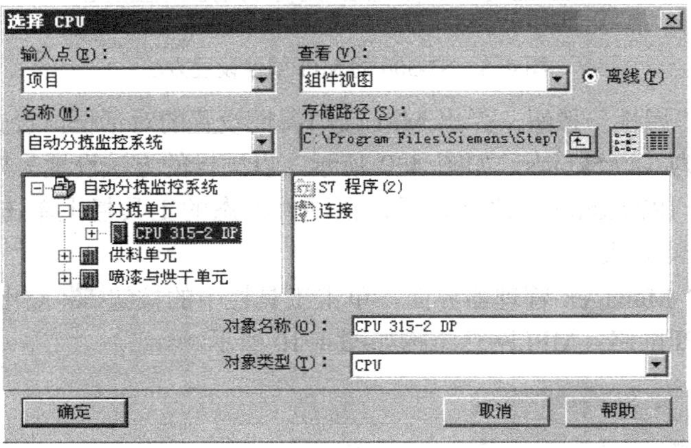

图 4-13 “选择 CPU”对话框

选择好 CPU 以后，通过工具栏中的（选为发送器）和（选为接收器）按钮来选择发送数据或接收数据。

“全局数据”窗口如图 4-14 所示。图中的第一行 IB0:2 与 MB0:2 指的是，将供料单元 IB0 开始的连续两个字节的内容发送到喷漆与烘干单元 MB0 开始的连续两个字节中；第二行指的是，将喷漆与烘干单元 IB0 开始的连续两个字节内容发送到供料单元 MB0 开始的连续两个字节中；第三行指的是，将喷漆与供料单元 IB0 开始的连续两个字节发内容送到分拣单元 MB0 开始的连续两个字节中。

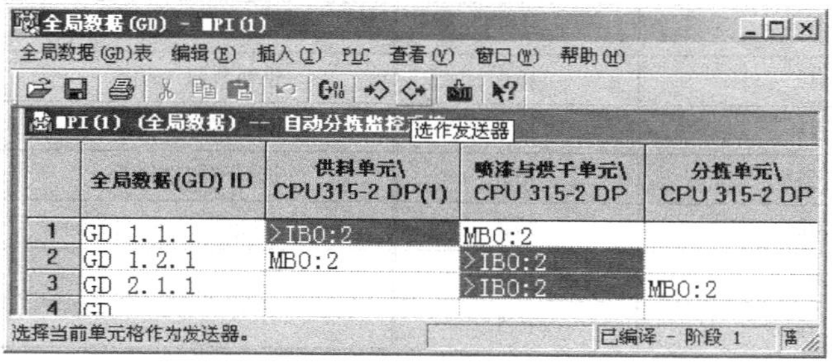

图 4-14 “全局数据”窗口

在全局数据表建立好后，需要对全局数据表进行编译和保存，编译和保存可通过菜单中的“全局数据表”选择或者快捷工具栏中的“编译和保存”按钮选择。

任务 4.2 编写 S7-300 程序

4.2.1 I/O 地址分配

1. 供料单元 I/O 地址分配

供料单元 I/O 地址分配见表 4-3。

表 4-3 供料单元 I/O 地址分配表

输　入	地　址	输　出	地　址
料台检测	I0.0	机械手左行	Q4.0
左限位	I0.1	机械手右行	Q4.1
右限位	I0.2	机械手上行	Q4.2
上限位	I0.3	机械手下行	Q4.3
下限位	I0.4	机械手夹紧	Q4.4
左终点限位	I0.5	机械手松开	Q4.5
右终点限位	I0.6		
夹紧到位	I0.7		

2. 喷漆和烘干单元 I/O 地址分配

喷漆和烘干单元 I/O 地址分配见表 4-4。

表 4-4 喷漆和烘干单元 I/O 地址分配表

输　入	地　址	输　出	地　址
入料口检测	I0.0	输送带控制	Q4.0
工件检测 1	I0.1	喷漆	Q4.1
工件检测 2	I0.2	烘干	Q4.2

3. 分拣单元 I/O 地址分配

分拣单元 I/O 地址分配见表 4-5。

表 4-5 分拣单元 I/O 地址分配表

输　入	地　址	输　出	地　址
金属工件检测	I0.0	推料气缸 1 动作	Q4.0
工件颜色检测	I0.1	推料气缸 2 动作	Q4.1
推料气缸 1 推出到位	I0.2	推料气缸 3 动作	Q4.3
推料气缸 1 缩回到位	I0.3		
推料气缸 2 推出到位	I0.4		
推料气缸 2 缩回到位	I0.5		

4.2.2 PLC 控制程序

1. 编写供料单元程序

供料单元程序包括自动程序和手动程序两部分，自动和手动控制的选择是通过组态变量控制的 M2.1 和 M2.0 实现的。供料画面的机械手设有终点限位保护，当左右限位不起作用时，可用终点限位来保护设备的安全。供料单元主程序如图 4-15 所示。

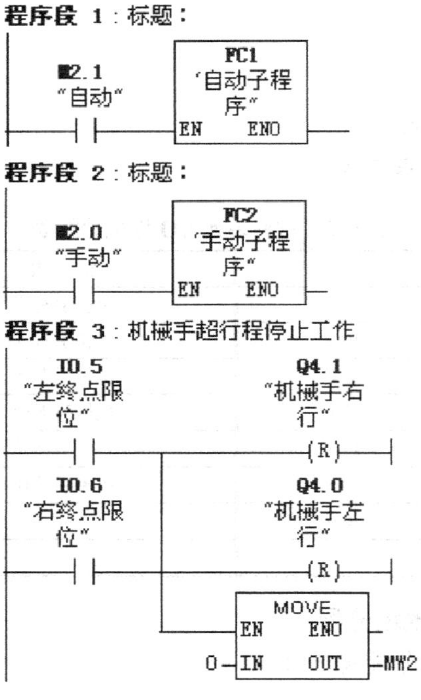

图 4-15 供料单元主程序

供料单元的机械手是按照预先规定的路径运行的，当料台有工件时，抓取工件的动作按照先后顺序划分为 8 步，8 个动作分别代表机械手夹紧、上行、右行、下行、松开、上升、左行、下行，程序设计时采用顺序控制的设计思路。供料单元自动子程序如图 4-16 所示。

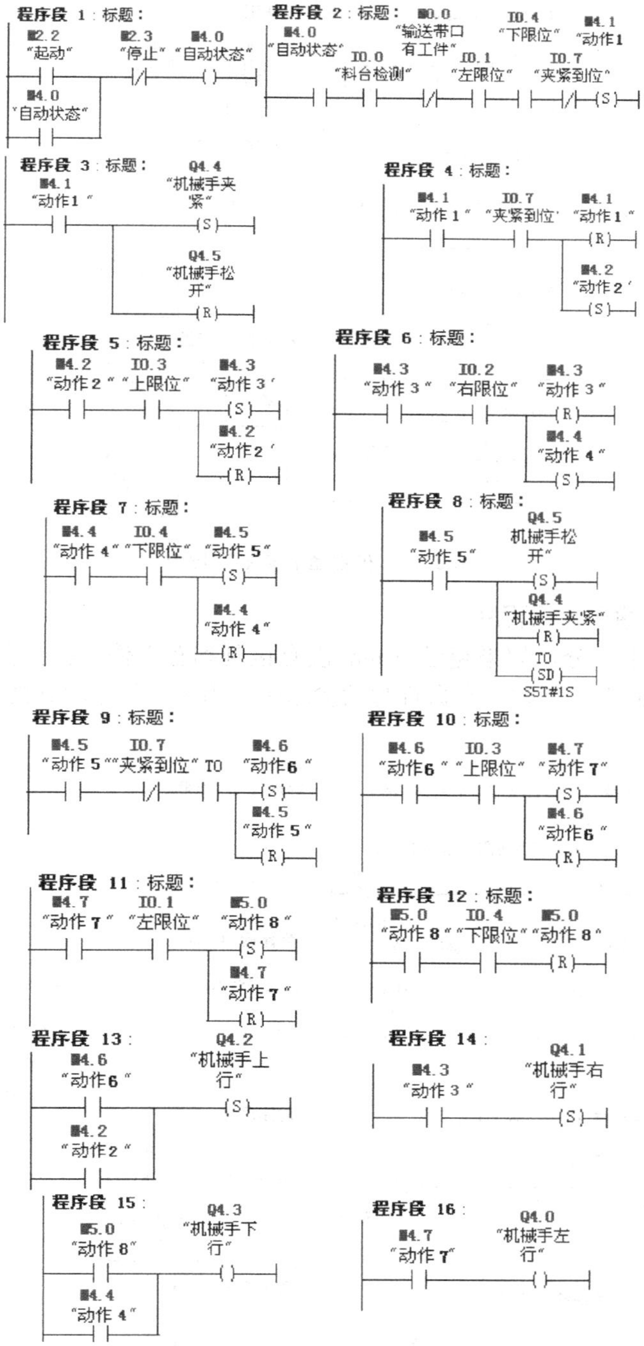

图 4-16　供料单元自动子程序

当供料单元切换到手动操作时，将 MW4 所表示的自动状态位复位，手动子程序包括机械手手动上行、下行、左行、右行、松开、夹紧等操作，这些操作全部通过组态变量实现。供料单元手动子程序如图 4-17 所示。

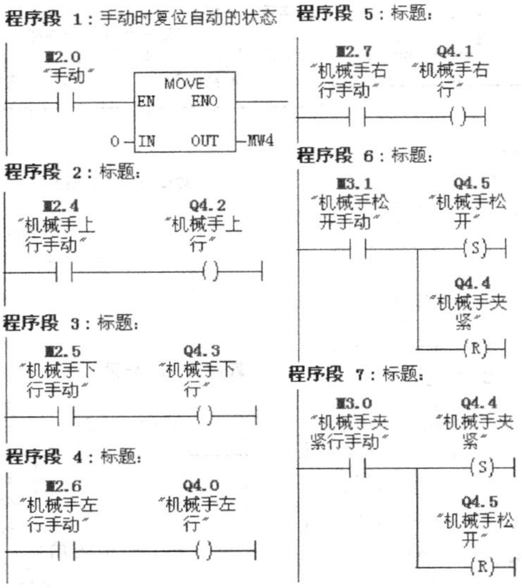

图 4-17　供料单元手动子程序

2. 编写喷漆与烘干单元程序

对于喷漆与烘干部分，如果超过 3min 没有检测到有工件，就会自动停止输送带的运行。当入料口检测到有工件时，会自行起动输送带。喷漆与烘干单元的控制程序如图 4-18 所示。

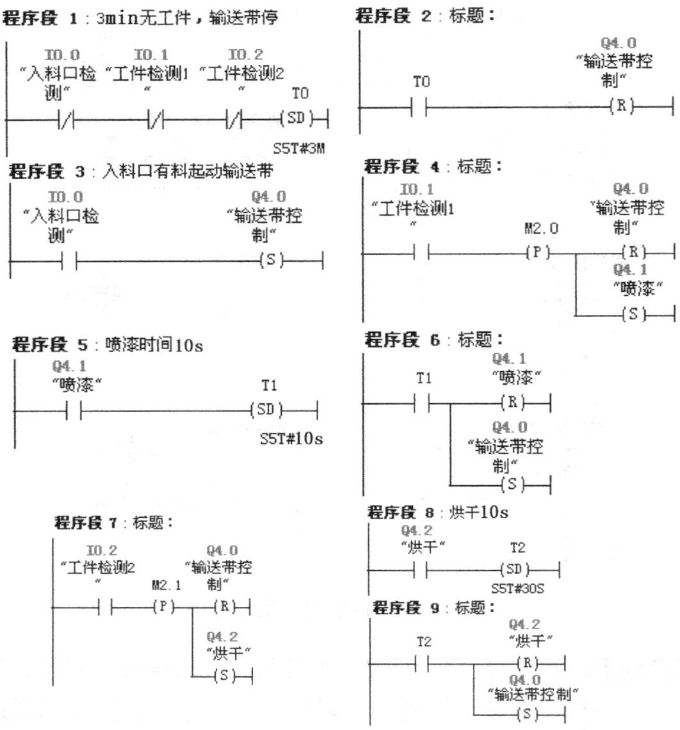

图 4-18　喷漆与烘干单元的控制程序

3．编写分拣单元程序

当分拣单元传感器检测到工件为金属工件时，置位 M2.1，喷漆颜色合格检测后置位 M2.3，如果检测到工件是合格的金属工件，就延时 600ms 后推入料仓 1 中，具体延时时间还需要通过对现场的实际测试得到，合格的非金属工件进入料仓 2。

料仓 1 和料仓 2 的工件数量统计是通过对气缸推动工件进料仓次数统计实现的，料仓 3 数量统计通过总工件数量减去料仓 1 和料仓 2 中工件的数量得到。分拣单元控制程序如图 4-19 所示。

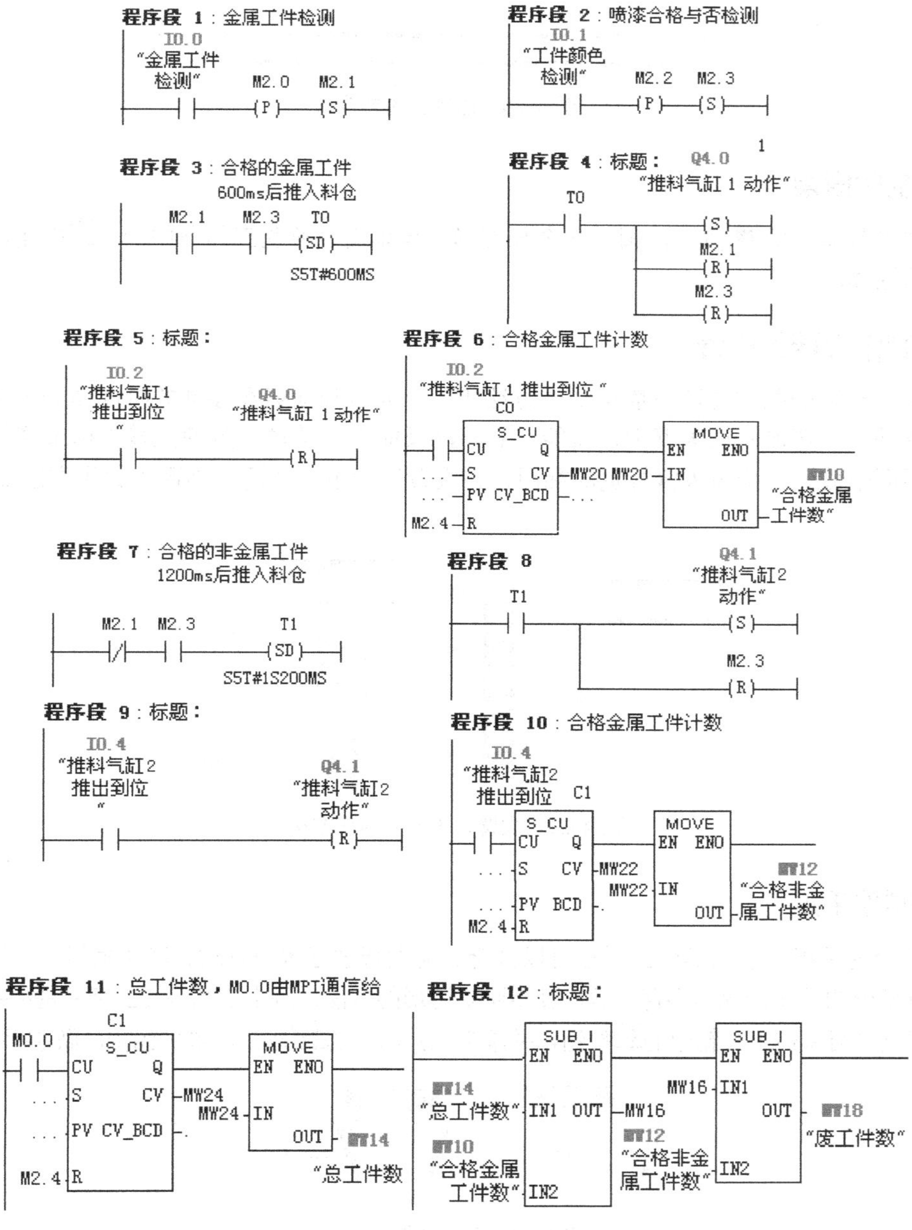

图 4-19　分拣单元控制程序

任务 4.3　制作监控画面

4.3.1　制作导轨

单击工具箱中的按钮，画出一长方形，考虑机械手的移动范围及机械手悬梁的大小，将其放在画面适当的位置上，绘制好图形后，在组态工具箱中选择线型设置项，调整导轨的粗细。绘制出的导轨如图 4-20 所示。

图 4-20　绘制出的导轨

4.3.2　制作横梁

单击工具箱中的按钮，画出一个长方形，再单击过渡色工具条中的按钮，形成立体感的圆柱体。

4.3.3　制作大臂和小臂

大臂、小臂的制作方法与横梁制作方法相同。大臂和横梁在移动的时候作为一个整体只能左右移动，小臂嵌套在大臂中，既能左右移动又能上下移动。为使大臂与横梁连接自然美观，在画面中放置一个与大臂等宽的椭圆，并设置过渡色。大臂、小臂的制作方法如图 4-21 所示。

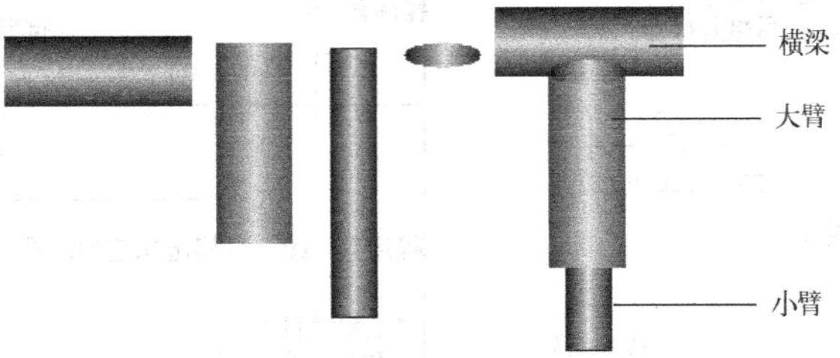

图 4-21　大臂、小臂的制作方法

4.3.4　制作手爪

手爪分为手指、手掌部分。手指可以张合、随大臂进行水平移动、随小臂进行上下垂直移动。手掌部分的动作情况与小臂一致。使用画多边形的方法，画出如图 4-22 所示的手指形状，然后再复制（可单击工具箱中的按钮，并单击工具箱中的按钮，水平翻转，做左手指）。

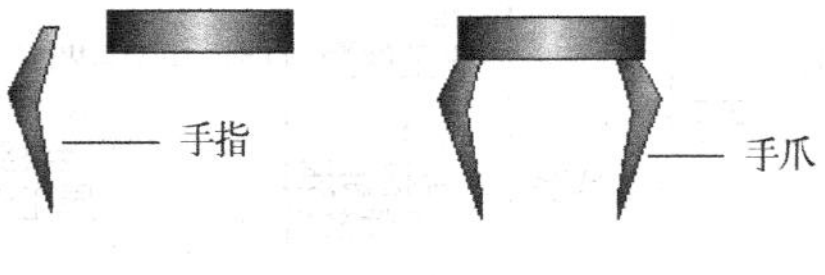

图 4-22　制作手爪的方法

4.3.5　制作物料台、物料及传感器

物料使用工具，画一个矩形，选择适当过渡色即可；物料台也是选择工具，绘制几个矩形，进行适当的搭配即可；物料检测传感器可以从菜单“图库”→“打开图库”→“传感器”中选取。在选择好传感器后，应该将其转换为普通图素，并组合为普通图素，以便与外部设备进行连接。制作好的物料台监控画面如图 4-23 所示。

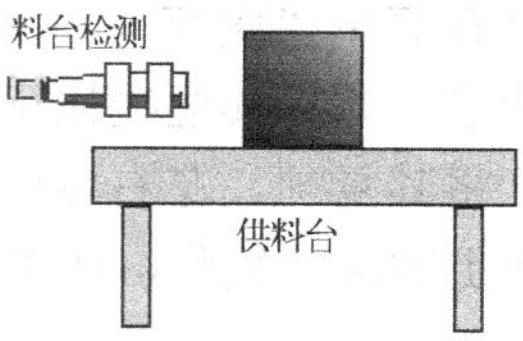

图 4-23　制作好的物料台监控画面

4.3.6　制作限位开关

限位开关分为左、右限位以及作为终点保护的终点限位，在画面中放置一个小矩形和一个圆圈再用直线连接即可。限位开关在监控系统运行时，可以使用颜色变化的动画连接来实现对动作与否的监控。

将以上各个部分移动到一起，组成一个完整的机械手。制作好的机械手画面如图 4-24 所示。

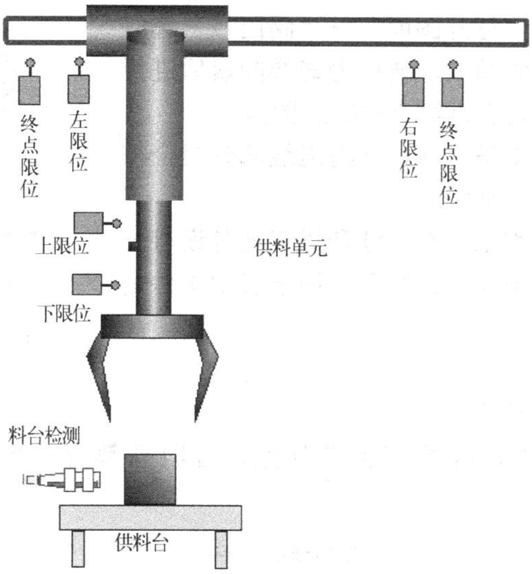

图 4-24　制作好的机械手画面

4.3.7　制作控制按钮

（1）自动/手动切换开关

直接从图库中取出即可。

（2）手动按钮（可复位）

从图库中取出按钮，将其转换为普通图素，改变中间圆的填充色，再将其合成图素，以便于动画连接的设置。不要合成单元，合成单元不能进行动画连接设置。本案例的控制按钮站如图 4-25 所示。

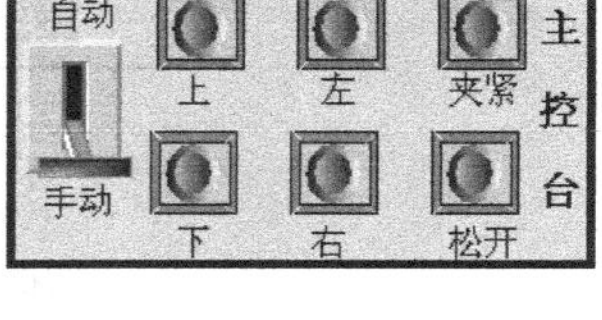

图 4-25　本案例的控制按钮站

4.3.8 制作输送带

打开菜单“图库”→“打开图库”→“管道”选取第一个图形（法兰盘），将其转换为普通图素，并将其边线加粗，在图的中心添加过渡色，并进行组合，便绘制出输送带带轮的图形，将其复制，左右各放置一个用粗线连接起来组成输送带的图形，如图 4-26 所示。为让图形更加真实美观，放置了几个小圆轮作为输送带的支承。

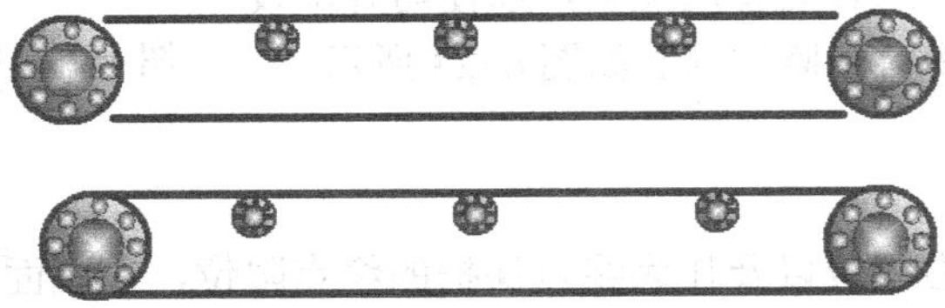

图 4-26 输送带的制作

4.3.9 制作喷漆和烘干单元

打开菜单“图库”→“打开图库”→“阀门 2”选取第四排第六个阀门放置于画面上，转化为普通图素后进行适当修改，使之与实物接近后再组合成普通图素。

在喷漆单元处绘制若干条虚线，并将虚线部分组合在一起，以便设置其“隐含”属性。

烘干箱使用矩形框来表示，在喷漆和烘干处各设有一个检测工件的传感器，如图 4-27 所示，用于表明工件是否运行到位。

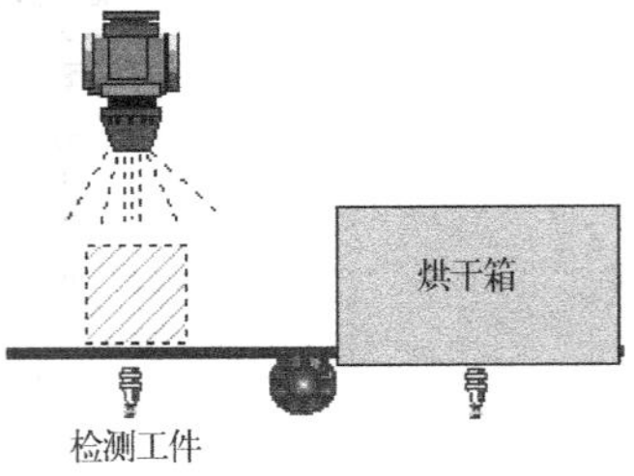

图 4-27 喷漆和烘干检测

4.3.10 制作物料分拣单元

物料分拣单元包括工件检测和工件分拣，各料仓都有计数的功能，其监控画面如图 4-28 所示。

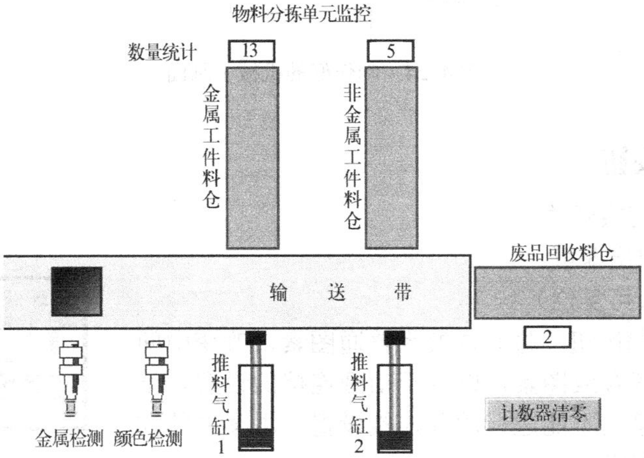

图 4-28 物料分拣单元监控画面

任务 4.4　定义外部设备与设置变量

4.4.1　定义外部设备

1．选择所连接的外部硬件设备和通信方式

在与外部设备进行通信连接时，需要选择通信驱动程序，这里选择外部设备 MPI（CP5611）通信方式，如图 4-29 所示。

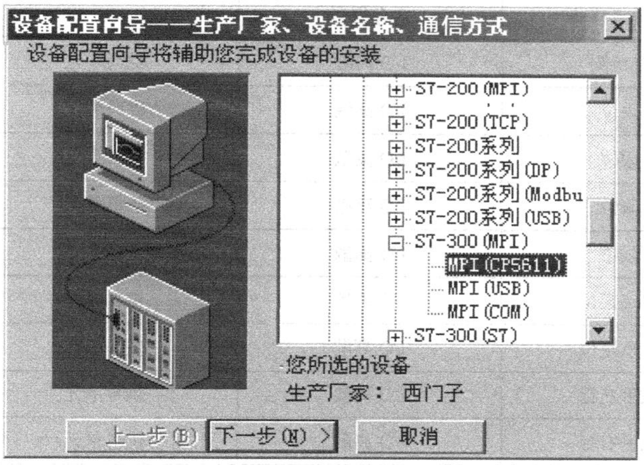

图 4-29　选择外部设备 MPI（CP5611）通信方式

2．设置设备地址

将图 4-30 中的 MPI 通信地址设置为 4.2，具体含义是，S7-300 CPU 模块 MPI 的通信地址为 4，CPU 模块被安装于中央机架的 2 号槽位上。

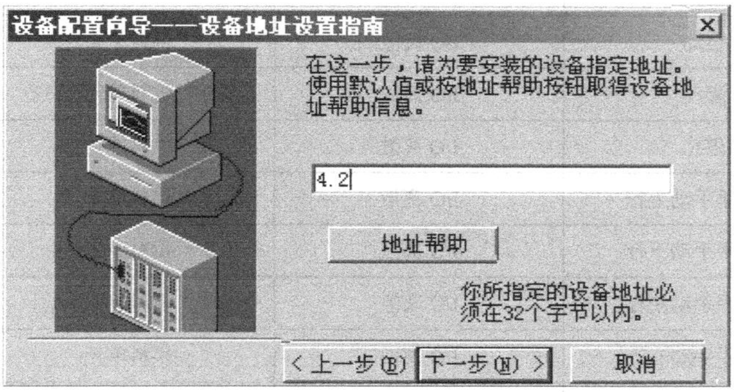

图 4-30　设置 MPI 通信地址

4.4.2　设置变量

本项目所涉及的变量包括内部变量和与外部设备连接的变量。设置变量如表 4-6 所示，与 PLC 所连接的变量中的 E 代表 PLC 的输入信号，A 代表输出信号。

表 4-6　设置变量表

序　号	变量名称	数据类型	连接设备	变量地址
1	N	内存整型		
2	机械手垂直移动	内存整型		
3	机械手水平移动	内存整型		
4	手指旋转	内存整型		
5	工件水平移动	内存整型		
6	工件垂直移动	内存整型		
7	料台检测	I/O 离散	供料单元	E0.0
8	左限位	I/O 离散	供料单元	E0.1
9	右限位	I/O 离散	供料单元	E0.2
10	上限位	I/O 离散	供料单元	E0.3
11	下限位	I/O 离散	供料单元	E0.4
12	左终点限位	I/O 离散	供料单元	E0.5
13	右终点限位	I/O 离散	供料单元	E0.6
14	机械手左行	I/O 离散	供料单元	A4.0
15	机械手右行	I/O 离散	供料单元	A4.1
16	机械手上行	I/O 离散	供料单元	A4.2
17	机械手下行	I/O 离散	供料单元	A4.3
18	机械手夹紧	I/O 离散	供料单元	A4.4
19	机械手松开	I/O 离散	供料单元	A4.5
20	手动	I/O 离散	供料单元	M2.0
21	自动	I/O 离散	供料单元	M2.1
22	起动	I/O 离散	供料单元	M2.2
23	停止	I/O 离散	供料单元	M2.3
24	机械手手动上行	I/O 离散	供料单元	M2.4
25	机械手手动下行	I/O 离散	供料单元	M2.5
26	机械手手动左行	I/O 离散	供料单元	M2.6
27	机械手手动右行	I/O 离散	供料单元	M2.7
28	机械手手动夹紧	I/O 离散	喷漆烘干单元	M3.0
29	机械手手动松开	I/O 离散	喷漆烘干单元	M3.1
30	入料口检测	I/O 离散	喷漆烘干单元	E0.0
31	工件检测 1	I/O 离散	喷漆烘干单元	E0.1
32	工件检测 2	I/O 离散	喷漆烘干单元	E0.2

（续）

序　　号	变 量 名 称	数 据 类 型	连 接 设 备	变 量 地 址
33	输送带控制	I/O 离散	喷漆烘干单元	A4.0
34	喷漆	I/O 离散	喷漆烘干单元	A4.1
35	烘干	I/O 离散	喷漆烘干单元	A4.2
36	金属工件检测	I/O 离散	分拣单元	E0.0
37	工件颜色检测	I/O 离散	分拣单元	E0.1
38	推料气缸 1 动作	I/O 离散	分拣单元	A4.0
39	推料气缸 2 动作	I/O 离散	分拣单元	A4.1
40	推料气缸 3 动作	I/O 离散	分拣单元	A4.2
41	合格金属工件	I/O 整数	分拣单元	M10
42	合格非金属工件	I/O 整数	分拣单元	M12
43	废工件数	I/O 整数	分拣单元	M18

变量设置的方法在前面已有介绍，不再赘述。

注：在动作过程一致的情况，可以将其设置为同一变量。由于本例中机械手部分水平移动一致（既可向左移动，也可向右移动），所以可将大臂、小臂、手爪的水平移动均设为机械手水平移动。

任务 4.5　动画连接

动画连接是对移动、按钮、填充色等变化的变量进行设置。本案例中，大臂、小臂手爪、被移动物体、带轮等都是移动变量，故需要进行动画连接设置，对按钮的按下、弹起也需要进行设置。

4.5.1　横梁和大臂的动画连接

由于横梁和大臂在机械手工作时动作情况一致，所以在选中横梁和大臂后将它们合并成一个图素。然后双击图素，弹出“动画连接”设置对话框，因为只能水平移动图素，所以只需在位置与大小变化中选择“水平移动”项设置即可。单击“水平移动”按钮，弹出如图 4-31 所示的“水平移动连接”对话框，单击对话框右侧的“？”按钮，连接代表机械手水平移动的变量。

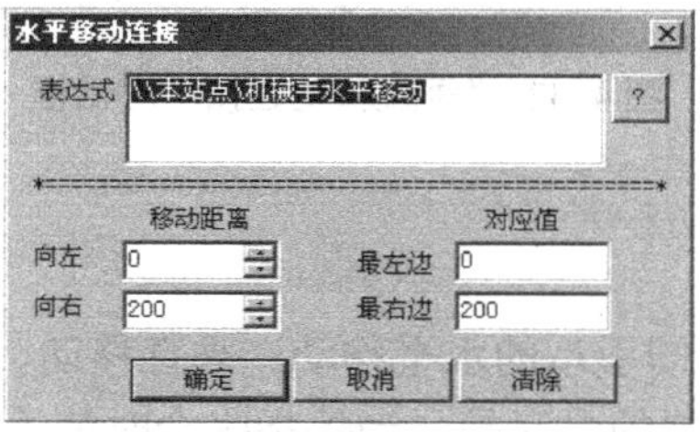

图 4-31　“水平移动连接”对话框

水平移动连接是使被连接对象在画面中随连接表达式值的改变而水平移动。移动距离以像素为单位，以被连接对象在画面制作系统中的原始位置为参考基准。水平移动连接常用来表示图形对象实际的水平运动。

对话框中各项设置的意义如下。

1）表达式。在此编辑框内输入合法的连接表达式，单击“？”按钮，可查看已定义的变量名和变量域。本例对应变量为机械手水平移动，显示：\\本站点\机械手水平移动。

2）向左。输入图素在水平方向向左移动（以被连接对象在画面中的原始位置为参考基准）的距离。因为本例中需要向右移，所以向左输入为0，表示不向左侧移动。

3）最左边。输入与图素处于最左边时相对应的变量值。当连接表达式的值为对应值时，被连接对象的中心点从向左（以原始位置为参考基准）移到最左边规定的位置。此处也输入0。

4）向右。输入图素在水平方向向右移动（以被连接对象在画面中的原始位置为参考基准）的距离。本例移动200个像素，输入为200。

5）最右边。输入与图素处于最右边时相对应的变量值。当连接表达式的值为对应值时，被连接对象的中心点从向右（以原始位置为参考基准）移到最右边规定的位置。本例输入对应值200，即一步移动1个像素。如果使其运动快些，可减小此值。

4.5.2 小臂和手掌的移动设置

小臂和手掌部分既能水平移动，也能垂直移动。设置水平移动的方法与大臂完全相同。设置垂直移动的方法是，单击“垂直移动”按钮，弹出如图4-32所示的“垂直移动连接”对话框，输入表达式：\\本站点\机械手垂直移动；向下：60；最下边：60。由于不在初始位置以上移动，所以向上和最上边均输入0。

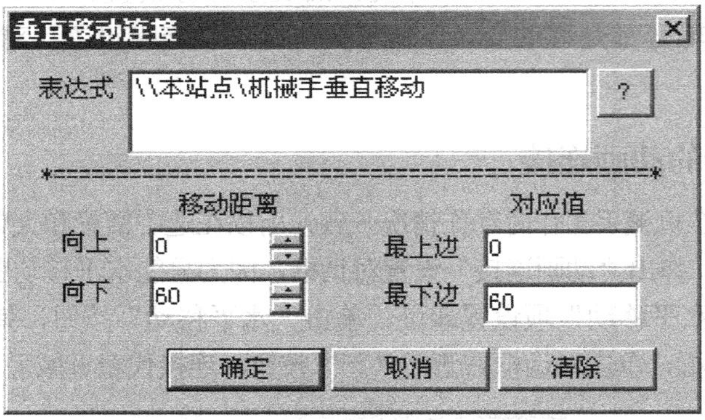

图4-32 “垂直移动连接”对话框

4.5.3 手爪的设置

对于手爪需要设置3项，即手爪的水平移动、垂直移动、手指的张合。水平移动和垂直移动设置同上。手指的张合设置的含义是，当手指张合时使手爪旋转。

左手指旋转连接的设置方法是，在“动画连接”对话框中单击“旋转连接”按钮，弹出如图4-33所示的“旋转连接”——设置左手指旋转对话框。

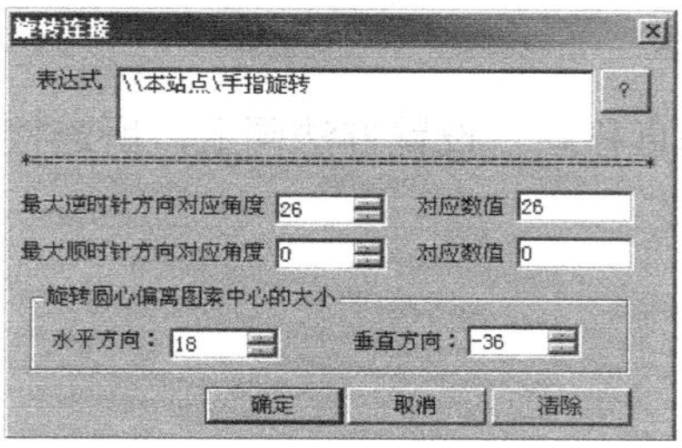

图 4-33 “旋转连接”对话框——设置左手指旋转

对话框中各项设置的意义如下。

1）表达式。在此编辑框内输入合法的连接表达式，单击“？”按钮，可以查看已定义的变量名和变量域。选取变量“手指旋转”。

2）最大逆时针方向对应角度。被连接对象逆时针方向旋转所能达到的最大角度及对应的表达式的值（对应数值）。角度值限于 0°～360°之间，Y 轴正向是 0°。本案例左手指逆时针旋转 26°，对应值为 26。

3）最大顺时针方向对应角度。被连接对象顺时针方向旋转所能达到的最大角度及对应的表达式的值（对应数值）。角度值限于 0°～360°之间，Y 轴正向是 0°。本案例右手指顺时针旋转 26°，对应值为 26，如图 4-34 所示。

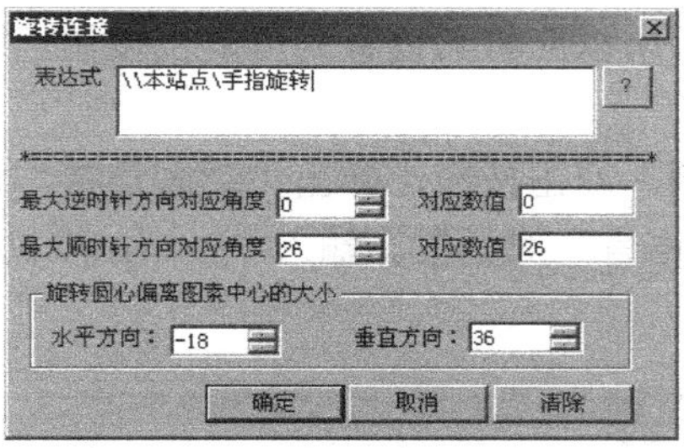

图 4-34 “旋转连接”对话框——设置右手指旋转

4）旋转圆心偏离图素中心的大小。被连接对象旋转时所围绕的圆心坐标距离被连接对象中心的值，水平方向为圆心坐标水平偏离的像素数（正值表示向右偏离），垂直方向为圆心坐标垂直偏离的像素数（正值表示向下偏离），该值可由坐标位置窗口帮助确定。

本项目中的机械手手爪旋转圆心在图素中心的右上方，图素中心与旋转圆心的关系是水平方向为-18，垂直方向为 36。旋转中心的确定方法如图 4-35 所示。

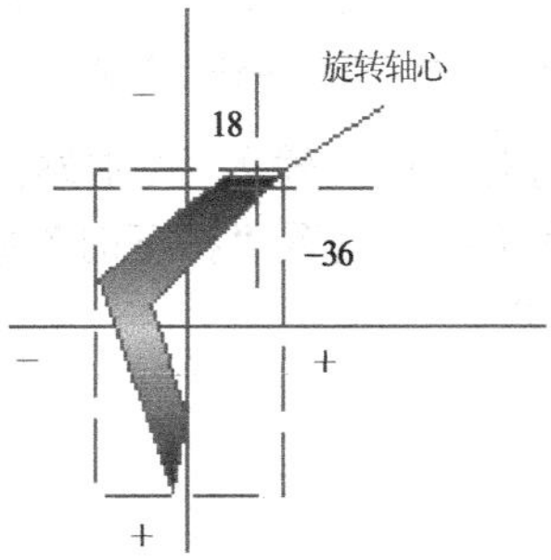

图 4-35 旋转中心的确定方法

4.5.4 工件移动的设置

其运动分为水平移动、垂直移动，设置方法同上，所连接的变量为工件水平移动和工件垂直移动。

4.5.5 按钮的设置

1．手动\自动开关

双击该开关，弹出“开关向导”对话框，如图 4-36 所示，进行手动开关变量连接变量名为自动。

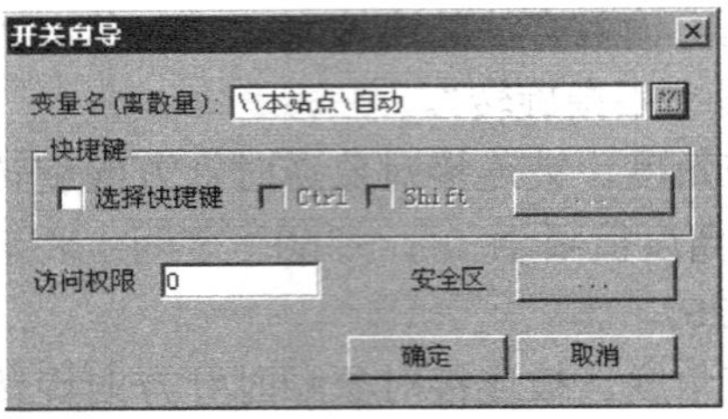

图 4-36 “开关向导”对话框

2．设置按钮

由于按钮用于点动控制，所以应将其设置为可复位按钮，即按下时工作，松开（弹起）时停止。

以手动上行按钮设置为例。双击按钮，弹出“动画连接”设置对话框，单击“按下时”弹出如图 4-37 所示的“命令语言”对话框。输入“\\本站点\机械手手动上行=1;”，单击“确定”按钮。

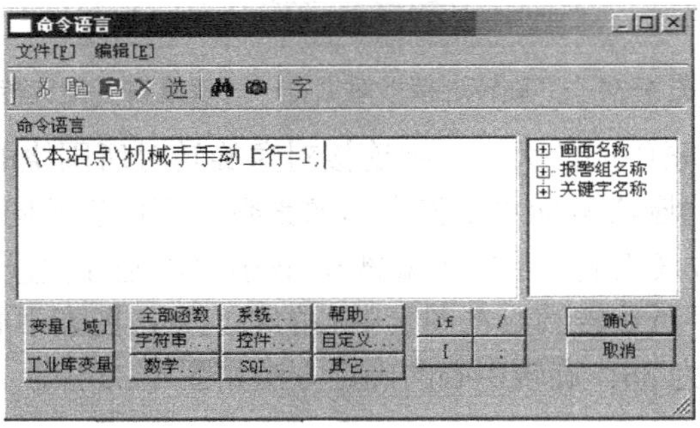

图 4-37 “命令语言”对话框

再单击“弹起时”弹出同样的对话框，输入“\\本站点\机械手手动上行=0;”，这样按钮的设置就完成了。在组态的运行系统中，设置“按下时”按钮，对变量“机械手手动上行”所对应的 M2.4 置 1，“弹起时”清零。

其他按钮的设置方法相同。

4.5.6 喷漆动画的设置

为在组态画面上形象直观地显示喷漆的效果，对喷漆的画面部分设置“线属性”和“隐含”属性。图 4-38 所示是对喷漆效果进行线属性设置的“线属性连接”对话框，表达式“\\本站点\\喷漆”连接的是 PLC 的输出量，当进行喷漆动作时，表达式“\\本站点\\喷漆”值也为 1，在“线属性连接”中设置喷漆的动画效果为红色，让喷漆这一动作在监控画面上更直观。

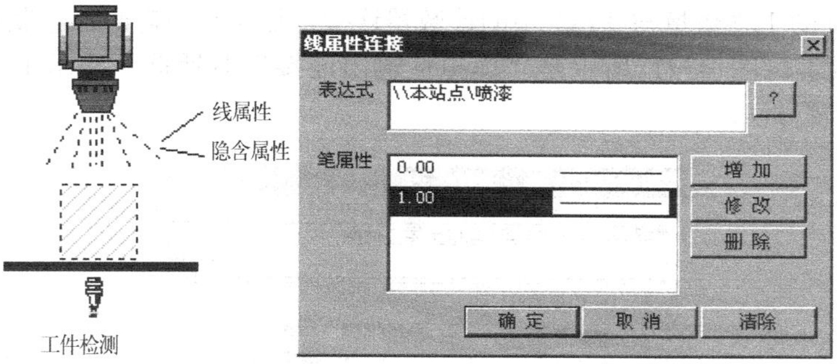

图 4-38 “线属性连接”对话框

同样，在没有喷漆动作时，画面中表示喷漆动作的虚线应该隐藏，这时可以利用动画连接中的“特殊”→“隐含”的动画属性进行设置，具体设置方法如图 4-39“隐含连接”对话框所示。在图 4-39 中将“表达式为真时”设置成“显示”是指，在有喷漆动作时显示喷漆效果。

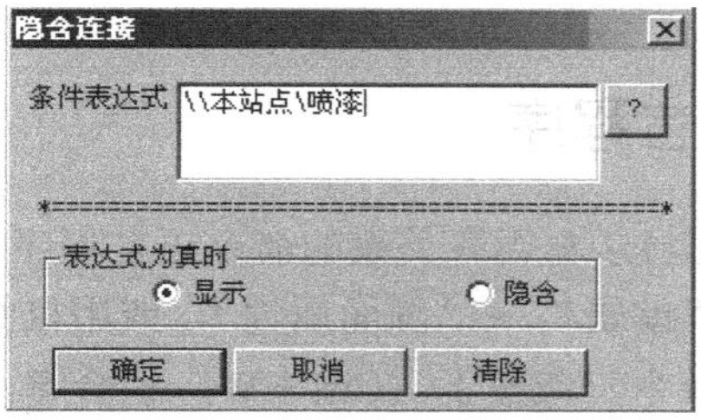

图 4-39 “隐含连接”对话框

4.5.7 传感器的设置

对料台检测、入料口检测、工件检测 1、工件检测 2 等传感器，可以使用动画连接中的“填充属性”连接它们相应的传感器来表示被检测工件的有无。以料台检测传感器为例，其填充属性的动画连接设置如图 4-40 所示。

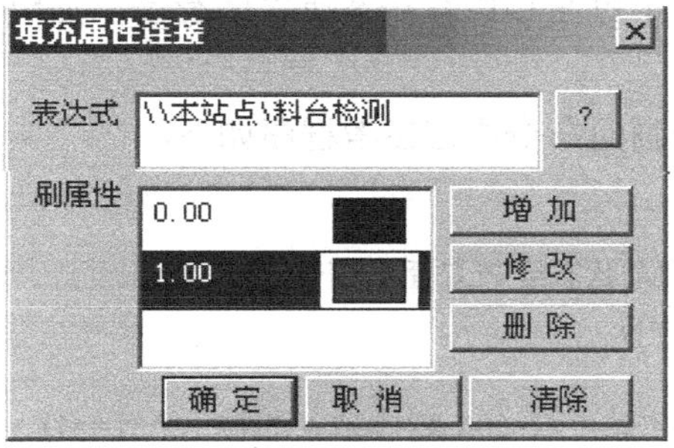

图 4-40 传感器填充属性的动画连接设置

4.5.8 料仓工件数统计的设置

在组态画面料仓工件数统计处放置一矩形框，填充颜色为白色，然后单击工具箱中的T（文本）按钮，输入任意字符或数据，如dfdf，接着用鼠标双击字符，打开“模拟值输出连接”，将要统计的工件数量与 PLC 中的计数器连接，这样在组态画面中就可以实时显示料仓中的工件数量了。图 4-41 所示是“模拟值输出连接”对话框，显示了“合格金属工件数”的连接和设置方法。

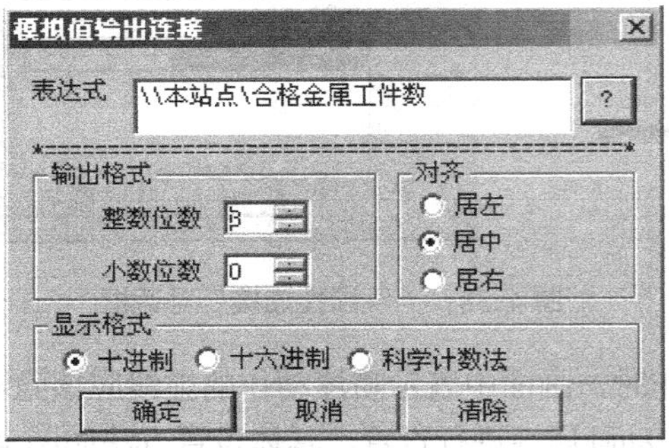

图 4-41 “模拟值输出连接”对话框

任务 4.6 编写命令语言程序

画面命令语言就是与画面显示与否有关系的命令语言程序。在画面属性中定义画面命令语言。打开画面，选择菜单“编辑”→“画面属性”，或用鼠标右键单击画面，在弹出的快捷菜单中选择“画面属性”命令，或按下〈Ctrl＋W〉组合键，打开“画面属性”对话框，在对话框上单击“命令语言…”按钮，弹出画面命令语言编辑器。

画面命令语言分为 3 个部分，即显示时、存在时、隐含时。

显示时：打开或激活画面为当前画面，或画面由隐含变为显示时执行一次。

存在时：画面在当前显示或画面由隐含变为显示时周期性执行，可以定义指定执行周期，在“存在时”中的“每…毫秒”编辑框中输入执行的周期时间。

隐含时：画面由当前激活状态变为隐含或被关闭时执行一次。

只有与画面相关的命令语言可以写到画面命令语言中，而对画面上动画的控制等，不必写到后台命令语言中，这样可以减少后台命令语言的数量，加快系统程序执行速度，提高系统运行的效率。

本项目机械手运行时的画面命令语言参考程序如下。

```
if(\\本站点\自动==0)
\\本站点\手动=1;//非自动状态给 PLC 手动信号;
if(\\本站点\自动状态==1)
{
if(\\本站点\N>=0&&\\本站点\N<60&&\\本站点\机械手下行==1)
{      //检测到机械手处于下行状态时画面机械手下行;
```

```
\\本站点\N=\\本站点\N+1;
\\本站点\机械手垂直移动=\\本站点\机械手垂直移动+1;
}
if(\\本站点\N>=60&&\\本站点\N<65&&\\本站点\机械手夹紧)
{        //检测到机械手夹紧动作时时画面机械手夹紧;
\\本站点\N=\\本站点\N+1;
\\本站点\手指旋转=\\本站点\手指旋转+5.2;
}
if(\\本站点\N>=65&&\\本站点\N<125&&\\本站点\机械手上行)
{      //检测到机械手处于上行状态时画面机械手工件、上行;
       \\本站点\N=\\本站点\N+1;
       \\本站点\机械手垂直移动=\\本站点\机械手垂直移动-1;
       \\本站点\工件垂直移动=\\本站点\工件垂直移动+1;
}
if(\\本站点\N>=125&&\\本站点\N<325&&\\本站点\机械手右行)
{      //检测到机械手处于右行状态时画面机械手、工件右行;
       \\本站点\N=\\本站点\N+1;
       \\本站点\机械手水平移动=\\本站点\机械手水平移动+1;
       \\本站点\工件水平移动=\\本站点\工件水平移动+1;
}
if(\\本站点\N>=325&&\\本站点\N<385&&\\本站点\机械手下行)
{      //检测到机械手处于下行状态时画面机械手、工件下行;
     \\本站点\N=\\本站点\N+1;
     \\本站点\机械手垂直移动=\\本站点\机械手垂直移动+1;
     \\本站点\工件垂直移动=\\本站点\工件垂直移动-1;
}
if(\\本站点\N>=385&&\\本站点\N<390&&\\本站点\机械手松开)
{      //检测到机械手处于松开状态时画面机械手松开;
     \\本站点\N=\\本站点\N+1;
     \\本站点\手指旋转=\\本站点\手指旋转-5.2;
    }
if(\\本站点\N>=390&&\\本站点\N<450&&\\本站点\机械手上行)
{
     \\本站点\N=\\本站点\N+1;
     \\本站点\机械手垂直移动=\\本站点\机械手垂直移动-1;
    }
if(\\本站点\N>=450&&\\本站点\N<650&&\\本站点\机械手左行)
{
     \\本站点\N=\\本站点\N+1;
     \\本站点\机械手水平移动=\\本站点\机械手水平移动-1;
    }
if(\\本站点\N>=650)
{
     \\本站点\N=0;
     \\本站点\机械手水平移动=0;
     \\本站点\机械手垂直移动=0;  //复位
```

```
    }
if(\\本站点\料台检测==1)
{
\\本站点\工件垂直移动=0;
\\本站点\工件水平移动=0;
}
}
if(输送带控制==1&&工件 2 水平移动>=0&&工件 2 水平移动<450)
{
\\本站点\工件 2 水平移动=\\本站点\工件 2 水平移动+1;
}    //输送带水平移动工件组态画面显示
if(工件 2 水平移动>=450)
{
\\本站点\工件 2 水平移动=0;
}
```

习题

4-1 简述在组态王画面的图素按一定角度旋转时旋转圆心的确定方法。

4-2 组态王软件如何使用 PROFIBUS-DP 的通信方式与 S7-300 进行通信连接？

项目 5　制作斜井空气加热设备监控系统

本项目要点

- Modbus 通信网络的组建
- S7-200 PLC Modbus 通信程序的编写
- 变频器运行监控画面的制作
- 组态王的网络功能使用
- 组态王的 Web 发布

项目概述

北方冬季寒冷，矿区必须采取加热措施，以防止井筒结冰而造成的提井和运输事故。某矿区现有主斜井加热设备一套，副斜井加热设备一套，分别配置 ABB 型 11kW 变频器 ACS510 各一台，用于将空气加热室中的热空气送至井口，以确保矿井进口温度维持在一定的范围内。主斜井、副斜井变频器的运行状态、现场温度显示和调整均通过控制室中的监控计算机操作实现。

任务 5.1　设置通信网络连接及变频参数

5.1.1　Modbus 协议简介

Modbus 协议最初由 Modicon 公司开发，目前 Modbus 已是工业领域全球最流行的协议。此协议支持传统的 RS-232、RS-422、RS-485 和以太网设备。许多工业设备，包括 PLC、DCS（分布式控制系统）、智能仪表等都在使用 Modbus 协议作为它们之间的通信标准。有了它，可以将不同厂商生产的控制设备连成工业网络进行集中监控。

在网络上通信时，Modbus 协议决定了每个控制器的设备地址，识别按地址发来的消息，决定要产生何种行动。如果需要回应，控制器将生成应答，并使用 Modbus 协议发送给询问方。

Modbus 具有以下几个特点。

1）标准、开放，用户可以免费、放心地使用 Modbus协议，不需要交纳许可证费用，也不会侵犯知识产权。目前，支持 Modbus 的厂家超过 400 家，支持 Modbus 的产品超过 600 种。

2）Modbus 可以支持多种电气接口，如 RS-232、RS-485 等，还可以在各种介质（如双绞线、光纤、无线等）上传送。

3）Modbus 的帧格式简单、紧凑，通俗易懂，用户使用容易，厂商开发简单。

Modbus 有两种传输方式：控制器可设置 ASCII 或 RTU 两种传输模式，在标准的 Modbus 网络上进行通信。用户选择想要的模式，包括串口通信参数（波特率、校验方式等），在配置每个控制器时，在一个 Modbus 网络上的所有设备都必须选择相同的传输模式和串口参数。

所选的 ASCII 或 RTU 方式仅适用于标准的 Modbus 网络，它定义了在这些网络上连续传输的消息段的每一位、决定怎样将信息打包成消息域以及如何解码。

S7-200 PLC 的 Modbus 通信库函数和 ABB 变频器均支持标准的 RTU 通信方式。

5.1.2 建立通信网络

1. 组态王与 S7-200 的远程通信连接

装有组态王监控软件的计算机通过 COM 口与 PLC 进行数据交换。由于计算机的 COM 口采用的是 RS-232 的通信方式，而 PLC 通信端口采用的是 RS-485 的通信方式，所以两者之间需要通过一个转换器进行连接，可以直接使用 PLC 自带的 PC/PPI 编程电缆，但是当通信距离较远时就需要延长 RS-485 端的通信电缆，一般添加中继器即可实现，当采用 RS-485 的通信方式时，直接通信距离最远可以达到 1 200m。通信网络结构如图 5-1 所示。

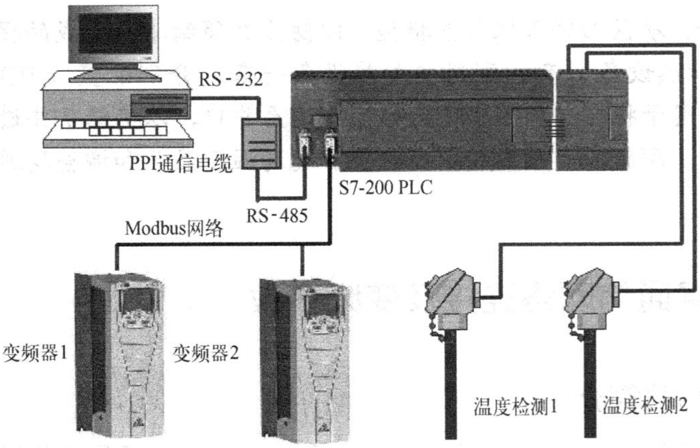

图 5-1　通信网络结构图

2. 变频器的连接

ABB 变频器 ACS510 与很多其他智能设备一样提供支持 Modbus 通信的现场总线接口。变频器的端子 X1：28~32 用于 RS-485 通信。

为了减小网络中的干扰，在网络两端用 120Ω 的电阻来作为终端网络的电阻，使用 DIP 开关来连接或者断开终端电阻。ABB 的变频器 ACS510 变频器终端电阻的连接方法如图 5-2 所示。

X1	标识	硬件描述
28	屏蔽层	
29	B (正+)	
30	A (负−)	
31	AGND	
32	屏蔽	

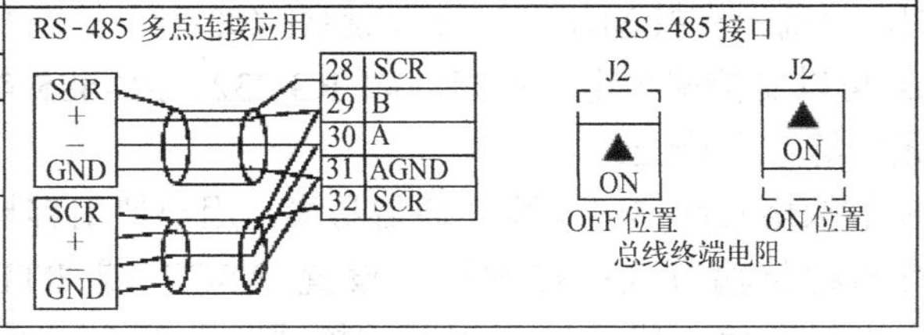

图 5-2　ABB 变频器 ACS510 变频器终端电阻的连接方法

3．变频器的参数设置

（1）与通信相关的参数设置

为实现对变频器远程监控，需要对变频器进行通信参数设置，参数的详细设置如下。

9802=1　　　　STD　MODBUS （标准 Modbus 通信协议）

5302＝站号　　　变频器 1 设置站号：1；变频器 2 设置站号：2

5303＝9.6Kbit/s　　波特率

5304＝1　　　　校验方式为 8 None 2　（数据位 8 位，无校验，停止 2 位）

5305=0　　　　标准的 ABB 传动协议

1001=10　　　　由 MODBUS 控制变频器启停

1102=0　　　　由 MODBUS 控制变频器给定速度（0～20 000 对应 0～50Hz）

1103=8　　　　给定值来自串行通信

1604=8　　　　使用通信作为变频器的复位信号

（2）电动机参数的设置

通常，变频器在设置控制参数之前，应该先设定电动机参数进行电动机自整定，以保证更好的控制效果。电动机参数是指电动机铭牌上标注的额定电压、额定频率、额定电流、额定转速等。

9905=AC380V　　电动机电压

9906=22.6A　　电动机电流

9907=50Hz　　电动机频率

9908=1480r/min　　电动机转速

9909=11kW　　电动机功率

（3）定义映射到 Modbus 寄存器的参数

为提高通信效率，将需要读取的参数放在一组连续的地址中，以便一次读出。

5310=0102　　采集电动机转速，映射到 Modbus 寄存器 40005

5311=0103　　采集电动机频率，映射到 Modbus 寄存器 40006

5312=0104　　采集电动机电流，映射到 Modbus 寄存器 40007

5313=0105　　采集电动机转矩，映射到 Modbus 寄存器 40008

5314=0106　　采集电动机功率，映射到 Modbus 寄存器 40009

5315=0114　　采集电动机时间，映射到 Modbus 寄存器 40010

任务 5.2　编写 S7-200 PLC Modbus 通信程序

Modbus 作为一种简单易用的通信协议已经越来越多地应用在各类仪器仪表中。对于 S7-200 PLC，人们开发了 Modbus 库函数，可以直接使用它来实现 PLC 与其他设备之间的 Modbus 通信。当选用 Prot0 作为 Modbus 通信时，主要用到 Modbus 库函数中的 MBUS_CTRL 和 MBUS_MSG 两个子程序。

（1）MBUS_CTRL

用于 S7-200 端口 0 的 MBUS_CTRL 指令可初始化、监视或禁用 Modbus 通信。在使用 MBUS_MSG 指令之前，必须正确执行 MBUS_CTRL 指令。指令完成后只有立即设定“完成”位为 1，才能继续执行下一条指令。在每次扫描且 EN 输入打开时执行该指令。

MBUS_CTRL 指令必须在每次扫描时被调用，以允许监视随 MBUS_MSG 指令启动的任何消息的进程。需要在程序的每一个扫描周期调用 MBUS_CTRL，否则 Modbus 主设备将不能正常运行。MBUS_CTRL 指令如图 5-3 所示。

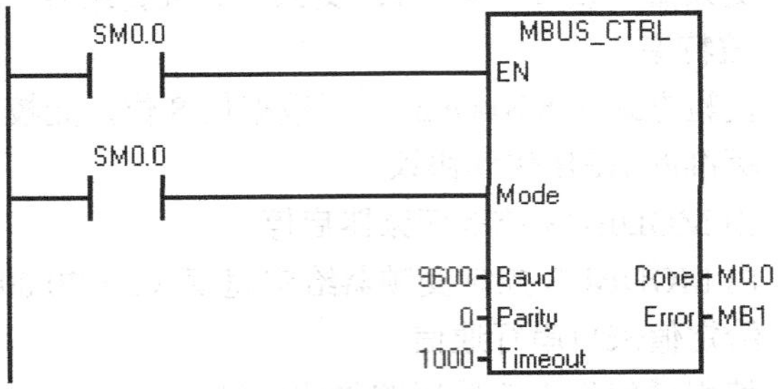

图 5-3　MBUS_CTRL 指令

Mode：输入数值选择通信协议。输入值 1 为 Modbus 协议；输入值 0 为 PPI 协议。在本设计中输入 1。

Baud：设置波特率，可以设置的波特率有 1 200、2 400、4 800、9 600、19 200、38 400、57 600 和 115 200，在本次设计中，波特率选择为 9 600。

Parity：设置校验方式。0 为无奇偶校验；1 为奇校验；2 为偶校验。在本次设计中采用无奇偶校验。

Timeout：设置超时时间，用于确定主站发送命令以后从站是否响应，一般设置为 1 000。

Done：当执行完该命令时，该位被置为 1。

Error：当指令执行出现错误时，该寄存器显示错误类型。

（2）MBUS_MSG

MBUS_MSG 指令用于启动对 Modbus 从站的请求并处理应答。当 EN 输入和“首次”输入打开时，MBUS_MSG 指令启动对 Modbus 从站的请求。

发送请求、等待应答、并处理应答通常需要经过多个扫描周期。EN 输入必须在这个读写过程中的每个扫描周期都打开，以启用请求的发送，并保持 EN 打开直到“Done”位被置。

MBUS_MSG 指令如图 5-4 示。

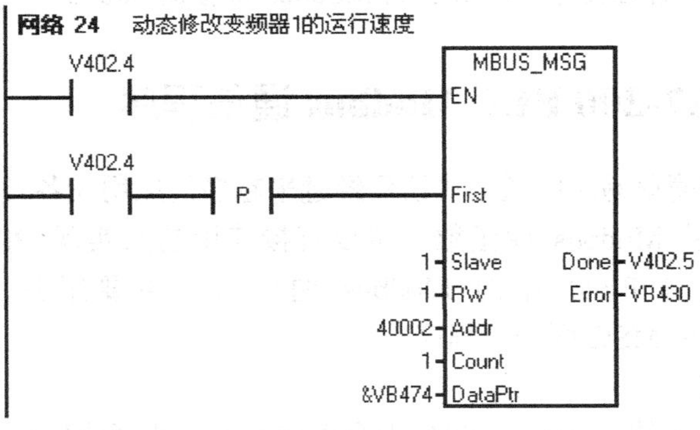

图 5-4　MBUS_MSG 指令

First：应当通过一个边沿检测元素打开，这将导致请求被传送一次。

Slave：Modbus 从站的地址。

RW：指定指令的类型是读指令还是写指令，0 表示指令为读；1 表示指令为写。

Addr：读取 Modbus 从站的起始地址。

Count：指定此次读写数据的个数。

DataPtr：要写入数据的首地址或者是读取数据存放的首地址。

Done：指令完成时该位置 1。

Error：当指令执行出现错误时，在该寄存器处显示出错误的号。

5.2.1 编写 Modbus 通信程序

1. 编写 PLC 程序流程

S7-200 PLC 不支持对 Modbus 通信功能块的自动排序，需要自己编写 Modbus 轮询程序来实现。轮询时每次只能激活一个 Modbus 的读/写功能块。S7-200 PLC 使用 Modbus 库函数可以很方便地完成变频器参数的读/写。程序的编写和执行流程如图 5-5 所示。

2. 编写初始化程序

PLC 开机运行第一个扫描周期调用初始化子程序对系统进行初始化，初始化程序如图 5-6 所示。程序中赋予 VW300=1142、VW302=1151、VW304=1143，是在使用 Modbus 通信程序时分别用于变频器复位、起动和停止的参数赋值。同时，程序中使用到的一些相关的寄存器也需要在第一个扫描周期清零。

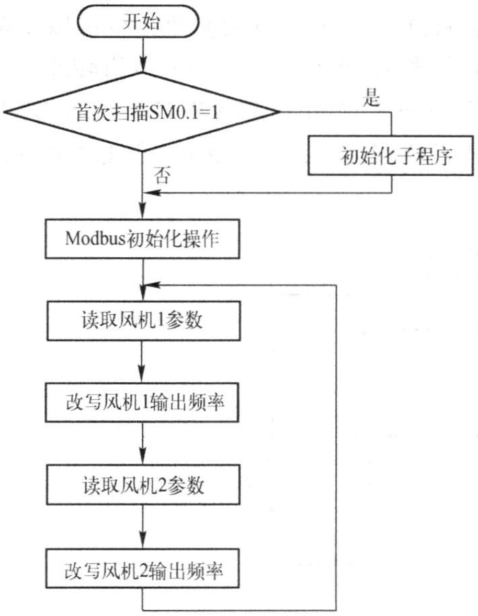

图 5-5 程序的编写和执行流程图

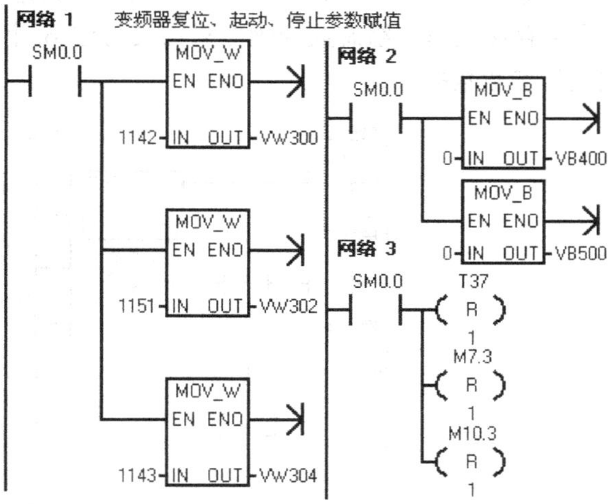

图 5-6 初始化程序

3. 编写主程序

在主程序中调用初始化子程序，以完成 Modbus 通信的初始化。本项目中的通信参数在通信初始化时设定通信速率为 9.6Kbit/s，无校验，主程序如图 5-7 所示。

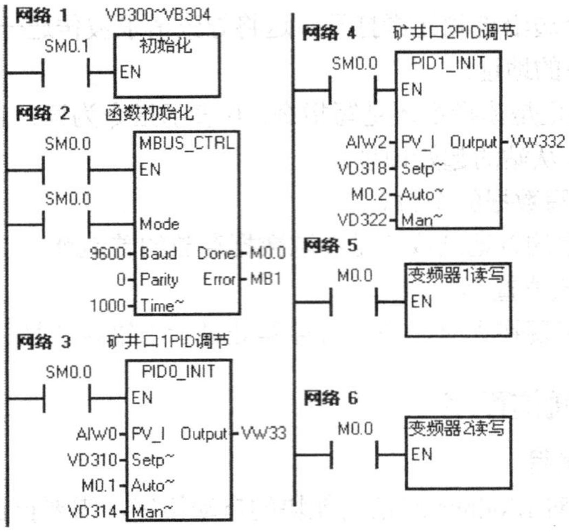

图 5-7 主程序

系统使用的两个风机采用 PID 调节的方式自动完成对井口温度的调节，其中矿井口 1 温度的设定由组态直接给到寄存器 VD310，矿井口 2 温度的设定由组态直接给到寄存器 VD318。此外，两台风机的转速也可以通过组态画面上的手动方式进行手动设置。VD314 和 VD322 分别表示两台风机手动转速的设置。

4. 编写变频器读/写程序

在完成 Modbus 通信程序的初始化后，开始轮流读/写两台变频器的参数。变频器参数的读取如图 5-8 所示。图中所示“变频器 1 读/写”子程序中的第一条读参数指令读取了从 Modbus 寄存器 40005 开始的连续 6 字长的数据，分别表示变频器 1 驱动的风机转速、电流、频率、转矩、功率、时间，读取的 6 个数据分别存放在 S7-200 PLC VW450 开始的连续 6 个字存储区里。组态监控画面只需要与这 6 个字地址分别进行连接，就能很方便地显示出相应的参数数据。

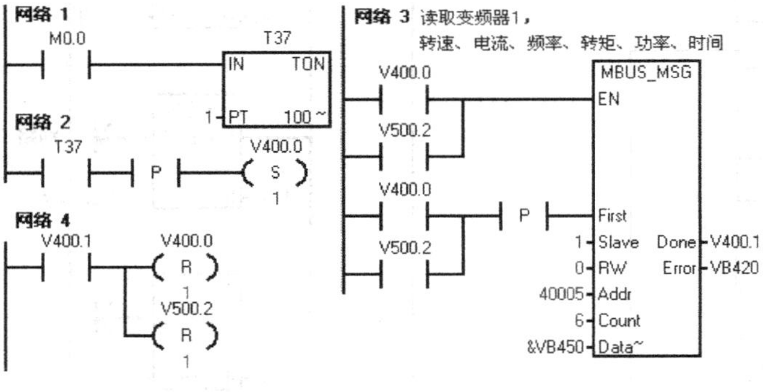

图 5-8 变频器参数的读取

变频器运行频率的修改如图 5-9 所示。图中所示子程序的网络 5 为写参数操作，改变 Modbus 寄存器 40002 的值表示修改了变频器运行的频率，频率值由 VW330 中的值来决定。VW330 的数据是由 PID 调节后自动输出，根据 ABB 变频器的使用说明可知，VW330 的取值范围为 0～20 000，对应于实际输出频率 0～50Hz。

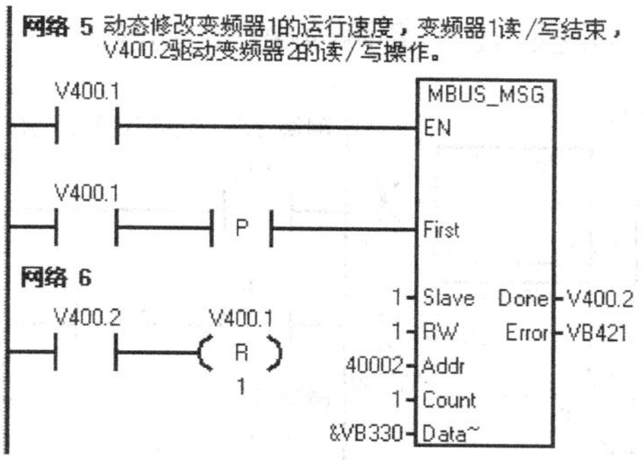

图 5-9 变频器运行频率的修改

5. 变频器复位、起动和停止操作

为使系统控制更加灵活，对每台变频器单独设置有复位、起动和停止的控制，在进行复位操作时，需要将正在轮流读/写变频参数的指令停下来。为了避免通信线路忙导致指令不能正确发出，在读/写参数的指令停止后需要进行短暂延时。

图 5-10 所示为变频器复位操作的程序，程序中使用 T38 延时 100ms。由于 ABB 变频器的初始化指令发出后要求再延时 100ms 才能进行参数读/写操作，所以继续使用了 T39 参数延时 100ms。网络 7 中的 M5.0 代表由组态软件发出的变频器复位信号，I0.0 代表由现场的实际操作按钮给定的复位信号，这样就实现了两地操作，可方便对变频器的控制。变频器复位操作时将存储在 VW300 中的数据 1142 送至地址 40001 中。

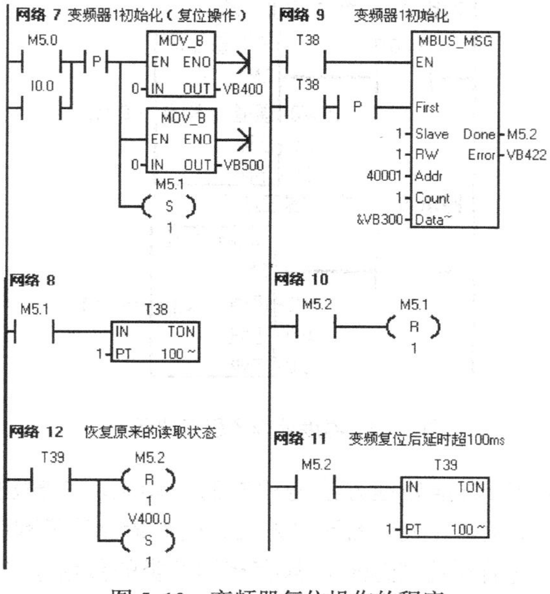

图 5-10 变频器复位操作的程序

变频器起动控制程序如图 5-11 所示。起动操作同样需要进行短暂延时，以避免线路忙而不能正确发出起动指令，这里使用 T41 进行 100ms 延时。变频器起动时将 VW302 中的数据 1151 送至 Modbus 寄存器 40001 中。变频器的起动控制同时具备现场和控制室两地操作的功能。

变频器的停止操作与起动操作方法相同，变频器停止时将 VW302 中的数据 1143 送至

Modbus 寄存器 40001 中。停止操作也具备两地操作的功能。

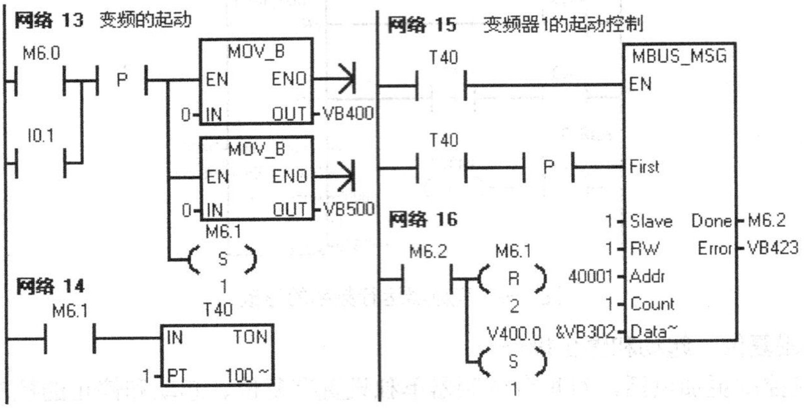

图 5-11 变频器的起动控制程序

5.2.2 编写温度处理子程序

矿井口 1 和矿井口 2 的温度由温度传感器检测后转换为 4~20mA 的电流值分别送至 PLC 的通道 AIW0 和 AIW2 中，调用子程序处理为实际的温度值，送至寄存器 VD340 和 VD344 中，用于上位机的显示。温度处理子程序的调用如图 5-12 所示。

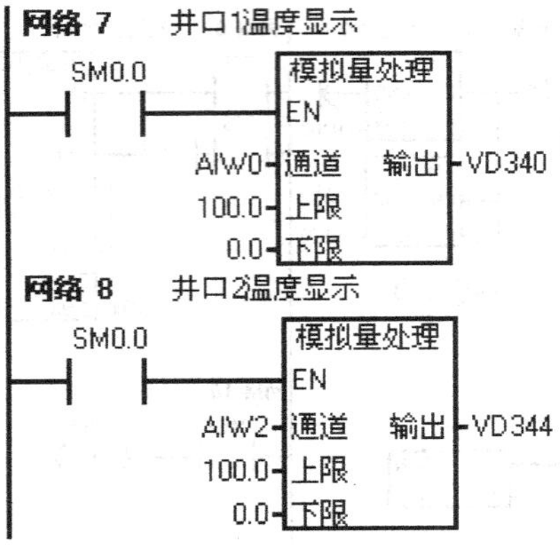

图 5-12 温度处理子程序的调用

不同通道的模拟信号的数据处理方法是相同的，均采用“输出=[（通道值－6400）÷（32000-6400）]×(上限－下限)+下限”的计算方法。模拟量计算子程序的编写方法如图 5-13 所示。由于西门子 PLC 进行数据处理时，只有相同种类的数据才能进行运算，输入的模拟量通道数据经 PLC 转换后为 0～32 000 的整数数据，而最终的输出结果“温度值”为实数型数据，所以在子程序调用时需要使用数据的转换类指令。所编写的子程序具有可移植性，可以使用在不同的模拟量通道计算中，运算过程的中间数据全部使用局部变量存储器，不占用 PLC 的实际存储空间地址。

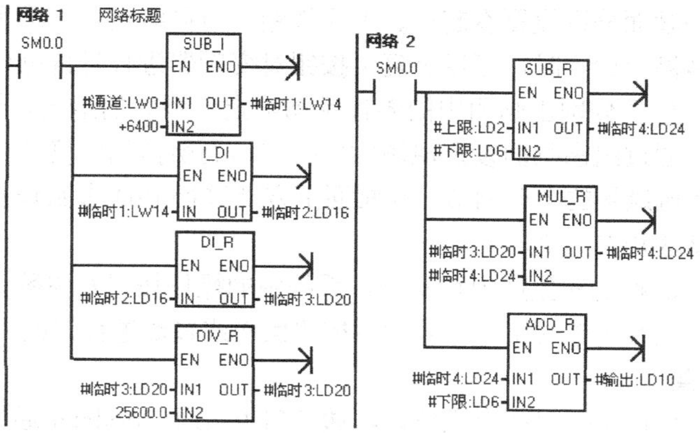

图 5-13　模拟量计算子程序的编写方法

任务 5.3　制作组态监控系统

1. 制作主监控画面

主监控界面能够直观反应电动机的运行状态，包括电动机的转速、频率、电流、功率等参数，能够控制变频器的起动、停止和复位操作。具备手动、自动控制选择的功能，在手动控制时按照需要手动控制变频器的运行速度。当自动运行时，变频器能按照设定温度自动调节输出频率，控制电动机运行速度，从而达到调节井口温度的目的。

图 5-14 所示是矿井口加热设备两台风机的运行监控画面。画面上方绘制了两台风机，当风机运行时，电动机指示灯变绿，同时代表扇叶旋转的转盘也开始旋转，用于指示电动机状态。画面能显示设置的温度值和矿井口当前温度值，监控人员也能通过画面反馈的电动机参数判断风机的运行状态。

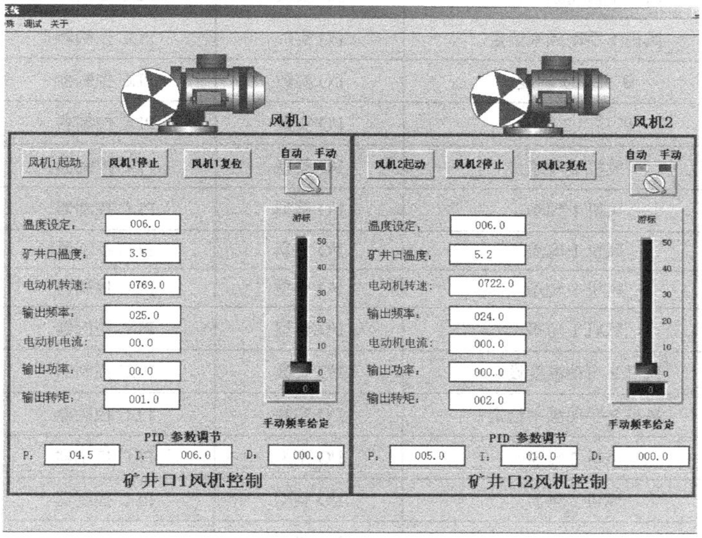

图 5-14　两台风机的运行监控画面

两台风机的控制画面分别设置有起动、停止按钮，可同时用于自动和手动控制。当变频器因出现报警等故障停止运行时，可通过复位按钮对变频器进行复位操作。在手动操作方式下，两台风机的运行频率分别由画面中的游标手动给定，频率的给定范围限制在 0~50Hz。在自动运行方式下，通过组态画面设定现场的矿井口达到所需的温度后，变频器可以自动调节风机转速，实现暖风风量的自动调节。在画面下方能进行 PID 参数设置，为了达到较好的调节效果，可以调整这些参数值。

为保证系统运行的稳定和生产现场安全，系统中的操作按钮及参数调节输入画面均设置有安全等级，只有优先级足够的用户，才能对按钮操作或参数进行修改。

2. 定义监控变量

项目使用的 S7-200 PLC 有两个通信口，通信口 0 用于 Modbus 通信与变频器进行数据交换，通信口 1 用于连接组态监控现场设备运行状态。组态软件在数据词典中定义的变量如表 5-1 所示。

表 5-1　定义变量表

编　号	变 量 名	变 量 类 型	连 接 设 备	寄 存 器
1	风机 1 手动自动	I/O 离散	PLC 控制器	M0.1
2	风机 1 起动	I/O 离散	PLC 控制器	M6.0
3	风机 1 停止	I/O 离散	PLC 控制器	M7.0
4	风机 1 复位	I/O 离散	PLC 控制器	M5.0
5	风机 2 手动自动	I/O 离散	PLC 控制器	M0.2
6	风机 2 起动	I/O 离散	PLC 控制器	M9.0
7	风机 2 停止	I/O 离散	PLC 控制器	M10.0
8	风机 2 复位	I/O 离散	PLC 控制器	M8.0
9	风机 1 自动温度设定	I/O 实数	PLC 控制器	V310
10	风机 1 手动频率给定	I/O 实数	PLC 控制器	V314
11	矿井口 1 温度	I/O 实数	PLC 控制器	V340
12	矿井口 2 温度	I/O 实数	PLC 控制器	V344
13	风机 1 转速	I/O 整型	PLC 控制器	V450
14	风机 1 频率	I/O 整型	PLC 控制器	V452
15	风机 1 电流	I/O 整型	PLC 控制器	V454
16	风机 1 转矩	I/O 整型	PLC 控制器	V456
17	风机 1 功率	I/O 整型	PLC 控制器	V458
18	风机 2 自动温度设定	I/O 实数	PLC 控制器	V318
19	风机 2 手动频率给定	I/O 实数	PLC 控制器	V322
20	风机 2 转速	I/O 整型	PLC 控制器	V350
21	风机 2 频率	I/O 整型	PLC 控制器	V352
22	风机 2 电流	I/O 整型	PLC 控制器	V354
23	风机 2 转矩	I/O 整型	PLC 控制器	V356

（续）

编　号	变 量 名	变量类型	连接设备	寄 存 器
24	风机 2 功率	I/O 整型	PLC 控制器	V358
25	风机 1P 参数	I/O 实数	PLC 控制器	V1012
26	风机 1I 参数	I/O 实数	PLC 控制器	V1020
27	风机 1D 参数	I/O 实数	PLC 控制器	V1024
28	风机 2P 参数	I/O 实数	PLC 控制器	V1212
29	风机 2I 参数	I/O 实数	PLC 控制器	V1220
30	风机 2D 参数	I/O 实数	PLC 控制器	V1224
31	电动机旋转	内存整型		
32	风机 1 状态	I/O 离散	PLC 控制器	M7.3
33	风机 2 状态	I/O 离散	PLC 控制器	M10.3

3．处理监控变量数据

组态软件在与 PLC 进行数据交换时，可能出现 PLC 中寄存器数据的取值范围与监控画面显示数据的取值范围不一致的情况，故在读取或写入 PLC 寄存器数据时需要对数据进行处理。变量数据的处理在变量定义时进行。

最小值：指该变量值在数据库中的下限。

最大值：指该变量值在数据库中的上限。

最小原始值：当变量为 I/O 模拟变量时，在驱动程序中输入原始模拟值的下限。

最大原始值：当变量为 I/O 模拟变量时，在驱动程序中输入原始模拟值的上限。

例如，变量“风机 1 手动频率给定”在组态监控画面中按照 0~50Hz 的频率给定，但在程序中接受的手动频率输入，需要进行归一化处理后才能给 PID 调节程序，故在变量定义时应该设置为最小值=0，最大值=50，最小原始值=0；最大原始值=1，如图 5-15 所示。对于其他的一些变量（例如通过 Modbus 通信读取的变频器频率），由于频率分辨率为 0.1Hz，所以由变频器读取到 PLC 代表频率的值为 0~500，若要在画面上显示正确的运行频率，则此时应该设置为最小值=0，最大值=500，最小原始值=0；最大原始值=50。

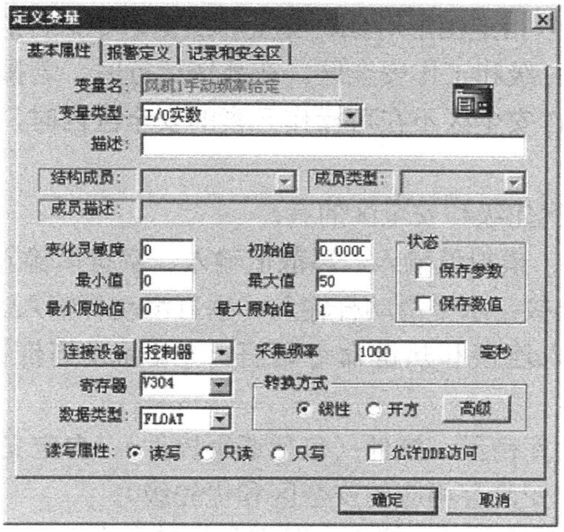

图 5-15　“定义变量”对话框

任务 5.4　运行系统安全管理

5.4.1　运行系统安全管理概述

在“组态王”系统中，为了保证运行系统的安全运行，对画面上的图形对象设置了访问权限，同时给操作者分配访问优先级和安全区。当操作者的优先级小于对象的访问优先级或不在对象的访问安全区内时，该对象为不可访问，即要访问一个有权限设置的对象，要求先具有访问优先级，而且操作者的操作安全区需在对象的安全区内时才能访问。操作者的操作优先级级别从 1～999，每个操作者和对象的操作优先级级别只有一个。系统安全区共有 64 个，在进行配置时，每个用户可选择除“无”以外的多个安全区，即一个用户可有多个安全区权限，每个对象也可有多个安全区权限。除“无”以外的安全区名称均可由用户按照自己的需要进行修改。在软件运行过程中，优先级大于 900 的用户还可以配置其他操作者，为他们设置用户名、口令、访问优先级和安全区。

5.4.2　安全管理配置

1. 优先级和安全区

组态王采用分优先级和分安全区的双重保护策略。组态王系统将优先级从小到大定为 1～999，可以对用户、图形对象、热键命令语言和控件设置不同的优先级。安全区功能在工程中使用广泛，在控制系统中一般包含多个控制过程，同时也有多个用户操作该控制系统。为了方便、安全地管理控制系统中的不同控制过程，组态王引入了安全区的概念。将需要授权的控制过程的对象设置安全区，同时给操作这些对象的用户分别设置安全区，例如，工程要求 A 工人只能操作车间 A 的对象和数据，B 工人只能操作车间 B 的对象和数据，组态王中的处理是，将车间 A 的所有对象和数据的安全区设置为包含在 A 工人的操作安全区内，将车间 B 的所有对象和数据的安全区设置为包含在 B 工人的操作安全区内，其中 A 工人和 B 工人的安全区不相同。

应用系统中的每一个可操作元素都可以被指定保护级别（最大 999 级，最小 1 级）和安全区（最多 64 个），还可以指定图形对象、变量和热键命令语言的安全区。对应地，设计者可以指定操作者的操作优先级和工作安全区。在系统运行时，若操作者优先级小于可操作元素的访问优先级，或者工作安全区不在可操作元素的安全区内时，则可操作元素是不可访问或操作的。

组态王中可定义操作优先级和安全区的有：

1）3 种用户输入连接：模拟值输入、离散值输入、字符串输入。

2）两种滑动杆输入连接：水平滑动杆输入、垂直滑动杆输入。

3）3 种命令语言输入连接和热键命令语言：（鼠标或等价键）按下时、按住时、弹起时。

4）其他：报警窗、图库精灵、控件（包括通用控件）、自定义菜单。

5）变量的定义（每个变量有相应的安全区和优先级）。

在用户成功登录后，对于动画连接命令语言和热键命令语言，只有当登录用户的操作优先级不小于该图素或热键规定的操作优先级、并且安全区在该图素或热键规定的安全区内时，方可访问该对象或执行命令语言。命令语言执行时与其中连接的变量的安全区没有关系，命令语言会正常执行。对于滑动杆输入和值输入，除要求登录用户的操作优先级不小于对象设置的操作优先级、安全区在对象的安全区内外，还要求其安全区必须在所连接变量的安全区内，否则用户虽然可以访问对象（使对象获得焦点），但不能操作和修改它的值，在组态王的信息窗口中也会有对连接变量没有修改权限的提示信息。

2. 配置用户

组态王中可根据工程管理的需要将用户分成若干个组（即用户组）来管理。在组态王工程浏览器目录显示区中，用鼠标双击“系统配置→用户配置”，或从工程浏览器的顶部工具栏中单击“用户”按钮，弹出“用户和安全区配置”对话框，如图 5-16 所示。

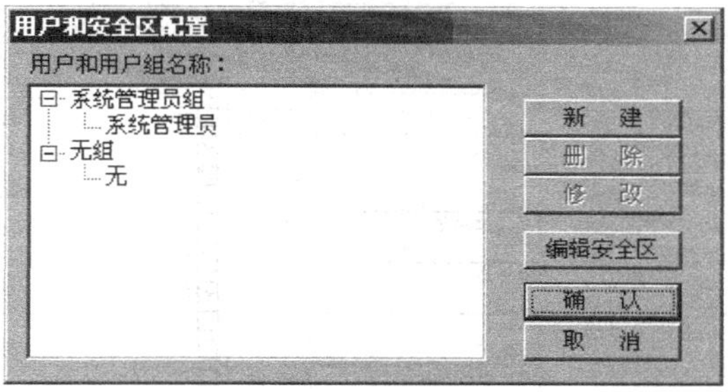

图 5-16 “用户和安全区配置”对话框

（1）定义用户组

单击“新建”按钮，弹出“定义用户组和用户”对话框，选中“用户组”单选按钮，如图 5-17 所示。用户组下面可以包含多个用户，在对话框中的“用户组名”中填入所要配置的当前用户组的名称，如“系统维护员”；在“用户组注释”中填入对当前用户组的注释，如“系统维护组成员”。在右侧的“安全区”列表框中选择当前用户组下所有用户的公共安全区，配置完成后，按“确认”按钮返回。

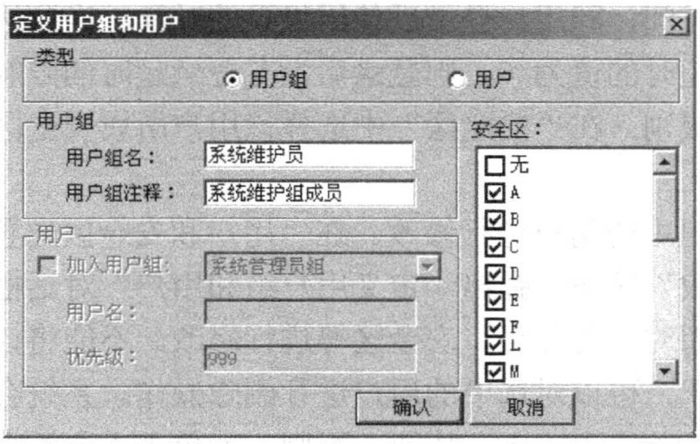

图 5-17 “定义用户组和用户”对话框——选中“用户组”单选框

也可对已定义完的用户组进行修改。在“用户和安全区配置”中选择要修改的用户组，单击“修改”按钮，弹出“定义用户组和用户”对话框，可以对用户组名、用户组注释、安全区等进行修改。单击“删除”按钮，可以对选中的用户组进行删除操作，系统会提示用户是否确实要进行删除操作，如果是，就单击“确定”按钮，否则，就单击“取消”按钮，取消删除操作。若该用户组中定义有用户，则“删除”按钮为灰色，该命令无效，不能进行删除操作，只有当用户组为空时才可以删除该用户组。对系统默认生成的“系统管理员组”和“无组”不能进行删除操作，只能对其进行修改操作。在用户配置中，对用户组名、用户注释、用户名、用户密码、用户注释最多可输入 31 个字符。

（2）定义用户组下的用户

在一个用户组中可以包含多个用户，在建立了一个用户组之后，就可以在该用户组下添加用户了。在“定义用户组和用户”界面上，选中“用户”单选按钮，“用户”下面的所有选项变为有效。“定义用户组和用户”对话框如图 5-18 所示。

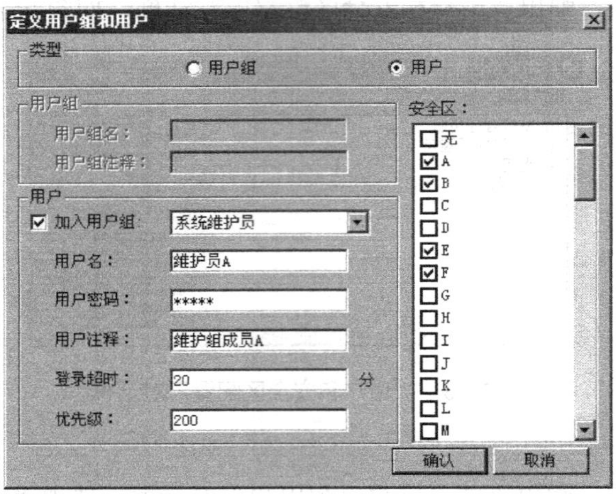

图 5-18　“定义用户组和用户”对话框——选中“用户”单选框

选中“加入用户组”，从下拉列表框中选择用户组名。例如，刚才定义的“系统维护员”。在“用户名”中输入当前独立用户的名称，如“维护员 A”；在“用户密码”中输入当前用户的密码，密码输入后显示为*；在“用户注释”中输入对当前用户的说明；在“登录超时”中输入登录超时时间，即用户登录后使用权限的时间，当到达规定的时间时，系统权限自动变为无，若登录超时的值为 0，则登录后没有登录超时的限制；在“优先级”中输入当前用户的操作优先级级别；在“安全区”中选择该用户所属安全区。用户配置完成后单击“确认”按钮。

也可对已定义完的组中的用户进行修改。在“用户和安全区配置”中选择要修改的用户组中的用户，单击“修改”按钮，弹出“定义用户组和用户”对话框，可以对用户名、用户密码、用户注释、登录超时、优先级、安全区等进行修改。不能将该用户修改属于其他的用户组。单击“删除”按钮，可以对选中的用户进行删除操作。系统会提示用户是否确实要进行删除操作，如果是，就单击“确定”按钮，否则，就单击“取消”按钮，取消删除操作。对系统默认生成的“系统管理员组”和“无组”中的用户“系统管理员”和“无”不能进行删除操作，只能对其进行修改操作。

（3）定义独立用户

对于单独的不需要加入到任何一个用户组的用户，可以将其定义为独立用户。在“用户和安全区配置”对话框中，单击“新建”按钮，弹出独立用户配置的“定义用户组和用户”对话框，以定义独立用户，如图 5-19 所示。

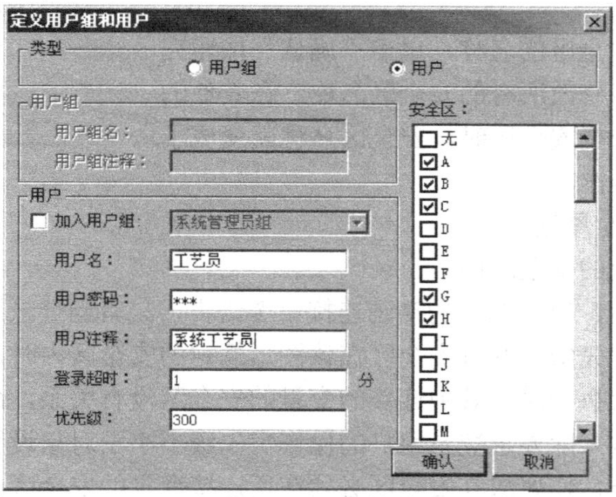

图 5-19　定义独立用户

独立用户不属于任何一个用户组，其本身就是一个用户。在“用户名”中输入当前独立用户的名称，如“工艺员”；在“用户密码”中输入当前用户的密码；在“用户注释”中输入对当前用户的说明；“登录超时”中输入登录的超时时间；在“安全区”中选择该用户所属的安全区。用户配置完成后单击“确认”按钮。

也可对已定义完的用户进行修改。在“用户和安全区配置”中选择要修改的用户，单击“修改”按钮，弹出“定义用户组和用户”对话框，可以对用户名、用户密码、用户注释、登录超时、优先级、安全区等进行修改。

（4）修改安全区

安全区的默认名称为“A，B，C……”，用户可通过“用户和安全区管理器”中的“编辑安全区”按钮来修改各个安全区的名称。单击“编辑安全区”按钮，弹出“安全区配置”对话框，如图 5-20 所示。

图 5-20　“安全区配置”对话框

用鼠标单击选择一个除“无”外的要修改的安全区名称，“修改”按钮由灰色不可用变为黑色可用，单击“修改”按钮，弹出“更改安全区名”对话框，如图 5-21 所示。

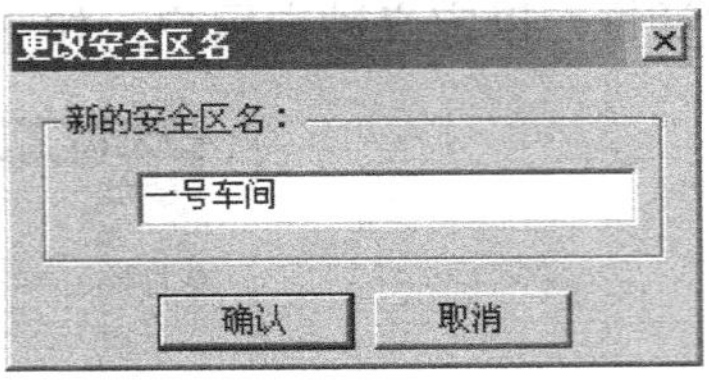

图 5-21 “更改安全区名”对话框

在文本框中输入安全区的名称，单击“确认”按钮完成修改，照此方法，可修改所有的安全区名称。在其他的安全区选择列表框中选择安全区时，安全区名称就变成了修改后的名称，方便操作。

3. 设置对象的安全属性

（1）设置图形对象的安全属性

在用户登录成功后，对于图形的动画连接命令语言，只有当登录用户的操作优先级不小于该图形规定的操作优先级，并且安全区在该图形规定的安全区内时，方可访问该图形或执行命令语言。命令语言执行时与其中连接的变量的安全区没有关系，命令语言会正常执行。对于滑动杆输入和值输入除要求登录用户的操作优先级不小于对象设置的操作优先级、安全区在对象的安全区内外，还要求其安全区必须在所连接变量的安全区内，否则用户虽然可以访问对象（使对象获得焦点），但不能操作和修改它的值，在组态王的信息窗口中也会有对连接变量没有修改权限的提示信息。

在组态王开发系统中双击画面上的某个对象，如矩形，弹出“动画连接”对话框，如图 5-22 所示。选择具有数据安全动画连接中的一项，如命令语言连接，则“优先级”和“安全区”选项变为有效，在“优先级”中输入访问的优先级级别；单击“安全区”后的按钮 … 选择安全区，弹出“选择安全区”对话框，如图 5-23 所示。

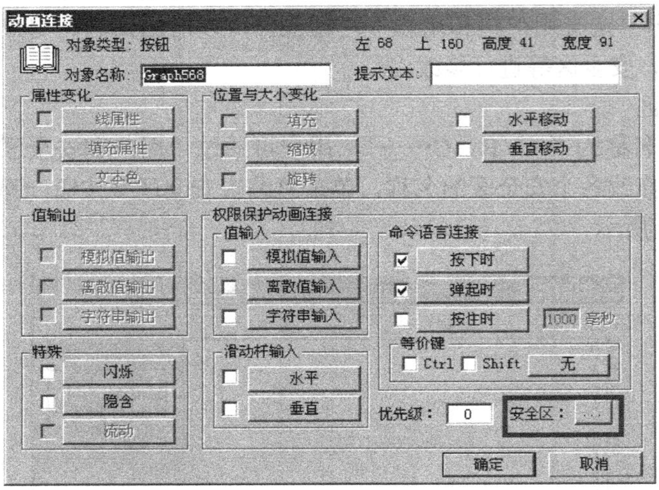

图 5-22 “动画连接”对话框

图 5-23 所示的设置安全区的方法是，单击左侧“可选择的安全区”列表框中的安全区名称，然后单击“>”按钮，即可将该安全区名称加入右侧的“已选择的安全区”列表框中，若一次要选择连续排列的多个安全区，可以按〈Shift〉键并同时拖动鼠标，来选择所有需要选中的多个安全区；若要选择非连续排列的多个安全区，可以按〈Ctrl〉键或者单个多

次加入。若需加入左侧“可选择的安全区”列表框中的全部安全区，请使用“》”按钮。取消安全区的方法是，选中“已选择的安全区”列表框中的安全区名称，单击“<”按钮，选中多个的方法与上同。若需取消右侧“可选择的安全区”列表框中的全部安全区，请使用“《”按钮。选择完毕后，单击“确定”按钮返回。

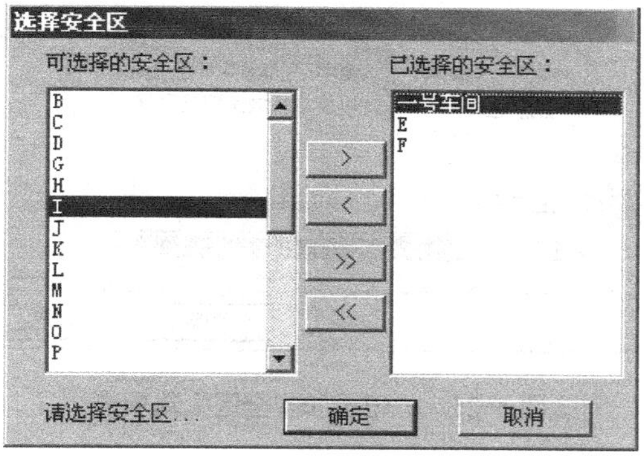

图 5-23　选择安全区

（2）设置热键命令语言的安全属性

在用户登录成功后，对于热键命令语言，只有当登录用户的操作优先级不小于热键规定的操作优先级、并且安全区在热键规定的安全区内时，方可执行热键命令语言。命令语言执行时与其中连接的变量的安全区没有关系，命令语言会正常执行。

在工程浏览器的目录显示区，选择“文件→命令语言→热键命令语言”，在右边的内容显示区出现“新建”图标，用左键双击此图标，弹出“热键命令语言”窗口，如图 5-24 所示。设置热键并在操作优先级输入栏内输入优先级级别，在安全区选择列表中选择热键的安全区。只有优先级高于该级别和安全区在该热键安全区内的用户登录后按下热键时，才会执行这段命令语言。热键的优先级级别和安全区设置与图形对象优先级级别和安全区设置相同。

图 5-24　“热键命令语言”窗口

（3）设置变量的安全属性

在工程浏览器“数据词典”中新建变量时，弹出“变量属性”对话框，在定义好变量后，单击“记录和安全区”选项卡，如图 5-25 所示，就进入“记录和安全区”配置对话框。

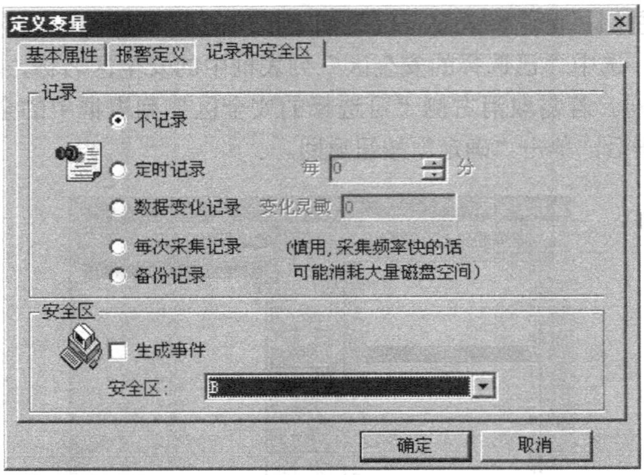

图 5-25 “记录和安全区”选项卡

工程人员根据工程设计需要在安全区列表框中选择一个安全区名称。选择完后单击“确定”按钮完成。

（4）设置控件的安全属性

对于组态王的控件，只有对趋势曲线类控件中的温控曲线和 X-Y 轴曲线、窗口控制类控件（包括列表框、组合框、复选框、编辑框、单选按钮）和超级文本显示控件可以设置访问权限。这些控件没有安全区设置，只与相连接的变量的安全区有关。

对于 Active X 控件，既可以设置优先级，也可以设置安全区。在组态王开发系统中双击画面上某个控件，弹出“动画连接属性”对话框，如图 5-26 所示。在“优先级”输入栏输入该控件的访问优先级级别（1～999），单击“安全区选择”按钮，弹出安全区选择对话框，选择需要的安全区后，在控件的“动画连接属性”对话框中的“安全区”文本框中就会显示出已经选择的安全区名称。

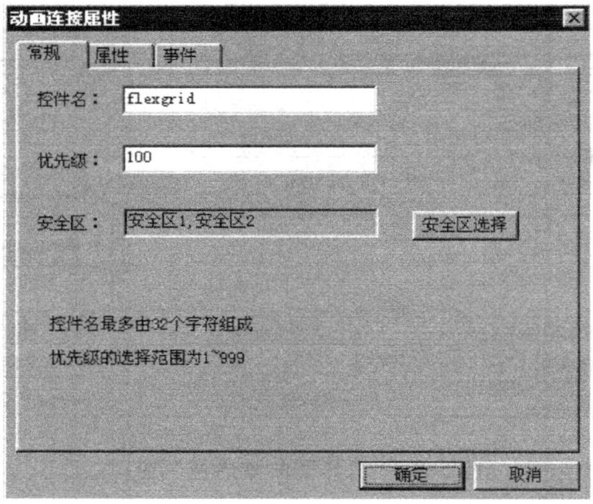

图 5-26 “动画连接属性”对话框

5.4.3 运行时登录用户

1. 登录用户

在 Touchview 运行环境下，操作人员必须以自己的身份登录才能获得一定的操作权。在运行系统中单击主菜单“特殊”→“登录开”选项，弹出如图 5-27 所示的“登录”对话框。

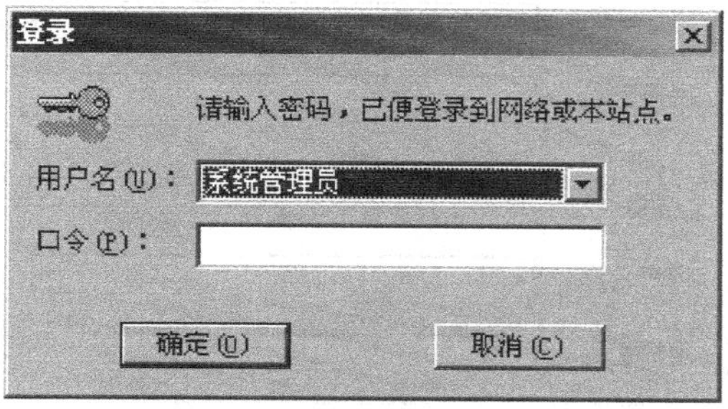

图 5-27 “登录”对话框

单击“用户名”下拉列表框显示在开发系统中定义的所有用户的用户名称，从中选择一个；在“口令”文本框中正确输入口令，然后单击“确定”按钮。如果登录无误，使用者就将获得一定的操作权；否则系统显示“登录失败”的信息。

“登录开”的操作还可以通过命令语言来实现。假设给按钮“用户登录”设置命令语言连接：LogOn();，则程序运行后，当操作者单击按钮时，将弹出“登录”对话框。如果在组态王工程浏览器中选择了主菜单下的“配置”→“运行系统”，而且在弹出的“运行系统设置”对话框中的“特殊”卡片上使“运行时使用模拟键盘”有效，那么在“登录”对话框弹出后，单击密码对话框将同时显示模拟键盘，如图 5-28 所示。用户用鼠标在键盘窗口内选择字母或数字，如同使用真正的键盘一样。

图 5-28 模拟键盘

为了加强运行系统的安全性，组态王运行系统还为用户提供操作双重验证的功能。在运行过程中，当用户希望进行一项操作（如分闸或合闸）时，为防止误操作，需要进行双重认证，即在身份认证对话框中，既要输入操作者的名称和密码，又要输入监控者的姓名和密码，当两者验证无误时方可操作。实现双重验证通过调用 PowerCheckUser()函数实现，函数具体使用方法如下。

```
bool PowerCheckUser(string OperatorName, string MonitorName);
```

其中，OperatorName 为返回的操作者姓名；MonitorName 为返回监控者姓名。

返回值为 1 验证成功；为 0 验证失败。

运行时执行该函数后，弹出“用户验证”对话框，如图 5-29 所示。

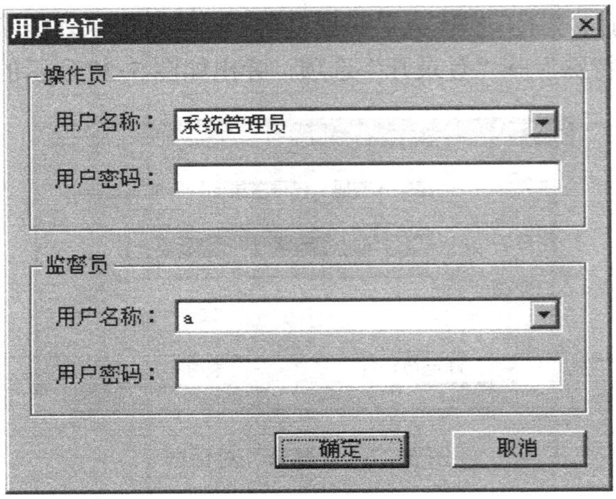

图 5-29 “用户验证”对话框

在“操作员”用户栏中，将默认显示当前登录的用户；在“监督员”栏中，将默认显示上次登录的用户。可通过下拉框选择已经在组态王中定义的用户。对于操作员和监督员，不能以相同的用户名称进行登录。当单击“确定”按钮时，如果用户的名称以及用户的密码完全正确，将完成此次的用户验证，但是用户的验证将不影响工程用户登录的情况。当用户取消此次登录时，将返回登录失败的信息，不进行任何的操作。操作者和监控者具有不同的权限和类型。在组态王中建议采用变通方法，两者均为组态王用户即可。

在组态王运行系统中，还提供了加密锁的加密方式。通过调用 GetKey()函数来规定某个工程只能使用某一个加密锁，从而起到加密作用。运行系统中执行 GetKey()函数，可以得到当前插在计算机上加密锁的序列号。函数使用格式为。

```
GetKey();
```

此函数没有参数。返回值为字符串型，即加密锁的序列号。

2. 退出登录

在用户完成操作离开微机时，有必要退出登录，以免非法用户侵入系统。退出登录只需选择主菜单“特殊”→“登录关”即可。

同样，使用函数 LogOff()的功能与菜单命令“特殊”→“登录关”相同。假设给按钮“用户登录关”设置命令语言连接 LogOff()，那么在程序运行后，当操作者单击该按钮时，将退出登录的用户。

5.4.4 重新设置口令和权限

在运行环境下，“组态王”还允许任何登录成功的用户（访问权限无限制）修改自己的口令。首先进行用户登录，然后执行“特殊”→“修改口令”命令，弹出如图 5-30 所示的“修改口令”对话框。

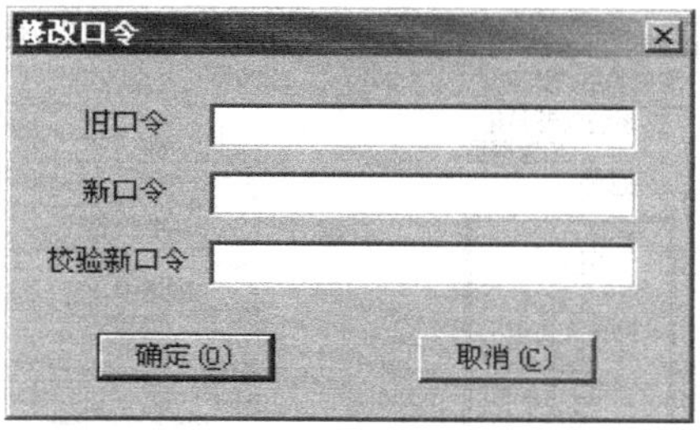

图 5-30 “修改口令”对话框

在“旧口令”文本框中输入旧的口令，在“新口令”文本框中输入新的口令，在“校验新口令”文本框中同样输入新的口令，给用户一次核实的机会。最后单击“确定”按钮，则旧的口令将被新的口令所代替。

修改口令也可以通过命令语言进行。函数 ChangePassWord()的功能和菜单命令“特殊”→“修改口令”相同。假设给按钮“修改口令”设置命令语言连接 ChangePassWord()，则在程序运行后，当操作者单击按钮时，就将弹出“修改口令”对话框。

在运行系统中，对于操作权限大于 900 的用户还可以对用户权限进行修改，可以添加、删除或修改各个用户的优先级和安全区。如果登录用户的权限小于 900，在执行“特殊→配置用户”命令时，系统就会弹出如图 5-31 所示的权限不够的提示信息。

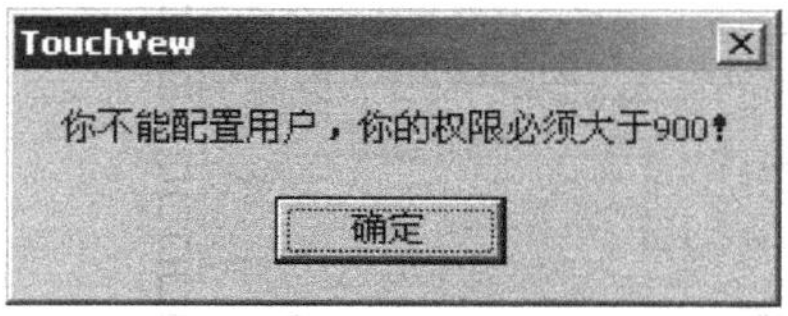

图 5-31 权限不够的提示信息

如果登录用户权限大于或等于 900，在执行“特殊→配置用户”命令时，系统会弹出“用户和安全区配置”对话框，可以在此修改用户的优先级和安全区。具体使用的方法与开发系统中配置用户的方法是一样的。在运行系统中配置完成用户后，系统将会自动记住，打开组态王开发系统用户配置，显示的是新配置完成的用户。

同样，使用函数 EditUsers()的功能与菜单命令“特殊”→“配置用户”相同。假设给按钮“配置用户”设置命令语言连接：EditUsers()，则程序运行后，当操作者单击按钮时，用户权限大于或等于 900 时，系统弹出“用户和安全区配置”对话框。

5.4.5 设置项目安全管理

1. 设置登录用户

本项目设置管理员组和操作人员组。“用户和安全区配置”对话框如图 5-32 所示。其中管理员组由主管和工程师两个用户组成，操作人员组由操作人员 1、操作人员 2 和操作人员 3 组成。主管在本项目中具有最高权限，可以对所有按钮进行操作；工程师比主管权限低，但是可以对如 PID 参数等重要数据进行设置；操作人员权限最低，仅能对画面中的操作按钮进行操作。

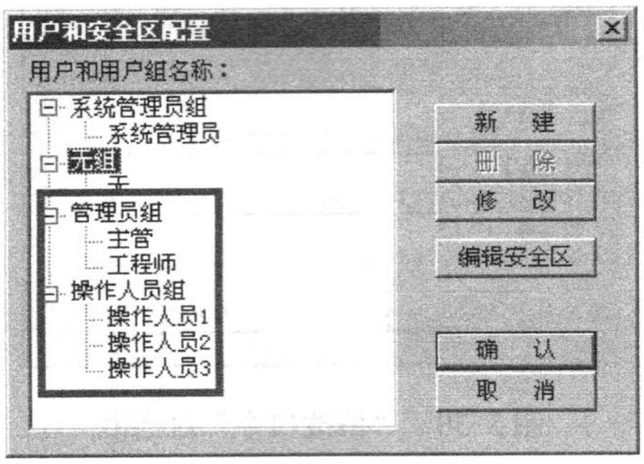

图 5-32 “用户和安全区配置”对话框

本项目中，各组用户的权限是在定义用户时通过设置优先级高低来设置的。“定义用户组和用户”对话框如图 5-33 所示。图中操作人员 1 优先级被定义为 200，在监控画面中仅有优先级小于等于 200 的对象能被操作人员 1 操作。

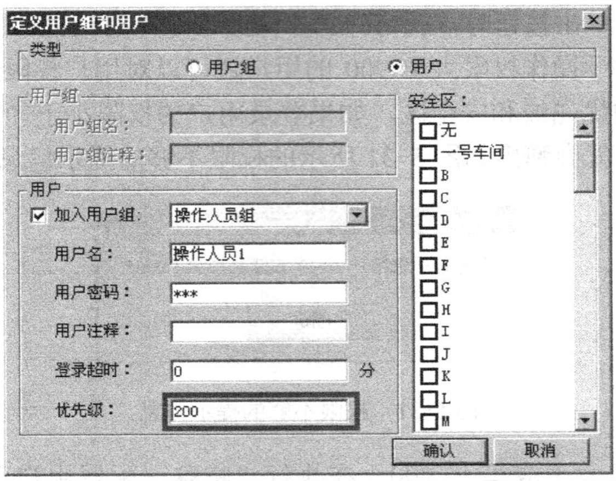

图 5-33 “定义用户组和用户”对话框——定义操作人员优先级

2. 设置画面对象优先级的属性

在本项目的画面中，操作对象主要有两台风机控制按钮、模式切换开关、温度参数及 PID 自动调节参数，其中操作按钮、模式选择开关和温度参数可以由现场的操作人员操作或者修改，PID 调节参数仅有工程师和主管能修改。因此，当设置操作权限时，所有操作按钮、模式开关优先级均应设置成小于等于 200 的值，这里设为 150。而将 PID 参数修改的优先级设置成大于 200 小于等于工程师优先级 800 的数，这里设置为 500。具体设置如图 5-34 所示。

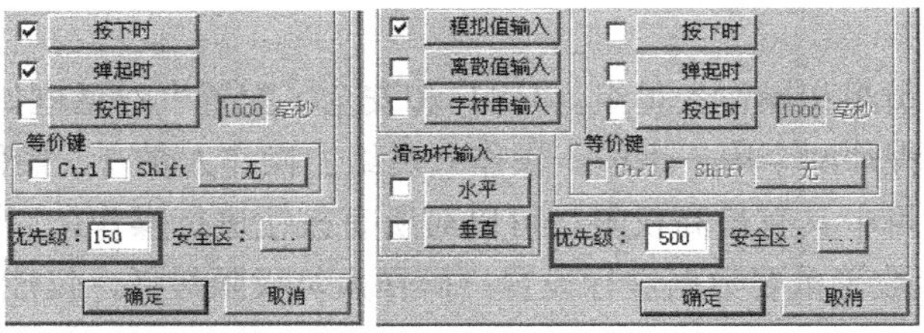

图 5-34 设置按钮和输入框优先级

任务 5.5　组建网络监控系统

5.5.1　组态王的网络功能

组态王完全基于网络的概念，是一种真正的客户-服务器模式，支持分布式历史数据库和分布式报警系统，可运行在基于 TCP/IP 网络协议的网上，使用户能够实现上、下位机以及更高层次的厂级联网。TCP/IP 网络协议提供了在由不同硬件体系结构和操作系统计算机组成的网络上进行通信的能力。一台 PC 通过 TCP/IP 网络协议可以与多个远程计算机（即远程节点）进行通信。

组态王的网络结构是一种柔性结构，可以将整个应用程序分配给多个服务器，可以引用远程站点的变量到本地使用（显示、计算等），这样可以提高项目的整体容量结构，并改善系统的性能。服务器的分配可以是基于项目中物理设备结构或不同的功能，用户可以根据系统需要设立专门的 I/O 服务器、历史数据服务器、报警服务器、登录服务器和 Web 服务器等。这 5 种服务器的含义如下。

1）I/O 服务器。它是负责进行数据采集的站点。一旦某个站点被定义为 I/O 服务器，该站点便负责数据的采集。如果某个站点虽然连接了设备，但没有定义其为 I/O 服务器，那么这个站点的数据就照样进行采集，只是不向网络上发布。I/O 服务器可以按照需要设置为一个或多个。

2）报警服务器。它是存储报警信息的站点。一旦某个站点被指定为一个或多个 I/O 服务器的报警服务器，那么当系统运行时，I/O 服务器上产生的报警信息就将通过网络传输到指定的报警服务器上，经报警服务器验证后，产生和记录报警信息。可以按照需要将报警服务器设置为一个或多个。报警服务器上的报警组配置应当是报警服务器和与其相关的 I/O 服务器上报警组的合集。如果一个 I/O 服务器不作为报警服务器，系统中也就没有报警服务器，当系统运行时，该 I/O 服务器的报警窗口就不会看到报警信息。

3）历史记录服务器。与报警服务器相同，一旦某个站点被指定为一个或多个 I/O 服务器的历史数据服务器，那么当系统运行时，I/O 服务器上需要记录的历史数据便被传送到历史数据服务器站点上保存起来。对于一个系统网络来说，建议用户只定义一个历史数据服务器，否则会出现客户端查不到历史数据的现象。

4）登录服务器。登录服务器在整个系统网络中是唯一的。它拥有网络中唯一的用户列表，其他站点上的用户列表在正常运行的整个网络中将不再起作用，故用户应该在登录服务器上建立最完整的用户列表。当用户在网络的任何一个站点上登录时，系统调用该用户列表，登录信息就被传送到登录服务器上，经验证后产生登录事件。然后，登录事件将被传送到该登录服务器的报警服务器上保存和显示。这样，就保证了整个系统的安全性。另外，系统网络中工作站的启动、退出事件也被先传送到登录服务器上进行验证，然后传到该登录服务器的报警服务器上保存和显示。

5）Web 服务器。Web 服务器是保存组态王 For Internet 版本发布的 HTML 文件，传送文件所需的数据，并为用户提供浏览服务的站点。

客户：如果某个站点被指定为客户，那么它就可以访问其指定的 I/O 服务器、报警服务器、历史数据服务器上的数据。一个站点被定义为服务器的同时，也可以被指定为其他服务器的客户。

一个工作站站点可以充当多种服务器功能，如 I/O 服务器可以被同时指定为报警服务器、历史数据服务器、登录服务器等。报警服务器可以同时作为历史数据服务器、登录服务器等。

除了上述几种服务器和客户机之外，组态王为了保持网络中时钟的一致性，还可以定义“校时服务器”。校时服务器按照指定的时间间隔向网络发送校时帧，以统一网络上各站点的系统时间。

要实现“组态王”的网络功能，就必须满足以下条件：①利用“组态王”网络功能的 PC 必须首先是某个局域网上的站点并启动该网；②客户机和服务器必须安装并同时运行“组态王”。

在图 5-35 所示的组态王网络结构图中，I/O 服务器只负责设备数据采集，而报警信息的验证和记录、历史数据的记录、用户登录的验证等都被分散到了报警服务器、历史数据服务器和登录服务器中，这样就减轻了 I/O 服务器的压力。而当 I/O 服务器比较多时，这种优势显现得更为突出。报警服务器和历史数据服务器集中验证和记录来自各站点的报警信息和历史数据，I/O 服务器和客户端可以集中从几个服务器上读取到所需的实时数据、报警信息和历史数据。

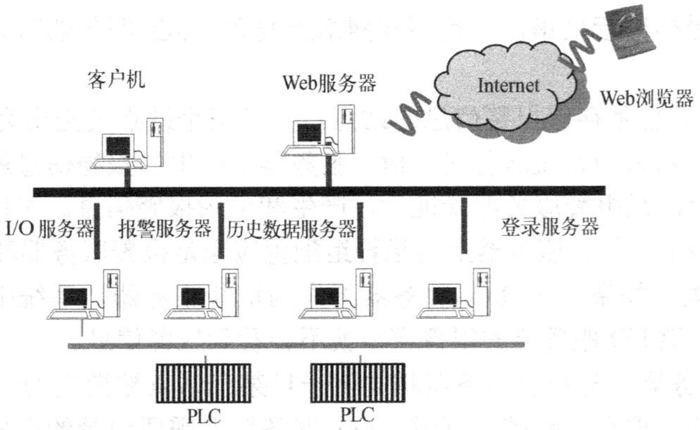

图 5-35　组态王网络结构图

5.5.2　组建计算机局域网络

对于本任务的网络监控系统，需要一台主控机、两台监控机来进行组建，其网络结构如图 5-36 所示。

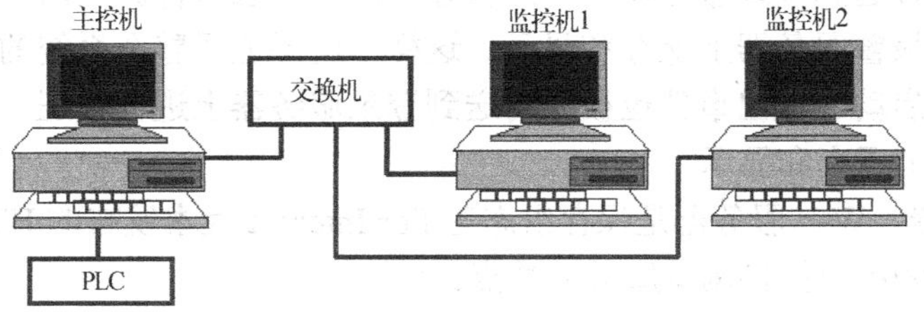

图 5-36　监控系统结构图

1．网线的制作

由于主控机与监控机在同一个局域网络中，所以首先需要进行局域网络的组建。计算机进行局域网络的组建需要计算机与计算机之间的网络连接，这就涉及怎样制作网线。首先将水晶头有卡的一面向下，有铜电极的一面朝上，电极从左至右的排序为12345678。网线水晶头排序示意图如图5-37所示。

制作网线时需要专门的网线制作工具，即网线钳，如图5-38所示。使用网线钳，可以很方便地进行剪线、剥线和压制水晶头的操作。

图5-37　网线水晶头排序示意图

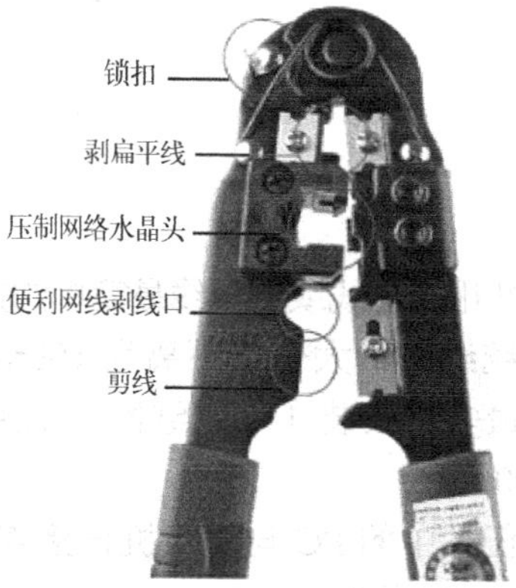

图5-38　网线钳

网线两端的水晶头有两种接法。

（1）直通线

网线两端水晶头做法相同，都是TIA/EIA-568B标准或都是TIA/EIA-568A标准。用于PC网卡到集线器、PC网卡到交换机、集线器到交换机等，一般的用途使用直通线的方式就可完成通信。直通线示意图如图5-39所示。

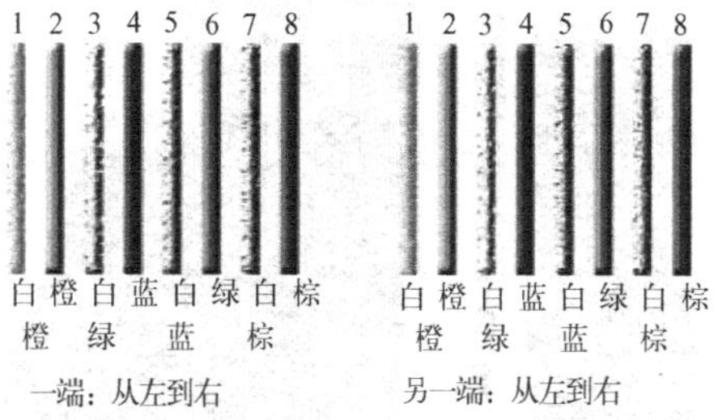

图5-39　直通线示意图

TIA/EIA-568B：1——白橙 2——橙 3——白绿 4——蓝 5——白蓝 6——绿 7——白棕 8——棕

TIA/EIA-568A：1——白绿 2——绿 3——白橙 4——蓝 5——白蓝 6——橙 7——白棕 8——棕

（2）交叉线

网线两端水晶头做法不相同，一端为TIA/EIA-568B标准，另一端为TIA/EIA-568A标准。

用于 PC 网卡到 PC 网卡、集线器到集线器、交换机到交换机。交叉线示意图如图 5-40 所示。

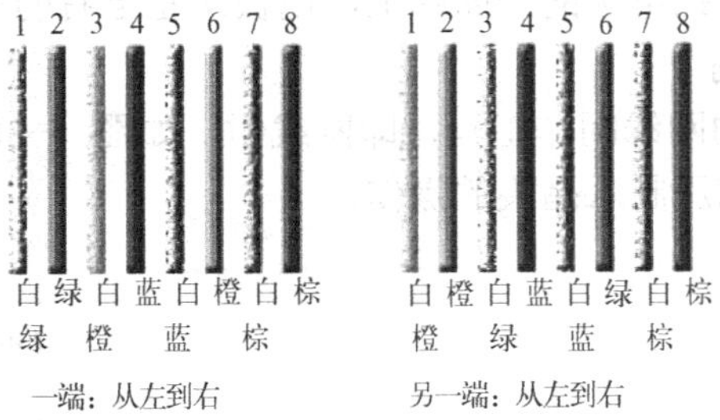

图 5-40　交叉线示意图

判断用直通线或交叉线最简单的方法就是，设备口相同用交叉线，设备口不同用直通线。

双绞线的最大传输距离为 100m。如果要加大传输距离，在两段双绞线之间就要安装中继器，最多可安装 4 个中继器。如果安装 4 个中继器，就可以连接 5 个网段，最大传输距离可达 500m。

本任务中的 PC 与交换机直接连接，采用的是直通线方式。

2．测试网线

在网线制作好以后，需要对做好的网线进行检测，可以使用网线测试仪或万用表进行检测。图 5-41 所示的网线测试仪是应用较广的网线通断测试工具，使用时将网线两端的水晶头分别插入主测试仪和远程测试端的 RJ45 端口，将开关拨到“ON”（S 为慢速挡），这时主测试仪和远程测试端的指示头就应该逐个闪亮。

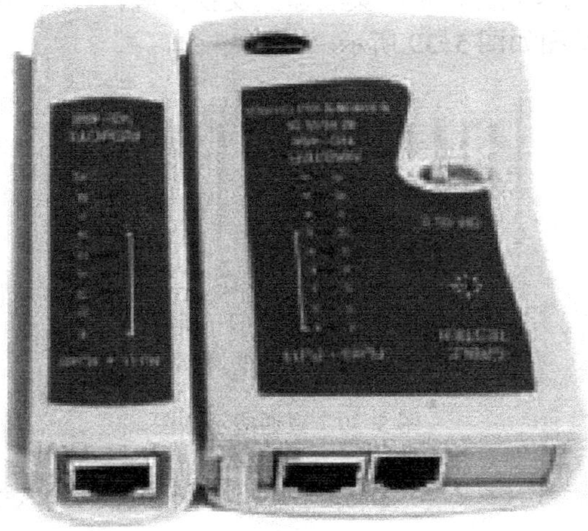

图 5-41　网线测试仪

1）直通连线的测试。测试直通连线时，主测试仪的指示灯应该从 1～8 逐个顺序闪亮，而远程测试端的指示灯也应该从 1～8 逐个顺序闪亮。如果是这种现象，就说明直通线的连通性没问题，否则就得重做。

2）交错线连线的测试。测试交错连线时，主测试仪的指示灯也应该从 1～8 逐个顺序闪亮，而远程测试端的指示灯应该是按着 3、6、1、4、5、2、7、8 的顺序逐个闪亮。如果是这样，就说明交错连线连通性没问题，否则就得重做。

3）若网线两端的线序不正确，则主测试仪的指示灯仍然从 1～8 逐个闪亮，只是远程测试端的指示灯将按着与主测试端连通线号的顺序逐个闪亮。也就是说，远程测试端不能按 1）和 2）中所说的顺序闪亮。

3．设置计算机 IP 地址

（1）IP 地址介绍

IP 是英文 Internet Protocol 的缩写，意思是“网络之间互联的协议”，也就是为计算机网络相互联接进行通信而设计的协议。在因特网中，它是使连接到网上的所有计算机网络实现相互通信的一套规则，它规定了计算机在因特网上进行通信时应当遵守的规则。任何厂家生产的计算机系统，只要遵守 IP 协议就可以与因特网互联互通。正是因为有了 IP 协议，因特网才得以迅速发展成为世界上最大的、开放的计算机通信网络。因此，IP 协议也可以叫做因特网协议。

所谓 IP 地址就是给每个联接在 Internet 上的主机分配的一个 32bit 地址。按照TCP/IP 协议规定，IP 地址用二进制来表示，每个 IP 地址长 32bit，就是 4 个字节。例如，一个采用二进制形式的 IP 地址是“00001010000000000000000000000010”，这么长的地址，人们处理起来太费劲了。为了方便人们的使用，IP 地址经常被写成十进制的形式，中间使用符号“.”分开不同的字节。于是，上面的 IP 地址可以表示为“10.0.0.2”。IP 地址的这种表示法叫做“点分十进制表示法”，这显然比只用 1 和 0 表示的 IP 地址容易记忆得多。

IP 地址就像是人们的家庭住址一样，如果你要写信给一个人，你就要知道他（她）的地址，这样邮递员才能把信送到。计算机发送信息就好比是邮递员，它必须知道惟一的“家庭地址”才不至于把信送错人家。只不过人们的地址是使用文字来表示的，计算机的地址是用二进制数字表示的。这就是 IP 地址的含义。

（2）IP 地址分类

最初设计互联网络时，为了便于寻址以及层次化构造网络，每个 IP 地址包括两个标识码（ID），即网络 ID 和主机ID。同一个物理网络上的所有主机都使用同一个网络 ID，网络上的一个主机（包括网络上的工作站、服务器和路由器等）有一个主机 ID 与其对应。Internet 委员会定义了 5 种 IP 地址类型，以适合不同容量的网络，即 A 类~E 类。其中 A、B、C 这 3 类由 InternetNIC 在全球范围内统一分配，D、E 类为特殊地址。IP 地址分类如表 5-2 所示。

表 5-2　IP 地址分类表

网络类别	最大网络数	第一个可用的网络号	最后一个可用的网络号	每个网络中的最大主机数
A	126	1	126	16 777 214
B	16382	128.1	191.255	65534
C	2 097 150	192.0.1	223.255.255	254

1）A 类 IP 地址。一个 A 类 IP 地址是指在 IP 地址的 4 段号码中，第一段号码为网络号码，剩下的 3 段号码为本地计算机的号码。如果用二进制表示 IP 地址的话，A 类 IP 地址就由 1 字节的网络地址和 3 字节主机地址组成，网络地址的最高位必须是“0”。A 类 IP 地址中网络的标识长度为 8 位，主机标识的长度为 24 位。A 类网络地址数量较少，可以用于主机数达 1600 多万台的大型网络。

A 类 IP 地址 地址范围为 1.0.0.1～126.255.255.254（二进制表示为 00000001 00000000 00000000 00000001～01111110 11111111 11111111 11111110）。最后一个是广播地址。

A 类 IP 地址的子网掩码为 255.0.0.0，每个网络支持的最大主机数为（256^3-2）台=16 777 214 台。

2）B 类 IP 地址。一个 B 类 IP 地址是指，在 IP 地址的 4 段号码中，前两段号码为网络号码。如果用二进制表示 IP 地址的话，B 类 IP 地址就由 2 字节的网络地址和 2 字节主机地址组成，网络地址的最高位必须是“10”。B 类 IP 地址中网络的标识长度为 16 位，主机标识的长度为 16 位。B 类网络地址适用于中等规模的网络，每个网络所能容纳的计算机数为 6 万多台。

B 类 IP 地址地址范围为 128.0.0.1～191.255.255.254（二进制表示为 10000000 00000000 00000000 00000001～10111111 11111111 11111111 11111110）。最后一个是广播地址。

B 类 IP 地址的子网掩码为 255.255.0.0，每个网络支持的最大主机数为（256^2-2）台=65 534 台。

3）C 类 IP 地址。一个 C 类 IP 地址是指，在 IP 地址的 4 段号码中，前 3 段号码为网络号码，剩下的一段号码为本地计算机的号码。如果用二进制表示 IP 地址的话，C 类 IP 地址就由 3 字节的网络地址和 1 字节主机地址组成，网络地址的最高位必须是“110”。C 类 IP 地址中网络的标识长度为 24 位，主机标识的长度为 8 位，C 类网络地址数量较多，适用于小规模的局域网络，每个网络最多只能包含 254 台计算机。

C 类 IP 地址范围为 192.0.0.1～223.255.255.255（二进制表示为 11000000 00000000 00000000 00000001～11011111 11111111 11111111 11111110）。

C 类 IP 地址的子网掩码为 255.255.255.0，每个网络支持的最大主机数为 256−2=254 台

4）特殊的 IP 地址。“1110”开始的地址都叫多点广播地址。因此，任何第一个字节大于 223 小于 240 的 IP 地址（范围 224.0.0.1～239.255.255.254）是多点广播地址；每一个字节都为 0 的地址（“0.0.0.0”）对应于当前主机；IP 地址中的每一个字节都为 1 的 IP 地址（“255.255.255.255”）是当前子网的广播地址；IP 地址中凡是以“11110”开头的E 类 IP 地址都保留用于将来和实验使用。

IP 地址中不能以十进制“127”作为开头，该类地址中数字 127.0.0.1～127.1.1.1 用于回路测试。

网络 ID 的第一个 6 位组也不能全置为 0，全“0”表示本地网络。

（3）IP 地址的设置方法

选择计算机的“控制面板→网络连接→本地连接”，在“本地连接”上单击右键，打开“属性”对话框，如图 5-42 所示。双击“Internet 协议（TCP/IP）”就弹出 IP 地址设置对话框，输入自己规划好的 IP 地址，如图 5-43 所示。小型局域网络一般使用 C 类 IP。

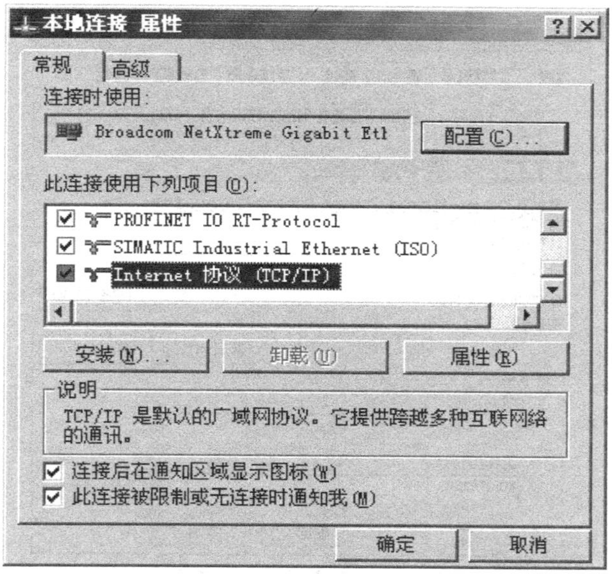

图 5-42 “本地连接属性”对话框

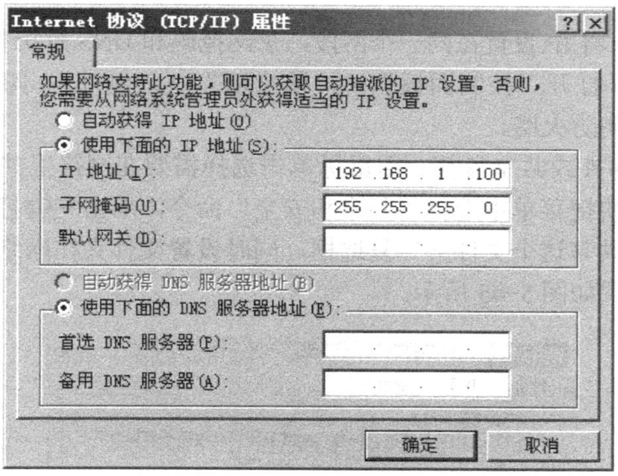

图 5-43 “Internet 协议（TCP/IP）属性”对话框

5.5.3 建立网络监控工程

1. 在局域网中共享组态工程

1）更改不同的计算机名，设置相同的工作组。在桌面选中“我的电脑”，单击右键，在弹出的快捷菜单中选择“属性”命令，打开系统属性对话框。按照计算机的用途分别设置计算机名，如“主控机”“监控机 1”和“监控机 2”，且把工作组名称设置为相同的名称（例如设置成“WORKGROUP”），如图 5-44 所示。计算机名设置需要重启计算机后才能生效。

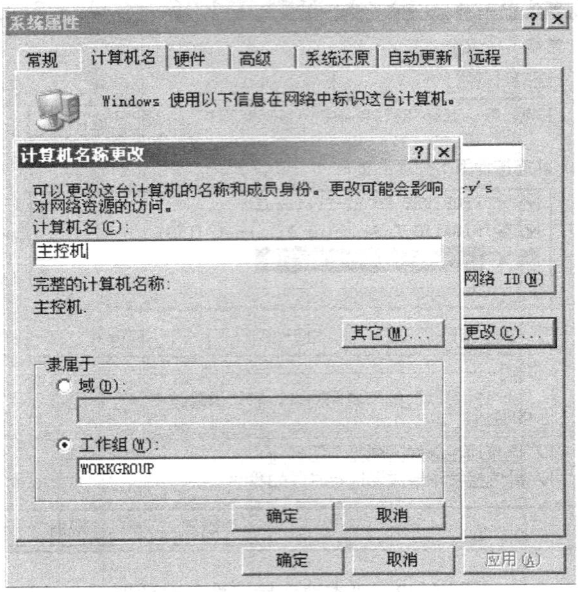

图 5-44　设置计算机名

2）手动设置 IP。将 IP 设置在同一个网段，子网掩码和 DNS 解析相同。

3）防火墙设置。打开“控制面板”→“防火墙”→“例外”，勾选“文件和打印机共享”复选框，或者关闭防火墙。

4）设置共享文件夹或共享盘符。用鼠标单击选择需要在网络上共享的组态工程，单击鼠标右键，在弹出的快捷菜单中选择“共享和安全”命令，单击左键打开，在“共享”选项卡上选中“在网络上共享这个文件夹”复选框，同时设置文件夹在网络上共享的名称。文件夹在网络上的共享设置如图 5-45 所示。

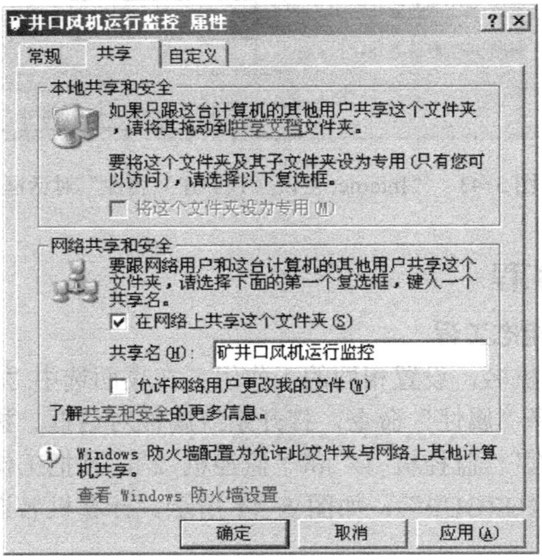

图 5-45　文件夹在网络上的共享设置

2. 组态工程的导入、导出

用于远程监控的计算机可以与主控机一样实现监控功能，由于监控机上的监控画面与主控机上的画面相同，所以可以采用组态软件的画面导出、导入功能。画面导出分为两个步骤。

首先在主控机组态工程的“工程浏览器界面”选择“工程”→“导出”，弹出如图 5-46 所示的对话框，选择导出画面的保存路径。

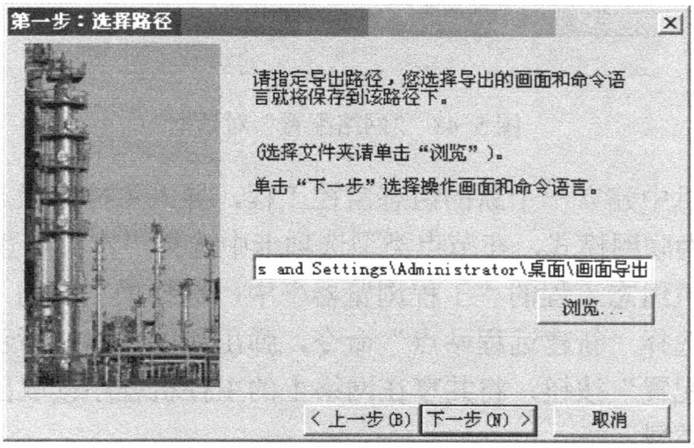

图 5-46　选择导出画面的保存路径

第二步，单击如图 5-46 所示的“下一步”按钮，选择需要导出的内容，如图 5-47 所示。可以选中“画面”复选框，单击“详细资料”按钮可进一步选择哪些画面需要导出；也可以选中“命令语言”复选框。此功能可以节省修改程序的时间。

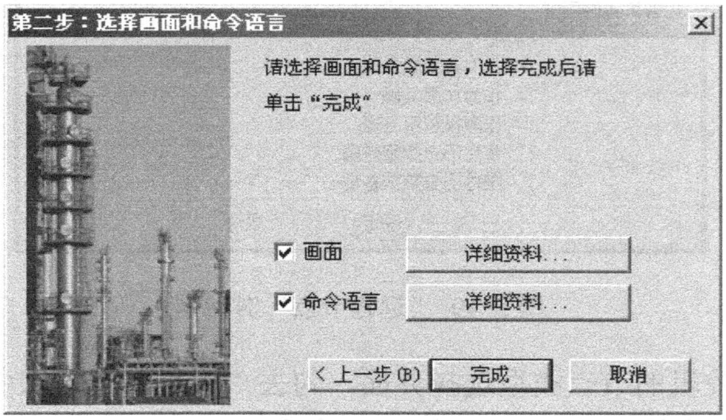

图 5-47　选择需要导出的内容

按照同样的方法，在监控机建立的组态工程中将画面和命令语言导入，这样主控机组态工程中的画面和命令语言就被导入到监控机新建的工程中，缩短了监控机组态工程的开发时间。

3. 引用远程变量

组态王是一种真正的客户-服务器模式。对于网络上其他站点的变量，如果两个站点之间建立了连接，就可以直接引用。以监控机 1 为例，远程变量直接引用实现的方法如下。

首先，将组态工程设置成在局域网内共享，在主控机组态工程的“工程浏览器”界面单击“系统配置”→“网络配置”，弹出如图 5-48 所示的“网络配置”对话框。选中“联网”单选按钮，本机节点名可以是本机的计算机名，也可以是本机 IP 地址，即 192.168.1.2。在

“节点类型”选项卡中选择“本机是登录服务器”、“本机是 I/O 服务器”。

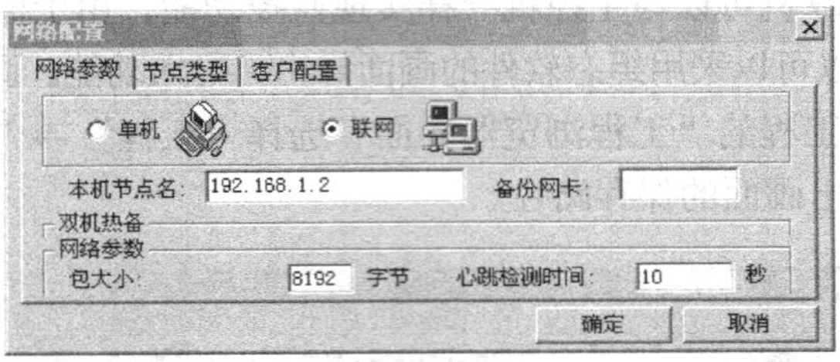

图 5-48 “网络配置”对话框

第二步，在监控机中建立一个新的组态监控工程，导入主控机组态画面，以同样的方法设置监控机组态工程为联网模式，在节点类型选项卡中选择“本机是登录服务器”。

第三步，在监控机组态工程的“工程浏览器”中，选择最左侧的“站点”选项，在空白区域用单击鼠标右键选择“新建远程站点”命令，弹出如图 5-49 所示的“远程节点”对话框。单击“读取节点配置”按钮，将共享在网络上的主控机程序读取出来，系统会自动识别主机节点名以及节点类型。

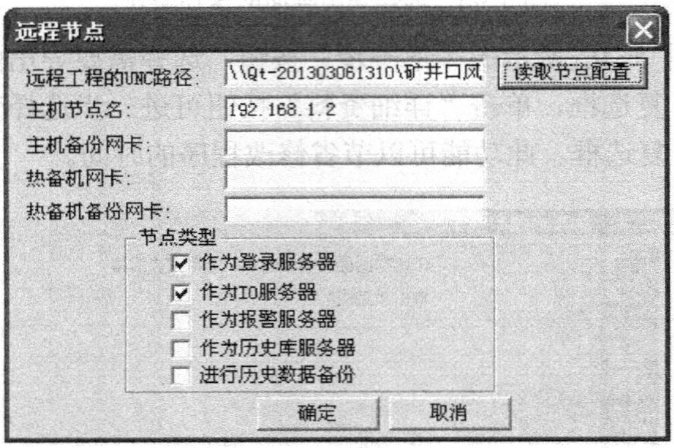

图 5-49 “远程节点”对话框

第四步，回到监控机的节点类型选择界面，勾去“本机是登录服务器”复选框，并将刚读取到的远程站点选为登录服务器，如图 5-50 所示。

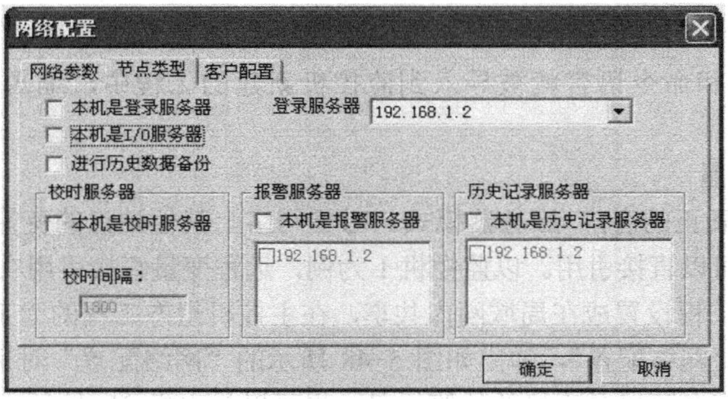

图 5-50 选择登录服务器

第五步，返回所读取的远程节点画面，单击远程节点主机名，可以看见远程站点的数据词典中的所有变量被读取到了本地计算机。远程变量列表如图 5-51 所示。

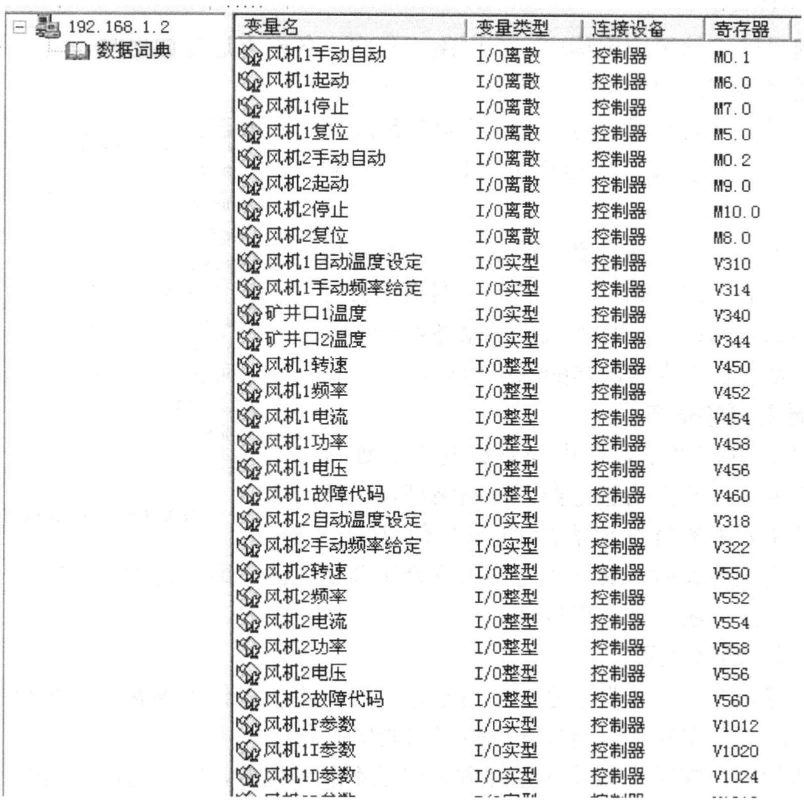

192.168.1.2
数据词典

变量名	变量类型	连接设备	寄存器
风机1手动自动	I/O离散	控制器	M0.1
风机1起动	I/O离散	控制器	M6.0
风机1停止	I/O离散	控制器	M7.0
风机1复位	I/O离散	控制器	M5.0
风机2手动自动	I/O离散	控制器	M0.2
风机2起动	I/O离散	控制器	M9.0
风机2停止	I/O离散	控制器	M10.0
风机2复位	I/O离散	控制器	M8.0
风机1自动温度设定	I/O实型	控制器	V310
风机1手动频率给定	I/O实型	控制器	V314
矿井口1温度	I/O实型	控制器	V340
矿井口2温度	I/O实型	控制器	V344
风机1转速	I/O整型	控制器	V450
风机1频率	I/O整型	控制器	V452
风机1电流	I/O整型	控制器	V454
风机1功率	I/O整型	控制器	V458
风机1电压	I/O整型	控制器	V456
风机1故障代码	I/O整型	控制器	V460
风机2自动温度设定	I/O实型	控制器	V318
风机2手动频率给定	I/O实型	控制器	V322
风机2转速	I/O整型	控制器	V550
风机2频率	I/O整型	控制器	V552
风机2电流	I/O整型	控制器	V554
风机2功率	I/O整型	控制器	V558
风机2电压	I/O整型	控制器	V556
风机2故障代码	I/O整型	控制器	V560
风机1P参数	I/O实型	控制器	V1012
风机1I参数	I/O实型	控制器	V1020
风机1D参数	I/O实型	控制器	V1024

图 5-51　远程变量列表

第六步，命令语言中应用远程变量。在命令语言中引用远程网络变量只需要写成\\站点名\变量名（例如：在主控机中的“风机 1 起动按钮”的“按下时”属性设置为“\\本站点\风机 1 起动=1;”，在监控机中应用远程变量时写为\\192.168.1.2\风机 1 起动=1;），就实现了对远程站点变量的引用。

第二台监控机的远程监控画面建立及远程变量引用方法与第一台监控机的方法相同。

在引用远程变量时，建好联接的两个站点上的组态王工程的启动没有先后之分，哪一个站点先启动都没关系，只有在两个站点都启动后，变量的引用关系才会发生。

4．远程变量的回写

远程站点除了可以引用变量外，还可以改变变量的数值，即回写变量，使设备上的数据发生变化，可以在动画连接时或命令语言中定义回写远程变量。在权限允许的情况下，网络上的任何一个站点均可以回写变量，即远程修改变量的值。当修改变量值时，若远程变量具有安全权限，则必须登录用户达到权限后才能操作，否则系统信息窗中会提示没有修改变量的权限。当有权限的变量在命令语言里被引用而改变值时，为了保证命令语言的正确运行，设置的权限是不起作用的，变量的值会被改变。

5.5.4 网络精灵

组态王提供网络精灵应用程序。在网络工程中，各站点进行通信时，用户可以通过网络精灵来查看通信是否正常。工程一旦定义为联网，在启动运行系统时，网络精灵应用程序就将自动启动，对网络通信状态进行监视。网络精灵窗口如图 5-52 所示。

网络工程上的每一个站点启动后都有一个网络精灵，而各个站点显示的信息是不一样的。网络精灵可以显示两方面的信息：一个是本机作为服务器的网络信息，另一个是本机作为客户端的网络信息。

1. 服务器的网络信息

当远程计算机在“站点”中与本机建立了连接时，本机将作为远程站点的服务器，在网络精灵中将详细列出本机作为服务器与远程站点的通信信息。

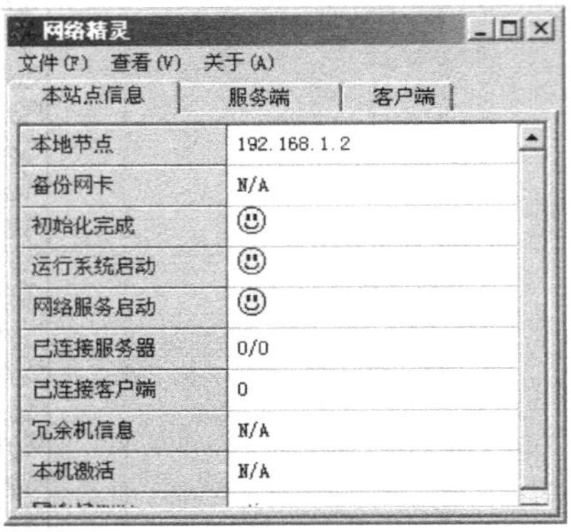

图 5-52 “网络精灵”窗口

当本机作为服务器时，其接收包的数据是不断变化的，因为远程站点每隔一段时间会发送一个测试包，检查通信是否正常。

2. 客户端的网络信息

当本地计算机在“站点”中建立了远程站点时，本机将作为该站点的客户端，在网络精灵中将详细列出本机作为客户端与远程站点的通信信息。

当本机作为客户端时，其发送包的数据也是不断变化的，因为每隔一段时间本机会向远程站点发送一个测试包，检查通信是否正常。

任务 5.6 组态王的网络发布

随着 Internet 科技日益渗透到生活和生产的各个领域，传统自动化软件的 E 趋势已发展成为整合 IT 与工业自动化的关键。组态王 6.5 提供了 For Internet 应用版本——组态王 Web 版，支持 Internet/Intranet 的访问。组态王 Web 功能采用 B/S 结构，客户可以随时随地通过 Internet/Intranet 实现远程监控，而远程客户端仅仅需要的软件环境就是安装了 Microsoft Internet Explorer (IE)5.0 以上的浏览器以及 JRE 插件，IE 客户端获得与组态王运行系统相同的监控画面，IE 客户端和 Web 发布服务器保持高效的数据同步，通过网络能够在任何地方获得与在 Web 服务器上一样的画面和数据显示、报表显示、报警显示、趋势曲线显示等，以及方便快捷的控制功能。在客户端运行的程序有着强大的自主功能，在如图 5-53 所示的工作场景模拟图中，局域网内部（如厂长办公室的计算机）可通过浏览器实时浏览画面，监控各种工业数据，而与之相连的任何一台 PC 也可实现相同的功能，实现了对客户信息服务的动态性、实时性和交互性。

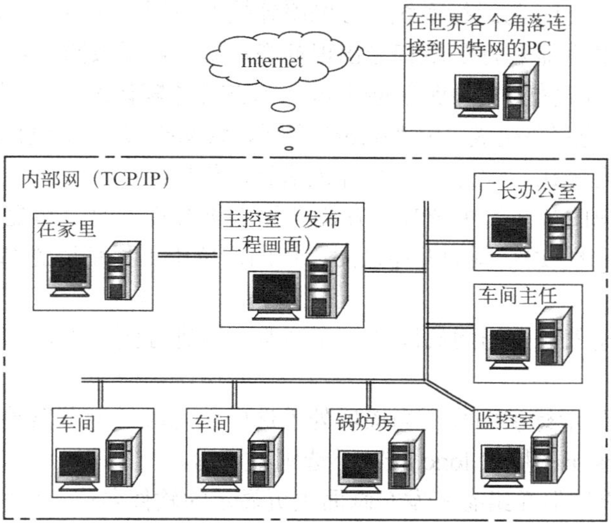

图 5-53　工作场景模拟图

5.6.1　在组态王中完成 Web 发布

1．配置连接端口

在进行 IE 访问时，需要知道被访问程序的端口号，故在组态王 Web 发布之前，一般需要定义组态王的端口号。打开需要进行发布的工程，进入工程浏览器界面。在工程浏览器窗口左侧目录树的最后一个节点为 Web 目录，单击“Web”→“发布画面”，将弹出“页面发布向导”对话框，如图 5-54 所示。

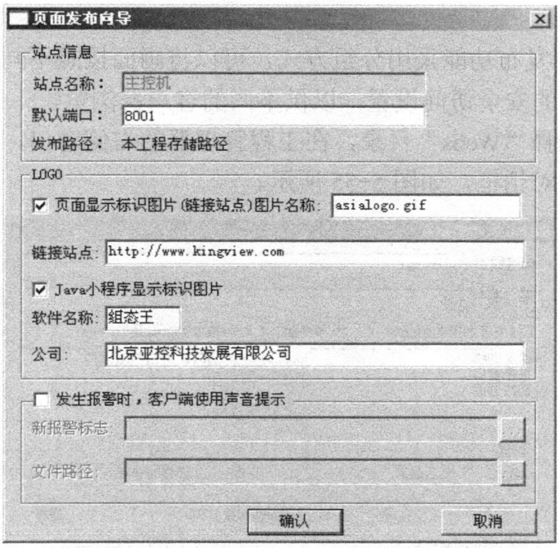

图 5-54　“页面发布向导”对话框

1）站点信息包括

① 站点名称。指 Web 发布站点的机器名称，这是从系统中自动获得的，不可修改。

② 默认端口。是指 IE 与运行系统进行网络连接的应用程序端口号，默认为 8001。如果所定义的端口号与本机其他程序的端口号出现冲突，用户可以按照实际情况进行修改。

③ 发布路径。Web 发布后文件保存的路径，在组态王中默认为当前工程的路径，不可修改。定义发布后，将在工程路径下生成一个“Webs”目录，将 Web 发布的信息保存在该目录下。

2）LOGO 信息就是 IE 上显示的一些标识信息，包括：

① 页面显示标识图片。选中该项，在浏览器端进行浏览时，将显示标识图片，默认的图片名称为 asialogo.gif。进行画面发布之后，该图片位于工程路径的\Webs\images 下。用户可以修改该图片。

② 链接站点。输入链接的网站地址。在浏览器端进行浏览时，单击标识图片，就进入链接的网址。

③ Java 小程序显示标识图片。当该项处于选中状态时，浏览器端载入组页面时显示工程路径的\Webs\images 下的图片 logo.gif，不选则不显示。

④ 软件名称。浏览器端组态王发布画面主页显示的软件名称，可修改。

⑤ 公司名称。浏览器端组态王发布画面主页显示的公司名称，可修改。

3）当发生报警时，客户端使用声音提示。包括：

① 新报警标志。数据词典中定义的离散型变量。当画面组包含报警窗、且“新报警变量”为真时，客户端播放声音；当“新报警变量”为假时，停止播放。实现了客户端和服务器端播放声音的同步。

通过设置“新报警变量”来自动控制客户端声音的播放，可改写自定义函数中的 3 个默认函数，计算报警计数，辅助实现新报警标志的设定。

② 文件路径。所选择的报警声音文件的存储路径。

完成定义以后，单击“确定”按钮关闭对话框。

2. 发布画面

在组态王 6.5 中，发布功能采用分组方式，可以将画面按照不同的需要分成多个组进行发布，每个组都有独立的安全访问设置，以供不同的客户群浏览。

在工程管理器中选择“Webs”目录，在工程管理器的右侧窗口，双击“新建”图标，弹出“Web 发布组配置”对话框，如图 5-55 所示。

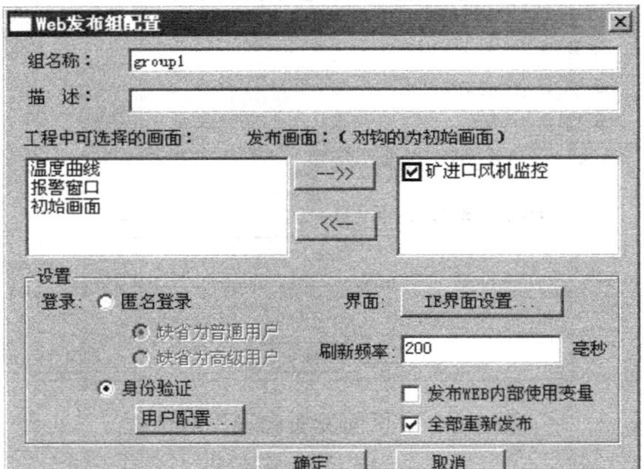

图 5-55 “Web 发布组配置”对话框

在该对话框中可以完成发布组名称的定义、要发布的画面的选择、用户访问安全配置和IE界面颜色的设置。发布步骤如下。

1）定义组名称。在对话框的“组名称”编辑框中，输入要发布的组的名称（在IE上访问时需要该名称）。组名称是Web发布组的惟一的标识，由用户指定，同一工程中组名不能相同，且组名只能使用英文字母和数字的组合。名称的定义要符合组态王名称的定义规则。组名称的最大长度为31个字符。

2）定义组的描述信息。在“描述”编辑框中输入组的描述信息，该描述信息可以在用户进行浏览时在IE界面上显示。

3）选择要发布的画面。在对话框的“工程中可选择的画面”列表中，列出了当前工程中建立的所有画面的名称。在列表中用鼠标单击，选择要发布的画面，在单击鼠标的同时，按下〈Shift〉键可直接多选一段区域内的画面，按下〈Ctrl〉键可以任意多选画面。完成选择后，单击对话框上的按钮 -->> ，将选择的画面发送到右边的“发布画面”列表中，同时被选择的画面名称在该“工程中可选择的画面”列表中消失。同样可以选择按钮 <<-- 将已经选中的画面取消发布，将画面名称从“发布画面”列表中删除。

4）选择浏览时的初始画面。在“发布画面”列表的每个画面名称前都有一个复选框，如果选中某个画面的复选框，就表明该画面将是初始画面，即打开IE浏览时首先将显示该画面。初始画面可以选择多个。

到这里，用户完成了初步的发布配置，完全可以进行发布浏览了。如果要进行安全配置，就需要进行下面的步骤。

5）用户登录安全管理。在组态王Web浏览端，用户的浏览权限有两种设置：一种是用户匿名浏览，即用户在打开IE进行浏览时不需要输入用户名、密码等，可以直接进入页面。这种方式下有两种用户：一种是普通用户，即只能浏览页面，不能做任何操作；另一种是高级用户，这种用户在进入后，可以修改数据，并可登录组态王，进行有权限设置的操作。两种用户只能选择其一。

如果工程人员想让用户在浏览页面时不需要输入用户名和密码而直接进行浏览，就可以采用这种方式。此时，在“设置”栏目中选择“匿名登录”，然后选择所需要类型的用户：“默认为普通用户”或“默认为高级用户”。

如果用户打开IE进行浏览时需要首先输入用户名和密码，就可选择对话框中的“身份验证”选项。首先需要进行用户配置，单击“用户配置”按钮，弹出“Web发布组用户列表”对话框，如图5-56所示。

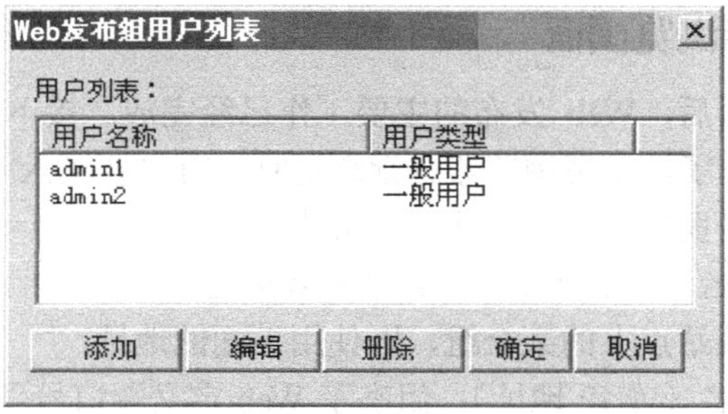

图5-56 “Web发布组用户列表”对话框

在此对话框中各按钮的含义如下。

添加。向用户列表中添加新的用户。单击该按钮，弹出“Web 发布组用户配置”对话框，如图 5-57 所示。在“用户名称”栏中输入要添加的用户名称，用户名称必须是英文字符和数字组合，名称定义符合组态王命名规则。在“用户密码”栏中输入用户密码，在“密码验证”栏中重新输入密码，系统会自动验证密码的正确性。

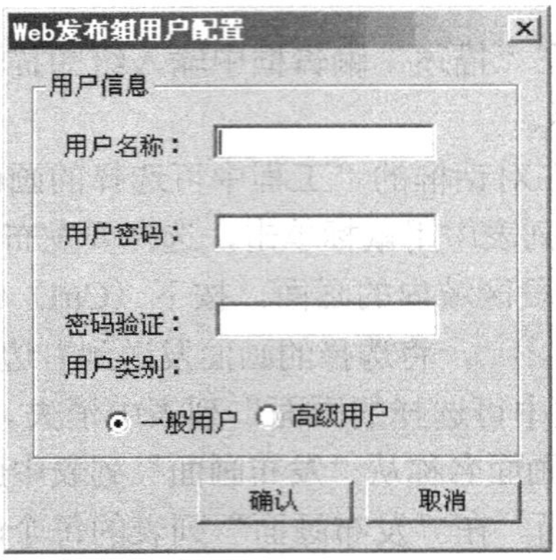

图 5-57 “Web 发布组用户配置”对话框

在用户类型中选择是“一般用户”还是“高级用户”。

编辑。编辑选中的用户。可以修改用户名称、用户密码、用户类型等。

删除：从系统中删除选中的用户。

完成定义后，单击“确定”按钮，关闭对话框，保存所有设置；单击“取消”按钮，取消所有操作。

设置 IE 界面颜色。单击“Web 发布组配置”对话框上的“IE 界面设置”按钮，弹出“IE 属性配置”对话框，在“窗体颜色配置”栏中可设置窗体前景色和背景色；在“菜单颜色配置”中可设置组态王 Web 提供的系统操作菜单的菜单前景色和背景色；在“状态栏颜色配置”中可选择组态王 Web 提供的系统状态栏的前景色和背景色。在设置菜单颜色和状态栏颜色之前要确认是否“显示菜单栏”和是否“显示状态栏”，只有选中这两个选项，才可以设置相应颜色。

完成上述配置后，单击“确定”按钮，关闭对话框，系统生成发布画面。打开组态王的网络配置对话框，选择“联网”模式，启动组态王运行系统。

5.6.2 使用 IE 浏览器浏览画面

在开发系统发布画面后，Web 发布的主要工作已经完成。接下来就可以使用 IE 浏览器进行画面浏览和数据操作了。使用浏览器进行浏览时，首先要输入 Web 地址。以 IE 浏览器为例，在浏览器的地址栏里输入地址。地址的格式为

http://发布站点机器名（或 IP 地址）:组态王 Web 定义端口号

如果需要直接访问该站点上的某个组，则使用下面的地址：

http://发布站点机器名（或 IP 地址）：组态王 Web 定义端口号/要浏览的组名称

例如，运行组态王的机器名为 webserver，其 IP 地址为 202.144.1.30，端口号为 8001，

发布组名称为 KingDEMOGroup，那么可以在 IE 的地址栏输入如下地址:

http://webserver:8001 或 http://202.144.1.30:8001

如果是直接进入该发布组，则输入以下地址：

http://webserver:8001/KingDEMOGroup 或 http://202.144.1.30:8001/KingDEMOGroup

如果定义的端口号为 80，可以省略端口号不输入，即

http://webserver 或 http://202.144.1.30

如果是直接进入该发布组，则输入以下地址：

http://webserver/KingDEMOGroup 或 http://202.144.1.30/KingDEMOGroup

对发布的组态王演示工程，启动运行后，在任何一个与该发布机器通过网络相联接的站点上打开 IE 浏览器。本例中输入地址为 192.168.1.2:8001，进入 Web 发布组用户配置界面，如图 5-58 所示。在该界面中，列出了当前工程的所有发布组及组的描述，用户可以选择进入。

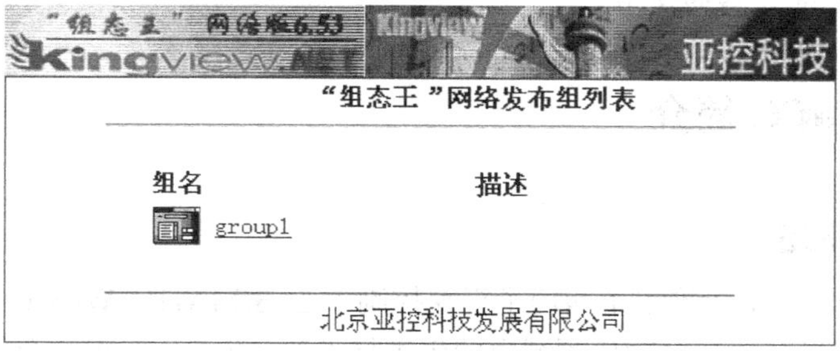

图 5-58 Web 发布组用户配置界面

由于本例中选择的是“用户验证”方式，所以系统弹出用户登录对话框。在对话框中输入用户名和密码。然后确认，系统界面上的验证用户信息、下载相关资源、下载相关数据等进度条依次显示当前正在进行的操作。完成初始化后，进入系统画面列表界面，如果设置了初始画面的话，就直接进入初始画面。

单击画面名称，系统加载画面，提示下载进度及下载速度。

习题

5-1 简述组态王软件局域网远程监控系统的组建方法。

5-2 试将组态王软件自带的演示工程进行网络发布，并从远程计算机上接收。

项目 6　WinCC 简介及应用实例

本项目要点

- WinCC 基础知识
- WinCC 中常用对象的使用及属性的设置
- WinCC 中图库的使用
- C 脚本和 Visual Basic 脚本的编程
- WinCC 与 PLC 之间的通信
- WinCC 用户管理器的使用

任务 6.1　WinCC 简介

6.1.1　WinCC 概述

西门子公司于 1996 年推出了西门子视窗控制中心 SIMATIC WinCC（Windows Control Center），它是西门子公司在自动化领域中的先进技术与 Microsoft 相结合的产物。WinCC 一进入世界工控组态市场，就以其先进的技术、全面的性能在最短时间内发展成为第三个在世界范围内成功的数据采集与监视控制系统（SCADA）系统。

WinCC 是按世界范围内使用的系统进行设计的，其开放性体现在除支持西门子的自动化系统外，还与 AB、Modicon、GE 等公司的系统相连接，并且通信驱动程序的种类还在不断增加。此外，WinCC 通过 OPC 方式还可与更多的第三方控制器进行通信。

WinCC V6.0 采用标准的 Microsoft SQL Server 2000（WinCC V6.0 以前的版本采用 Sybase）数据库进行生产数据的归档，同时具有 Web 浏览器的功能，可以使经理、厂长在办公室内看到生产流程的动态画面，从而更好地调度指挥生产。

作为 SIMATIC 全集成自动化系统的重要组成部分，WinCC 确保与 SIMATIC S5、S7 和 505 系列的 PLC 连接的方便和通信的高效。WinCC 与 STEP7 编程软件紧密结合，缩短了项目的开发周期。

6.1.2　WinCC 的性能特点

1. 创新软件技术的使用

WinCC 是基于最新发展的软件技术，西门子公司与 Micorosoft 公司的密切合作保证了用户能得到不断创新的技术。

2. 包括所有 SCADA 功能在内的客户机/服务器系统

即使最基本的 WinCC 系统，也能够提供生成复杂可视化任务的组件和函数，生成画面、脚本、报警、趋势和报表的编辑器，由最基本的 WinCC 系统组件建立。

3．可灵活剪裁，由简单任务扩展到复杂任务

WinCC 是一个模块化的自动化组件，既可以灵活地进行扩展，从简单的工程到复杂的多用户应用，又可以应用到工业和机械制造工艺的多服务器分布式系统中。

4．众多的选件和附加件扩展了基本功能

已开发的、应用范围广泛的、不同的 WinCC 选件和附加件，均基于开放式编程接口，覆盖了不同工业分支的需求。

5．存储数据库

使用 Microsoft SQL Server 2000 作为其组态数据和归档数据的存储数据库，可以使用 ODBC、DAO、OLE-DB、WinCC OLE-DB 和 ADO 方便地访问归档数据。

6．强大的标准接口（如 OLE、ActiveX）

WinCC 提供了 OLE、DDE、ActiveX、OPC 服务器与客户机等接口或控件，可以很方便地与其他应用程序交换数据。

7．使用方便的脚本语言

WinCC 可以编写 ANSI-C 和 Visual Basic 脚本程序。

8．开放的 API 编程接口

开放的 API 编程接口可以访问 WinCC 的模块，所有的 WinCC 模块都有一个开放的 C 编程接口（C-API），这意味着可以在用户程序中集成 WinCC 的部分功能。

9．具有向导的简易（在线）组态

WinCC 提供了大量的向导来简化组态工作，在调试阶段还可以进行在线修改。

10．可选择语言的组态软件和在线语言切换

WinCC 软件是基于多语言设计的，这意味着可以在英语、德语、法语和中文等语言之间进行选择，也可以在系统运行时选择所需要的语言。

11．提供主要 PLC 系统的通信通道

作为标准，WinCC 支持所有连接 SIMATIC S5/S7/505 控制器的通信通道，还包括 PROFIBUS DP/DDE 和 OPC 等非特定控制器的通信通道。更广泛的通信通道可以由选件和附件提供。

12．基于 PC 的控制器

基于 PC 的控制器 SIMATIC WinAC 与其紧密连接，使软 PLC/插槽式 PLC 和操作、监控系统在一台 PC 上相结合，这无疑是一个面向未来的概念。在此前提下，WinCC 和 WinAC 实现了西门子公司基于 PC 的、强大的自动化解决方案。

13．全集成自动化（Totally Integrated Automation，TIA）部件

TIA 集成了西门子公司的各种产品（包括 WinCC。WinCC）是工程控制的窗口，是 TIA 的中心部件。TIA 意味着在组态、编程、数据存储和通信等方面的一致性。

14．SIMATIC PCS7 过程控制系统中的 SCADA 部件

SIMATIC PCS7 是 TIA 中的过程控制系统。PCS7 是结合了基于控制器的制造业自动化优点和基于 PC 的过程工业自动化优点的过程处理系统（PCS）。基于控制器的 PCS7 对过程可视化使用标准的 SIMATIC 部件，WinCC 作为 PCS7 的操作员站。

15. 符合 FDA 21 CFR Part 11 要求

16. 集成到制造执行系统（MES）和企业资源管理（ERP）中

标准接口使 SIMATIC WinCC 成为在全公司范围 IT 环境下的一个完整部件，这超越了自动控制过程，将范围扩展到工厂监控级，为公司管理 MES 和 ERP 提供管理数据。

6.1.3 WinCC 的系统体系结构及选件

1. WinCC 的系统体系结构

WinCC 的系统体系结构通常包括以下 9 大部件，具体如下。

1）变量管理器。变量管理器（Tag Management）管理 WinCC 中所使用的外部变量、内部变量和通信驱动程序。

2）图形编辑器。图形编辑器（Graphics Designer）用于设计各种图形画面。

3）报警记录。报警记录（Alarm Logging）负责采集和归档报警消息。

4）变量归档。变量归档（Tag Logging）负责处理测量值，并长期存储所记录的过程值。

5）报表编辑器。报表编辑器（Report Designer）提供许多标准报表，也可设计各种格式的报表，并可按照预定的时间进行打印。

6）全局脚本。全局脚本（Global Scrip）是系统设计人员用 ANSI-C 及 Visual Basic 编写的代码，以满足项目的需要。

7）文本库。文本库（Text Library）编辑在不同语言版本下的文本消息。

8）用户管理器。用户管理器（User Administrator）用来分配、管理和监控用户对组态和运行系统的访问权限。

9）交叉引用表。

交叉引用表（Cross-reference）负责搜索在画面、函数、归档和消息中所使用的变量、函数、OLE 对象和 ActiveX 控件。WinCC 以开放式的组态接口为基础，已经开发出了大量的 WinCC 选件（Options）（来自于 Siemens A&D）和 WinCC 附加件（Add-ons）（来自 Siemens 内部和外部伙伴）。

2. WinCC 选件

WinCC 选件主要包括以下部件。

1）服务器系统。服务器系统（Server）用来组态客户机/服务器系统。服务器与过程控制建立连接，并存储过程数据，客户机显示过程画面。

2）冗余系统。冗余系统（Redundancy）即两台 WinCC 系统同时并行运行，并互相监视对方状态，当一台机器出现故障时，另一台机器可以接管整个系统的控制。

3）Web 浏览器。Web 浏览器（Web Navigator）使用户可以通过 Internet/Intranet 监控生产过程状况。

4）用户归档。用户归档（User Archive）给过程控制提供一整批数据，并将过程控制的技术数据连续存储在系统中。

5）开放式工具包。开放式工具包（ODK）提供了一套 API 函数，使应用程序可与 WinCC 系统各部件进行通信。

6）WinCC Dat@Monitor。WinCC Dat@Monitor 是通过网络显示和分析 WinCC 数据的一套工具。

7）WinCC ProAgent。WinCC ProAgent 能准确、快速地诊断由 SIMATIC S7 和 SIMATIC WinCC 控制和监控的工厂和机器中的错误。

8）WinCC Connectivity Pack。WinCC Connectivity Pack 包括 OPC HAD 和 OPC A&E 服务器，用来访问 WinCC 归档系统中的历史数据，采用 WinCC OLE-DB 能直接访问 WinCC 存储在 Microsoft SQL Server 数据库内的归档数据。

9）WinCC IndustrialDataBrige。WinCC IndustrialDataBrige 工具软件利用标准接口将自动连接到 IT 世界，并保证了双向的信息流。

10）WinCC IndustrialX。WinCC IndustrialX 可以开发和组态用户自定义的 ActiveX 对象。

6.1.4 WinCC 的安装及授权

（1）WinCC 的安装

WinCC 是运行在 IBM-PC 兼容机上、基于 Microsoft Windows 2000/XP 的组态软件。在安装 WinCC 之前，必须配置适当的硬件和软件，并保证它们能正常运转，这就意味着所有的硬件应该出现在 Microsoft Windows 2000/XP 的硬件兼容性列表中，还意味着硬件和软件都必须被正确地安装和配置。在安装过程中，WinCC 将逐一检查以下各项是否满足要求：

1）使用的操作系统。

2）用户登录的权限。

3）显示器的分辨率。

4）Internet Explorer。

5）Microsoft 消息队列服务（Microsoft Message Queuing Services）。

6）Microsoft SQL Server。

7）是否已经重启系统。

如果其中之一没有满足要求，WinCC 就将停止安装，并在屏幕上显示相应的错误消息。

（2）WinCC 的授权

使用 WinCC 需要安装授权，授权类似一个“电子钥匙”，用来保护西门子公司和用户的权益，没有经过授权的软件是无法长期使用的。授权分为标准授权和紧急授权两种。标准授权使用时间无限制，而紧急授权使用时间限制为 14 天，在标准授权损坏并修复期间，可使用紧急授权代替。

WinCC 基本系统分为完全版和运行版。完全版包括运行和组态版的授权，运行版仅有 WinCC 运行的授权，其授权均在 Automation License Manager 中管理。

为避免丢失授权和许可证密钥，需要注意以下事项。

1）在格式化、压缩或恢复驱动器、安装新的操作系统之前，将硬盘上的授权转移至软盘或其他盘中。

2）当卸载、安装、移动或升级密钥时，应先关闭任务栏可见的所有后台程序。如防病毒程序、磁盘碎片整理程序、磁盘检查程序、硬盘分区以及压缩和恢复等。

3）在使用优化软件优化系统或加载硬盘备份前，保存授权和许可证密钥。

4）将授权和许可证密钥文件保存在隐藏目录“AX NF ZZ”中。

任务 6.2 矩形背景变换

6.2.1 启动 WinCC

启动 WinCC，单击“开始”→SIMATIC→WinCC→WinCC V6.0 ASIA 菜单项，启动 WinCCExplorer（即 WinCC 项目管理器），如图 6-1 所示，此时即可以开始一个新的 WinCC 项目的组态。

图 6-1 “WinCC 项目管理器”窗口

6.2.2 建立一个新项目

首次启动 WinCC，将打开的是一个没有项目的 WinCC 项目管理器，再次启动 WinCC 时，上次最后打开的项目将被打开，如果希望启动 WinCC 项目管理器而不打开某个项目，可以在启动 WinCC 时，同时按下〈Shift+Alt〉组合键并保持，直到出现 WinCC 项目管理器窗口为止，此时 WinCC 项目管理器启动，但不打开任何项目。

如果退出 WinCC 项目管理器前打开的项目处于运行状态，那么在重新启动 WinCC 时，将自动运行该项目。如果希望启动 WinCC 而不立即激活运行系统，可以在启动 WinCC 时同时按下〈Shift+Ctrl〉组合键并保持，直到在 WinCC 项目管理器完全被打开并显示项目为止。

单击如图 6-1 中的“文件”菜单下的“新建”命令或直接单击工具栏中🗋按钮，出现如图 6-2 所示的“WinCC 项目管理器”对话框，在“创建新项目”选项组中包括以下 3 种，即单用户项目、多用户项目和客户机项目。

如果想要打开编辑或修改已经存在的项目，可以通过单击“文件”菜单下的“打开”命令或直接单击工具栏中📂图标，也可以选择如图 6-2 所示的“打开已存在的项目”单选项。

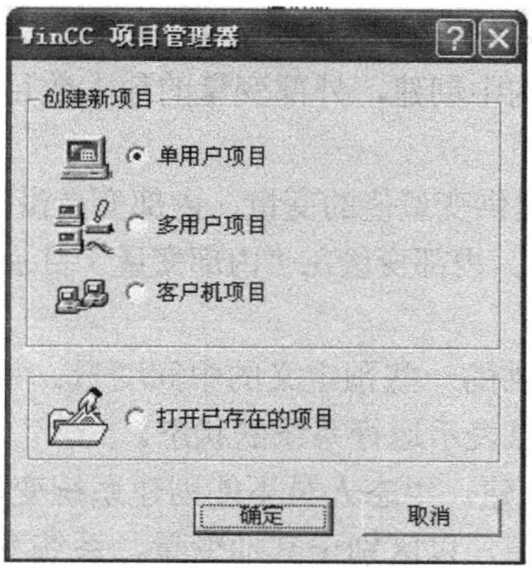

图 6-2 “WinCC 项目管理器”对话框

在图 6-2 中选择“单用户项目”，并单击“确定”按钮，在“创建新项目”对话框中输入“123”作为项目名称，并为新项目选择一个项目路径，项目路径可以选择默认路径，也可以根据需要重新选择；单击“创建”按钮，一个单用户项目即被创建完成，此时的 WinCC 资源管理器如图 6-3 所示。

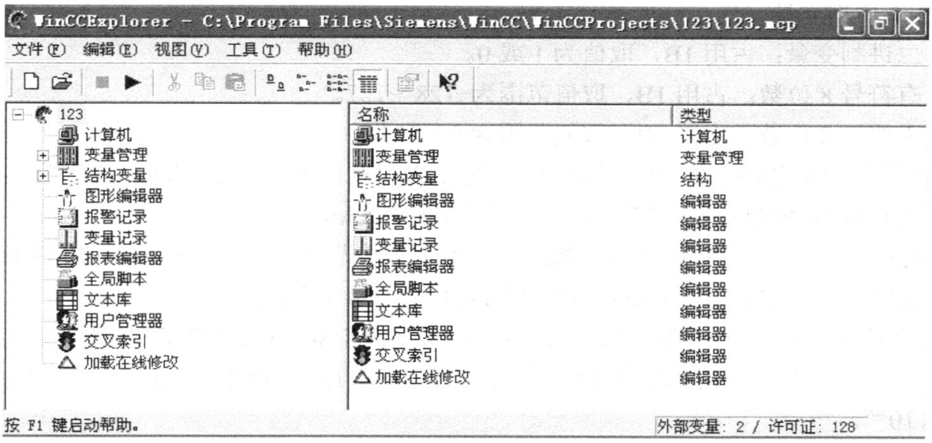

图 6-3 新建一个单用户项目

图 6-3 窗口左侧为浏览窗口，包括所有已经安装的 WinCC 组件，窗口的右侧为左侧所选部件的详细内容。同时，在 WinCC 项目管理器的状态栏中显示当前项目中外部变量数（新建工程外部变量数为 0）和许可证点数。

6.2.3 组态变量

1. WinCC 的变量类型

WinCC 中的变量按照功能可分为外部变量、内部变量、系统变量和脚本变量 4 种类型。

（1）外部变量

由外部过程为其提供变量值的变量，也称为过程变量。

对于外部变量，变量管理器需要建立 WinCC 与自动化系统的连接，即确定通信驱动程序，每一个外部变量都属于特定的过程驱动程序和通道单元，并属于一个通道连接，相关的变量将在该驱动程序的目录结构中创建，外部变量的最大数目由 Power Tags 授权限制。

（2）内部变量

内部变量即过程没有为其提供变量值的变量，内部变量没有对应的过程驱动程序和通道单元，不需要建立相应的通道连接。内部变量在“内部变量”目录中创建，其数目不受限制。

（3）系统变量

系统变量是 WinCC 所提供的一些预定义的中间变量。每个系统变量均有明确的意义，可以提供现成的功能，一般用以表示运行系统的状态。

系统变量由 WinCC 自动创建，组态人员不能创建系统变量，但可以使用由 WinCC 创建的系统变量。系统变量以@开头，以区别于其他变量，系统变量可以在整个工程的脚本和画面中使用。

（4）脚本变量

脚本变量即在 WinCC 的全局脚本及画面脚本中定义并使用的变量，它们只能在其定义时所规定的范围内使用。

2．WinCC 的数据类型

不论何种变量都需要指定变量的数据类型，WinCC 中的数据类型包括以下几类。

（1）数值型变量

1）二进制变量：占用 1B，取值为 1 或 0。

2）有符号 8 位数：占用 1B，取值范围为−128～127。

3）无符号 8 位数：占用 1B，取值范围为 0～255。

4）有符号 16 位数：表示一个短整数，占用 2B，取值范围为−32 768～32 767。

5）无符号 16 位数：占用 2B，取值范围为 0～65 536。

6）有符号 32 位数：表示一个长整数，占用 4B，取值范围为−2 147 483 648～2 147 483 647。

7）无符号 32 位数：占用 4B，取值范围为 0～4 294 967 296。

8）32 位浮点数：占用 4B，取值范围为$-3.402\,823\times10^{38}$～$+3.402\,823\times10^{38}$。

9）64 位浮点数：占用 4B，取值范围为$-1.797\,693\,134\,862\,31\times10^{308}$～$+1.797\,693\,134\,862\,31\times10^{308}$。

各种不同数值型变量在 WinCC、STEP7 和 C 动作中的变量类型声明如表 6-1 所示。

表 6-1　各种数值型变量在 WinCC、STEP7 和 C 动作中的变量类型声明表

变量类型名称	WinCC	STEP7	C
二进制变量	Binary Tag	BOOL	BOOL
有符号 8 位数	Signed 8-bit Value	BYTE	char
无符号 8 位数	Unsigned 8-bit Value	BYTE	unsigned char
有符号 16 位数	Signed 16-bit Value	INT	short
无符号 16 位数	Unsigned 16-bit Value	WORD	unsigned short, WORD
有符号 32 位数	Signed 32-bit Value	DINT	int
无符号 32 位数	Unsigned 32-bit Value	DWORD	unsigned int, DWORD
32 位浮点数	Floating-point 32-bit IEEE 754	REAL	float
64 位浮点数	Floating-point 64-bit IEEE 754		double

（2）字符串类型变量

1）8 位字符集文本变量：占用存储空间为 0～255B，可以用来表示 ASCII 字符集中的字符串。

2）16 位字符集文本变量：占用存储空间为 0～255B，该类型变量一般用来表示 Unicode 字符集的文本变量。

3）其他类型变量。

① 原始数据类型：外部和内部原始数据类型变量均可以在 WinCC 变量管理器中创建，其格式和长度均不是固定的，存储范围为 1～65 535B，其内容不固定，可以由用户定义，也可由特定程序运行产生，WinCC 不对其内容含义进行解释。

② 文本参考：指 WinCC 文本库中的条目，只可以将文本参考组态为内部变量。

3. 本例变量的建立过程

1）打开 WinCC 资源管理器，如果“变量管理”节点还没展开，就双击“变量管理”目录。

2）右击“内部变量”图标，在快捷菜单中选择“新建变量”命令，如图 6-4 所示。

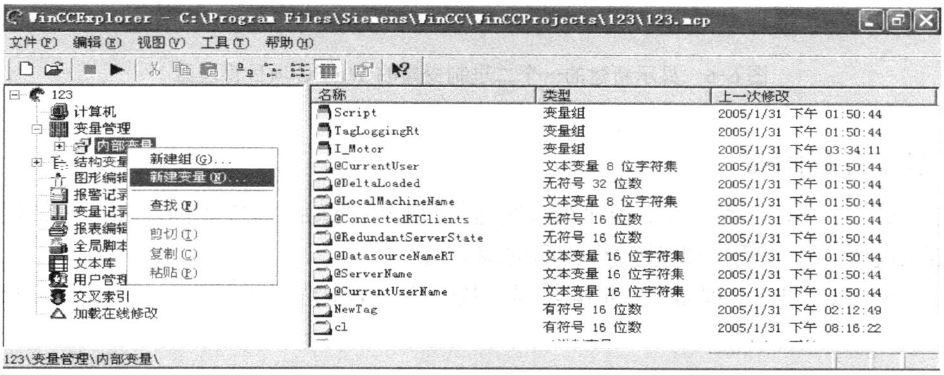

图 6-4　选择“新建变量”命令

3）此时弹出“变量属性”对话框，如图 6-5 所示，在该对话框中将变量名命名为 BJ，在数据类型列表框中，选择数据类型为二进制变量，单击“确定”按钮，新建的一个二进制变量显示在 WinCC 项目管理器的右侧窗口中，其界面如图 6-6 所示。

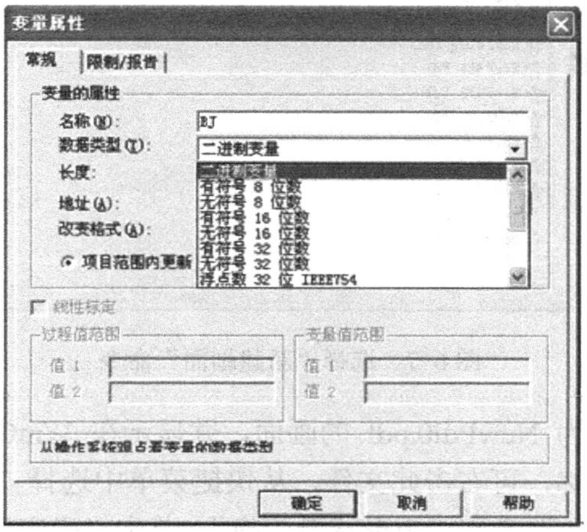

图 6-5　“变量属性”对话框

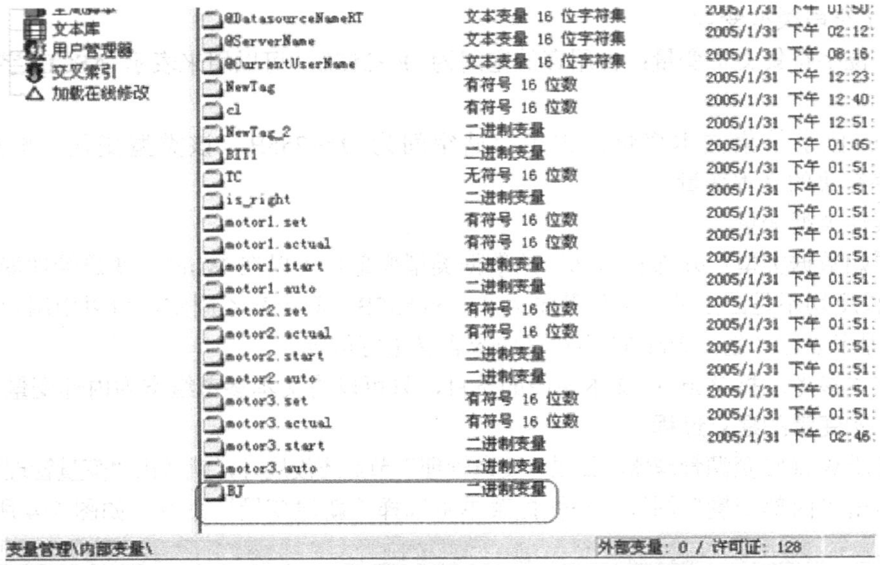

图 6-6　显示新建的一个二进制变量的 WinCC 项目管理器

6.2.4　创建过程画面

在组态期间，图形系统用于创建在系统运行过程中的动态监控画面，图形编辑器即为图形系统的组态软件，是用于创建过程画面的编辑器。

右击 WinCC 项目管理器的图形编辑器，从快捷菜单中选择“新建画面”命令，如图 6-7 所示。

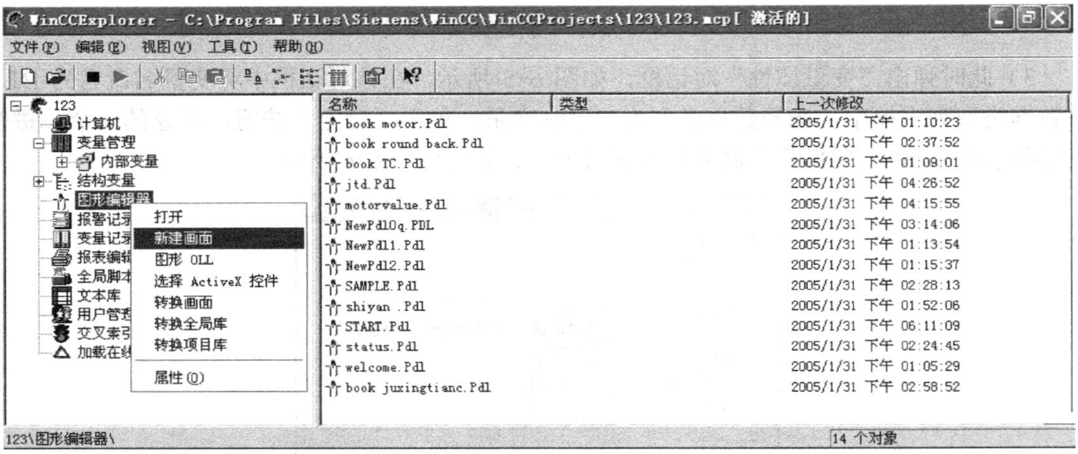

图 6-7　选择“新建画面”命令

此时将创建一个名称为 NewPdl0.pdl 的画面，并显示在 WinCC 项目管理器的右边窗口中。如需要重命名画面名称，可右击此文件，从快捷菜单中选择“重命名画面”命令，然后在打开的对话框中输入画面新名称“矩形背景变换”，单击“确定”按钮，如图 6-8 所示。

图 6-8　输入新名称对话框

6.2.5　编辑画面

双击画面名称“矩形背景变换.pdl”，打开图形编辑器编辑画面。在画面中将创建以下对象，即一个按钮、一个矩形、一个输入/输出域。

1．组态一个按钮对象

系统运行时按下此按钮使矩形背景颜色变为红色，同时在输入/输出域中显示出此时按钮置“1”；松开此按钮后，矩形背景颜色变为绿色，同时在输入/输出域中显示出此时按钮置“0”。

在图形编辑器中选择“对象选项板”上的“窗口对象”，单击“窗口对象”前面的“+”，展开“窗口对象”。选择“按钮”，将鼠标指向画图区中放置按钮的位置，拖动至所需要的大小后释放，出现“按钮组态”对话框，在“文本”文本框中输入“start”，如图 6-9 所示，单击“确定”按钮，关闭对话框，并单击工具栏上的按钮，保存画面。

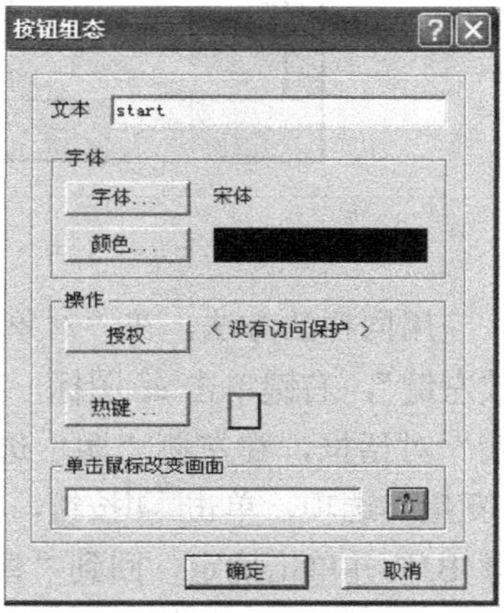

图 6-9　“按钮组态”对话框

双击该按钮对象或右键单击按钮对象，选择“属性”命令，此时弹出按钮的“对象属性”对话框，在该对话框中，可以根据客户需要，灵活配置按钮的各项属性，以满足实际工程的要求，单击对话框中的“事件”选项卡，选择“按钮→鼠标→按左键”，右键单击图标，弹出菜单，包括“C 动作”“VBS 动作”和“直接连接”，在这里，选择“直接连接”命令，如图 6-10 所示。

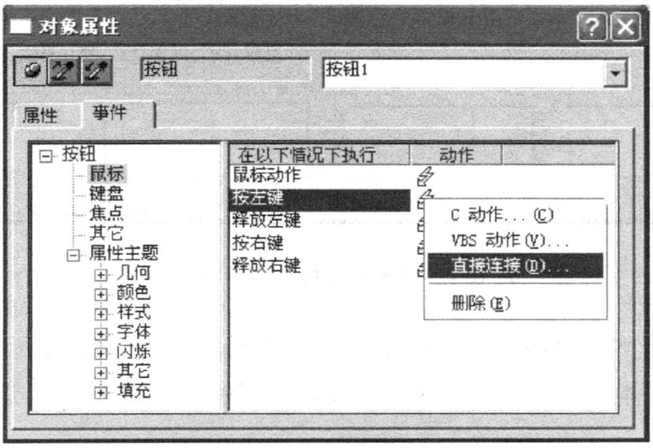

图 6-10　选择“直接连接”命令

单击“直接连接”命令后，打开“直接连接”对话框，将左侧“源”选项组中的选项“常数”置“1”，在右侧“目标”选项组中，选择“变量”单选项，单击按钮，打开“变量”对话框，在“变量”对话框中，可以看到 WinCC 的所有变量，选择“二进制变量 BJ”并单击“确定”按钮，回到“直接连接”对话框，如图 6-11 所示，单击“确定”按钮，即完成鼠标“按左键”事件的设置。

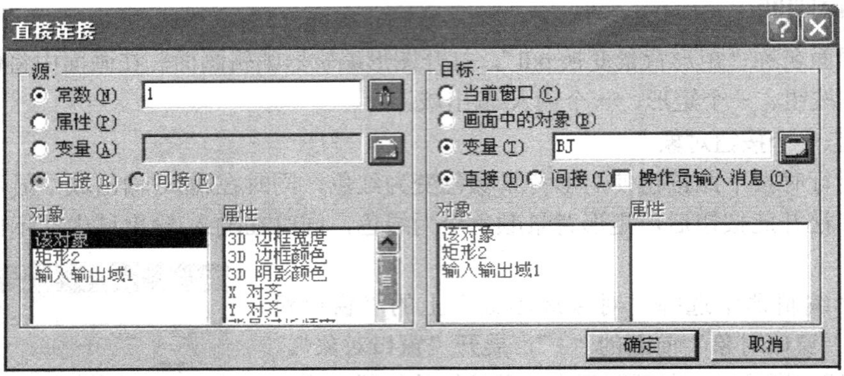

图 6-11 “直接连接”对话框（1）

用同样的方法，在“对象属性”对话框中单击“事件”选项卡，选择“按钮→鼠标→释放左键”，右键单击图标，在弹出的快捷菜单中，选择“直接连接”命令，打开“直接连接”对话框，在左侧“源”选项组中的选项“常数”处置“0”，在右侧“目标”处，选择“变量”选项，单击按钮，打开“变量”对话框，在“变量”对话框中，选择“二进制变量 BJ”并单击确定，回到“直接连接”对话框，如图 6-12 所示，单击“确定”按钮，鼠标“释放左键”事件设置完成。

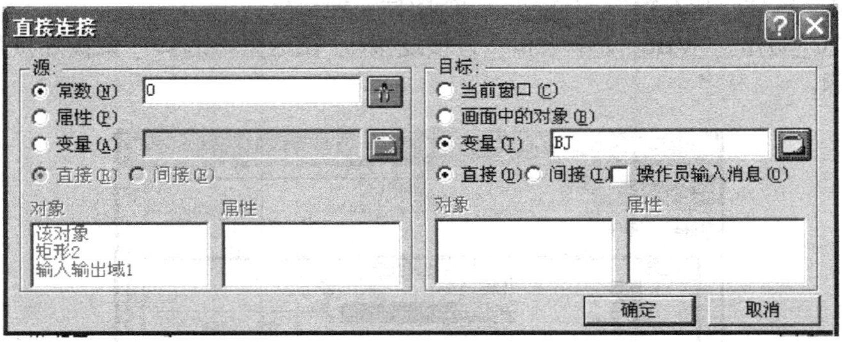

图 6-12 “直接连接”对话框（2）

为了让按钮上的文本“start”居中显示，在“对象属性”对话框中单击“属性”选项卡，单击“按钮→字体”，右侧“X 对齐”选择“居中”，“Y 对齐”选择“居中”，设置完成，如图 6-13 所示。

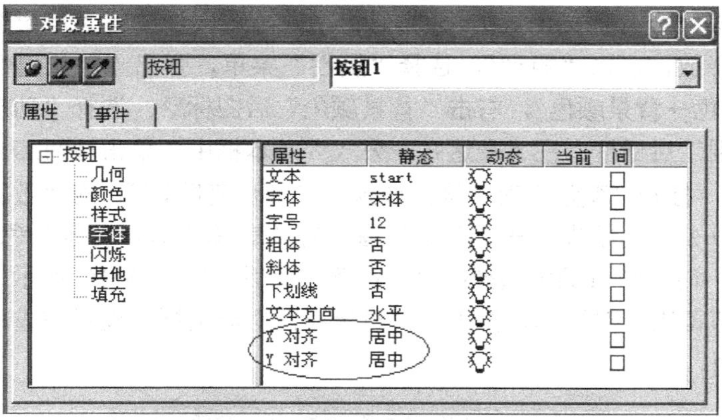

图 6-13　按钮对象字体属性设定对话框

2．在画面中组态一个输入/输出域

在图形编辑器中选择“对象选项板”上的“智能对象”，单击“智能对象”前面的“+”，展开“智能对象”。选择“输入/输出域”，将鼠标指向画图区中放置“输入/输出域”的位置，拖动至所需要的大小后释放，出现“I/O 域组态”对话框，在“文本”文本框中左键单击按钮，弹出“变量”对话框，选择“二进制变量 BJ”并单击“确定”按钮，在“更新”下拉列表中选择更新时间“根据变化”，如图 6-14 所示，单击“确定”按钮，关闭对话框，并单击工具栏上的按钮，保存画面。

图 6-14　“I/O 域组态”对话框

右击“输入/输出域”，选择“属性”命令，弹出“对象属性”对话框，选择“属性”→“输入/输出域”→“输出输入”→“数据格式”，选择“二进制数”，设置完成，如图 6-15 所示，关闭“对象属性”对话框。

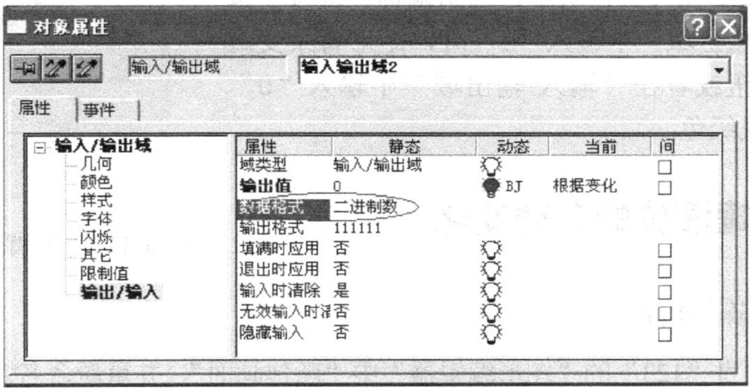

图 6-15　I/O 域“属性对象”对话框

3．在画面中组态一个矩形

在图形编辑器中选择“对象选项板”上的“标准对象”，单击“标准对象”前面的

"+"，展开"标准对象"。选择"矩形"，将鼠标指向画图区中放置"矩形"的位置，拖动至所需要的大小后释放，右击"矩形"，选择"属性"菜单，弹出"对象属性"对话框，选择"属性→矩形→颜色→背景颜色"，右击"背景颜色"后图标，选择"动态对话框"命令，打开"动态值范围"对话框，在"表达式→公式"文本框中，单击按钮，选择"变量"选项，单击按钮，打开"变量"对话框，选择"二进制变量 BJ"，对"数据类型"选择"布尔型"，"表达式→公式的结果"→"有效范围"为"是/真"时，背景颜色选择红色，"有效范围"为"否/假"时，背景颜色选择绿色。设置完成后，如图 6-16 所示，单击"应用"按钮，关闭"动态值范围"对话框，再关闭"对象属性"对话框，设置完成，单击工具栏上的按钮，保存画面。

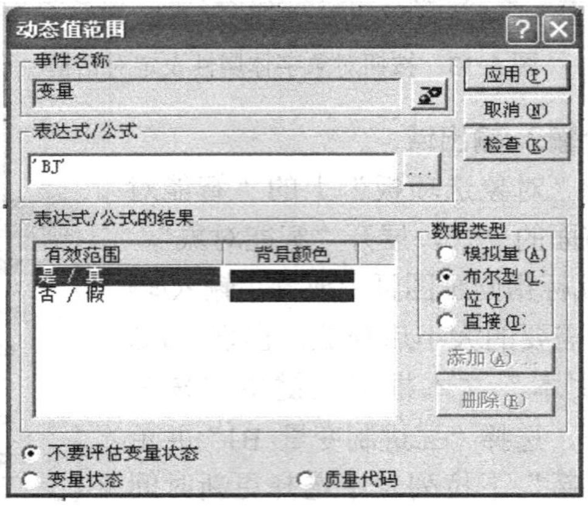

图 6-16　设定矩形"动态值范围"对话框

6.2.6　运行工程

选择 WinCC 资源管理器主菜单"文件"→"激活"，也可以直接单击工具栏上的按钮，运行工程，矩形背景变换的运行效果如图 6-17 所示。当用鼠标左键按下按钮或者在"输入/输出域"中输入"1"时，矩形背景变成红色；当释放按钮或者在"输入/输出域"中输入"0"时，矩形背景变成绿色。

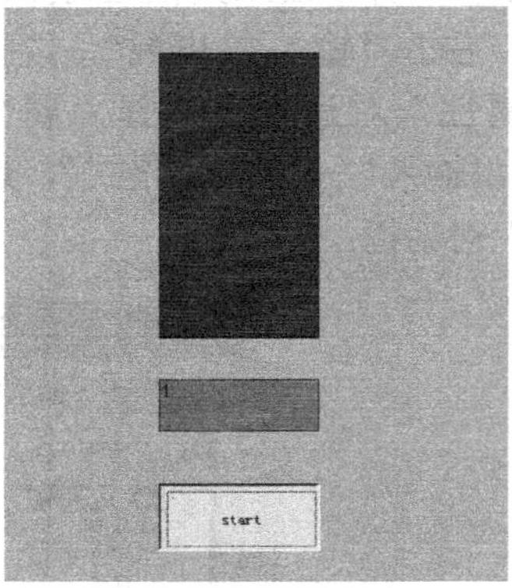

图 6-17　矩形背景变换的运行效果

任务 6.3　油罐液位的自动变化

6.3.1　创建并编辑画面

在上例新建项目"123"的"图形编辑器"中"新建画面"，并重新命名为油罐液位.pdl，双击该画面，打开图形编辑器，开始组态画面。

在新建画面中将创建以下对象，即油罐、矩形和液体管道。

1．组态油罐

选择菜单"视图"→"库"或单击工具栏上的按钮，显示出 WinCC 对象库中的对象目录。双击“全局库”后显示出全局库中的目录树，双击 PlantElements，再双击 Tanks。单击对象库工具栏中的按钮，可以预览对象库中的图形，单击 Tank4（如图 6-18 所示），并将其拖至画图区中，拖动此对象周围的黑色方块可以改变对象的大小。

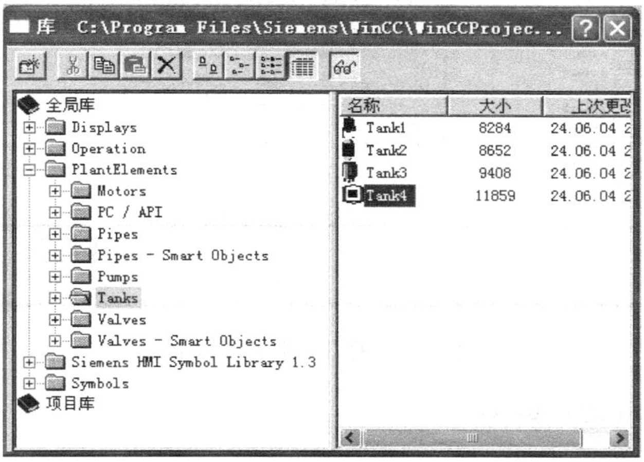

图 6-18　WinCC 图形库

为了能组态出所需要的图形，需要对库中的 Tank4 进行编辑，操作如下。

右击 Tank4，在菜单中选择“自定义对象”→“编辑”，此时把库中图形“分解开”，删除图形 Balken2 和 Rechteck1 后，将剩下的部分全部选中，单击右键选择命令“组对象”→“编组”，编辑后得到的新图形如图 6-19 所示，调整对象大小并放置于画面的合适位置上。

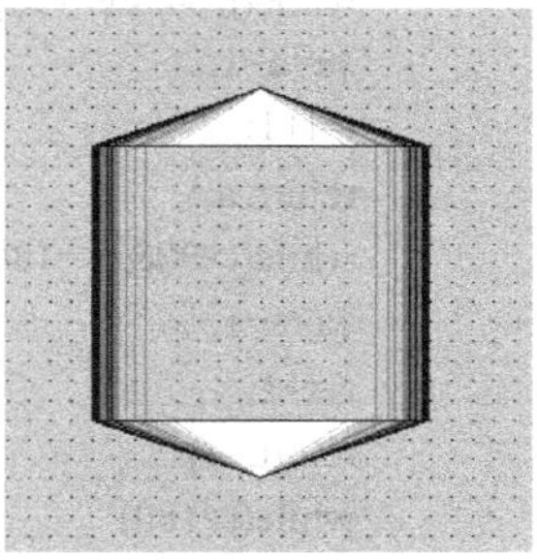

图 6-19　编辑后得到的新图形

2. 组态一个矩形

在图形编辑器中选择“对象选项板”上的“标准对象”，单击“标准对象”前面的“+”，展开“标准对象”。选择“矩形”，将鼠标指向画图区中放置“矩形”的位置，拖动至所需要的大小后释放，右击“矩形”选择“属性”命令，弹出“对象属性”对话框，选择“属性→矩形→样式→线宽”，在“线宽”对话框中选择“线粗细”为 3，单击“确定”按钮，单击“填充”选项，在右侧的“动态填充”中，选择“是”，由于需要让油罐中的液位随着时间的变化自动填充，所以在“填充量”一项中，需要对其进行编程。

右键单击图标，弹出菜单，其中包括“动态对话框”、“C 动作”、“VBS 动作”和“直接连接”命令，在这里，选择“C 动作”，打开“编辑动作”对话框，这时打开了 C 脚本编辑器，如图 6-20 所示。

在这里，通过 C 脚本编程来实现油罐的自动填充。WinCC 中的 C 脚本语言基于 ANSI C 标准，并允许用最大的灵活性定义动态对象。C 动作可用于对象的属性和事件。作用于对象属性的 C 动作是用时间或变量触发器驱动的，作用于对象事件的 C 动作是被其属性改变或其他事件激活的。

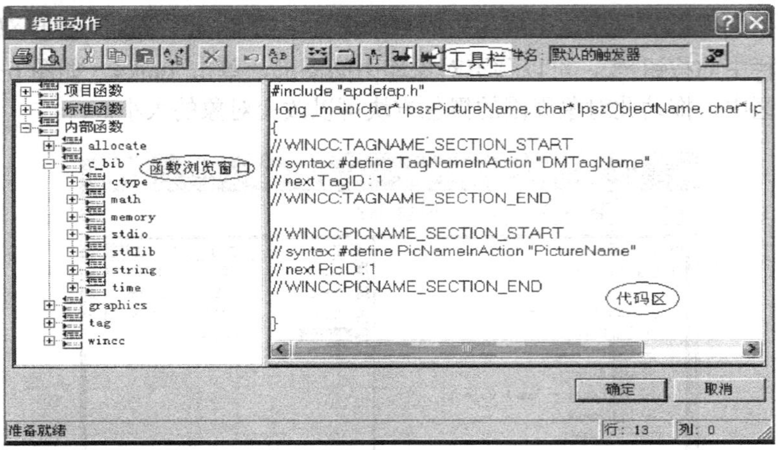

图 6-20　打开 C 脚本编辑器

在代码区编写如下的 C 脚本：

```
static int a;
static int t;
while(t>=0&t<=90)
{a=a+1;
t=t+1;
return a;}
while(t>90&t<=180)
{a=a-1;
t=t+1;
return a;}
while(t>180)
{a=0;
t=0;
return a;}
```

完成 C 脚本代码编写后再设置触发器。单击对话框中的按钮，打开“改变触发器”对话框，事件选择“标准周期”，周期选择“250ms”，如图 6-21 所示。

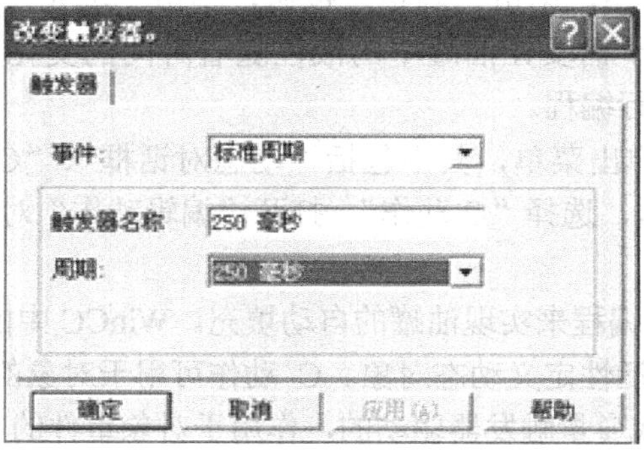

图 6-21　“改变触发器”对话框

单击“确定”按钮后回到“编辑动作对话框”，单击“确定”按钮会出现提示编译代码的提示，单击“确定”按钮，编译器对代码进行编译，在编译过程中，编译器将检查代码的语法错误和逻辑错误，产生相应的错误和警告消息。警告是编译器提醒代码可能有问题，也许会丢失数据，多数情况下是由于在两种不同的数据类型间传送数据造成的。错误表明代码中有语法或逻辑错误，通过输出窗口可以找到错误的那行程序代码。对于多个错误，要先修正最上面的，多数情况下其余错误将会自动消失。

代码区的文字将根据代码内容的不同显示不同的颜色，与其他 C 编译器一样，WinCC 编译器使用标准的颜色代码，绿色文本表示文字注释，编译器将会忽略，文字注释可用双斜线“//”符号或用 ANSI 最常用的/*...*/表示。蓝色文本表示 C 语言关键字。红色文本表示文本串，由双引号限定。黑色文本为正常代码。

编译没有问题后，矩形的属性设置就此完成，将此矩形和第一步中的油罐对象叠放在一起合成新图形，如图 6-22 所示，并将其放置到画面的合适位置上。

3．组态液体管道

选择菜单“视图”→“库”或单击工具栏上的按钮，显示出 WinCC 对象库中的对象目录。双击“全局库”后显示出全局库中的目录树，双击 PlantElements，双击 Pipes-Smart。单击对象库工具栏中的按钮，预览对象库中的图形，单击选择 3D Pipe Horizental、3D Pipe Vertical、3D Pipe Elbow3 和 3D Pipe Elbow4，并将其拖至画图区中，组合成如图 6-23 的图形。

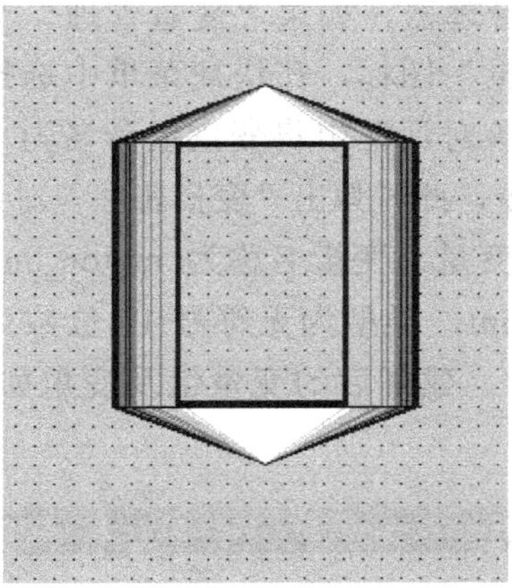

图 6-22　合成新图形

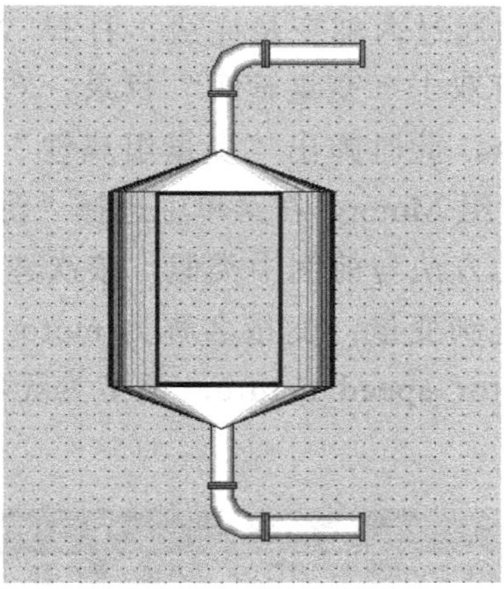

图 6-23　组合图形

6.3.2　运行工程

选择 WinCC 资源管理器主菜单“文件”→“激活”或直接单击工具栏上的按钮，运行工程，油罐液位变化的运行效果如图 6-24 所示。从图中可以看到系统运行后，油罐内液位逐渐上升，当上升至 90%时，又自动下降至 0，然后又开始自动填充，其中填充量可以通过改变 C 脚本来实现。

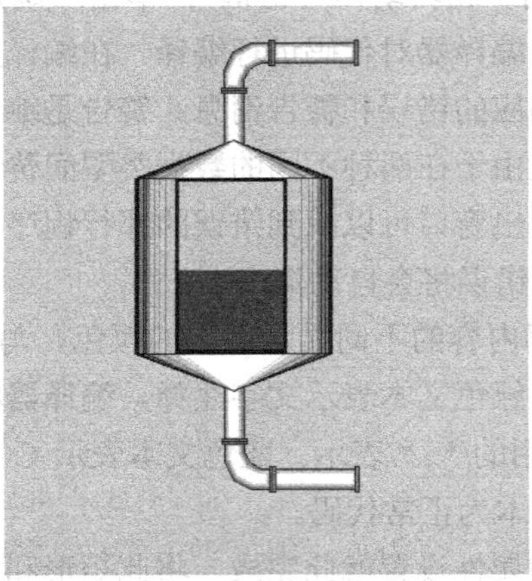

图 6-24　油罐液位变化的运行效果图

任务 6.4　电动机控制

6.4.1　组态变量

本例通过内部变量完成，打开 WinCC 资源管理器，如果“变量管理”节点还没展开，可双击“变量管理”目录，右击“内部变量”图标，在快捷菜单中选择“新建组”命令，此时弹出“变量组属性”对话框，在该对话框中将变量组命名为 Motor，右击变量组 Motor，在菜单中选择“新建变量”命令，此时弹出“变量属性”对话框，建立变量的方法与前例中类似，依次建立 3 个内部变量：变量名称为 motor_on_off，类型为二进制变量；变量名称为 motor_speed_setpoint，类型为无符号 16 位数；变量名称为 motor_speed_acture，类型为无符号 16 位数。建好后的变量组及变量如图 6-25 所示。

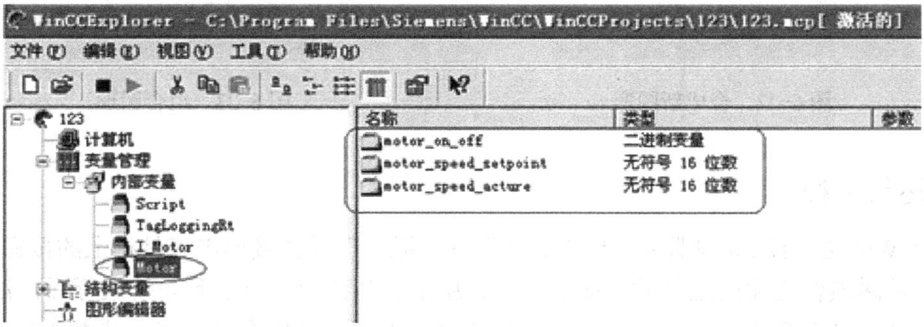

图 6-25　建好后的变量组及变量

6.4.2 创建并编辑画面

在上例所新建的项目“123”的“图形编辑器”中“新建画面”，并重新命名为“电动机控制.pdl”，双击该画面，打开图形编辑器，开始组态画面。

在新建画面中将创建以下对象，即电动机起停控制按钮、电动机、电源线、电动机转子、速度控制按钮、输入/输出域、静态文本和棒图。

1．组态电动机起停控制按钮

选择菜单“视图”→“库”或单击工具栏上的按钮，显示出 WinCC 对象库中的对象目录。双击“全局库”后显示出全局库中的目录树，双击 Operation，双击 Toggle Buttons，选择 On_off_6，并将其拖至画图区中，拖动此对象周围的黑色方块可以改变对象的大小。

右击 On_off_6，选择“属性”命令，打开“对象属性”对话框，选择“属性”→“自定义对象”→“UserDefined1”，在右侧“动态”处右击图标，选择“变量”命令，打开“变量”对话框，从中找到变量组“Motor”并单击，在右侧选择变量组中的 motor_on_off 变量并确定，回到“对象属性”对话框，在“当前”处右击，菜单中选择“根据变化”命令，此时 On_off_6 对象属性设置完成，如图 6-26 所示。

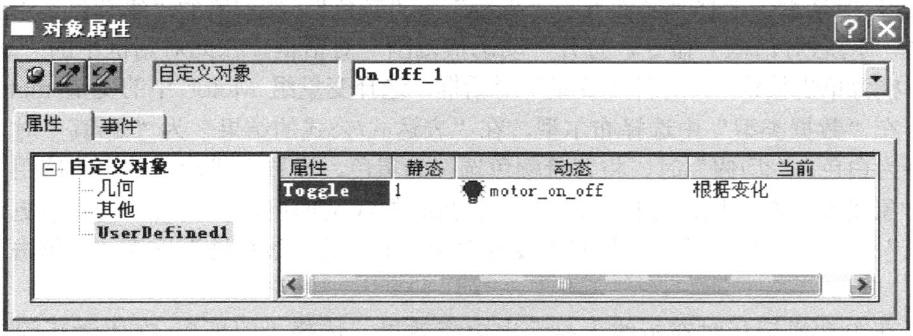

图 6-26 “对象属性”对话框

2．组态电动机

单击工具栏上的按钮，打开 WinCC 对象库，双击“全局库”后显示出全局库中的目录树，双击 PlantElements，双击 Motors，单击选择 Motor006，并将其拖至画图区中，拖动此对象周围的黑色方块可以改变对象的大小。

右击 Motor006，选择“属性”命令，打开“对象属性”对话框，由于希望电动机停止时变成红色，正常运行时变为绿色，所以需要改变电动机的背景色。选择“属性”→“组”→“颜色”，在右侧“背景颜色”处右击图标，选择快捷菜单“动态对话框”命令，打开“动态值范围”对话框，在“表达式/公式”文本中单击按钮，打开“变量”对话框，选择变量组 Motor 中的变量 motor_on_off 并确定，在“数据类型”中选择布尔型，在“表达式/公式的结果”为“是/真”时，将背景颜色选择为红色；“否/假”时，将背景颜色选择为绿色。设置完成后的“组态电动机背景色”对话框如图 6-27 所示。单击“应用”按钮，此时电动机组态完成。

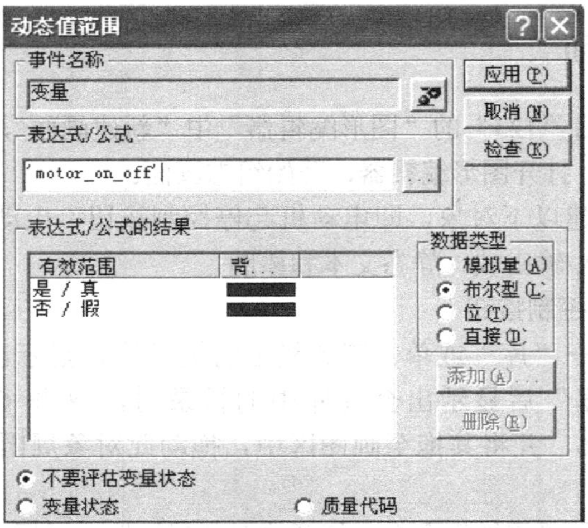

图 6-27　组态电动机背景色

3. 组态电源线

选择“对象选项板”→“标准对象”→“折线”，在画面中，画一条折线代表电源线来连接按钮与电动机。下面来设置折线的属性，右击折线选择快捷菜单中“属性”命令，打开“对象属性”对话框，选择“属性”→“折线”→“颜色”，在右侧的“线颜色”中右击图标，选择“动态对话框”命令，打开“动态值范围”对话框，在此对话框中的“表达式/公式”文本框旁单击按钮，打开“变量”对话框，选择变量组 Motor 中的变量 motor_on_off 并确定，在“数据类型”中选择布尔型，在“表达式/公式的结果”为“是/真”时，将背景颜色选择为白色，“否/假”时，将背景颜色选择为黑色，设置完成后，单击“应用”按钮，回到“对象属性”对话框，选择“样式”，将折线的线宽加粗，以使其在画面中更明显，单击“线宽”的“静态”属性，再打开“线宽”对话框中的“线粗细”选择 7，单击“确定”按钮。

为了在电动机运行时在折线上显示出电流效果，选择“闪烁”，在“激活闪烁线”中“静态”选择“是”，在“闪烁线颜色开”中，右击图标，选择“动态对话框”命令，打开“动态值范围”对话框，在此对话框中的“表达式/公式”文本中单击按钮，打开“变量”对话框，选择变量组 Motor 中的变量 motor_on_off 并确定，在“数据类型”中选择布尔型，在“表达式/公式的结果”中“是/真”时，将背景颜色选择为黑色，“否/假”时，将背景颜色选择为白色，设置完成后，单击“应用”按钮，回到“对象属性”对话框，在“闪烁线频率”中将“静态”设为“快”。这时，电源线组态完成，能实现电动机运行时电源线闪烁，表示有电流流过；电动机停止时电源线停止闪烁。

4. 组态电动机转子

为了形象表示出电动机的运行/停止状态，将电动机的转子组态于监控画面中。由于图库中没有现成的转子图形，所以需要手工绘制。

选择“对象选项板”中的“标准对象”，选择“椭圆”，在监控画面中绘制 4 个椭圆。选择“圆”，在画面中绘制一个圆，并将它们组合起来，选中这 5 个对象，单击“右键”，选择菜单“组对象”→“编组”，然后单击右键，选择快捷菜单中的“属性”命令，打开“对象属性”对话框，选择“属性”→“组”→“颜色”，“背景颜色”的“静态”选择为红色，与电动机停止时背景颜色相同，在“闪烁”中，将“激活闪烁背景”的“静态”属性选择为“是”，设置“动态”属性时，右击图标，选择菜单中的“动态对话框”命令，打开“动态值范围”对话框，在此对话框中的“表达式/公式”文本框旁单击按钮，选择菜单中的“变量”命令，打开“变量”对话框，选择变量组 Motor 中的变量 motor_on_off 并确定，在“数据类型”中选择布尔型，在“表达式/公式的结果”为“是/真”时，将“激活闪烁背景”选择为否，“否/假”时，将“激活闪烁背景”选择为“是”，设置完成后，单击应用，回到“对象属性”对话框；在“闪烁背景颜色关”时选择为黄色，在“闪烁背景颜色开”时选择为红色。

在“背景闪烁频率”中，“静态”时选择“快”，“动态”时右击图标，选择菜单中的“动态对话框”命令，打开“动态值范围”对话框，在此对话框中的“表达式/公式”文本框旁单击按钮，选择菜单中的“变量”命令，打开“变量”对话框，选择变量组 Motor 中的变量 motor_speed_setpoint 并确定，在“数据类型”中选择“模拟量”单选按钮，在“表达式/公式的结果”中单击“添加”按钮，添加内容如图 6-28 所示。设置完成后，单击“应用“按钮，回到“对象属性”对话框，完成电动机转子图形，如图 6-29 所示。

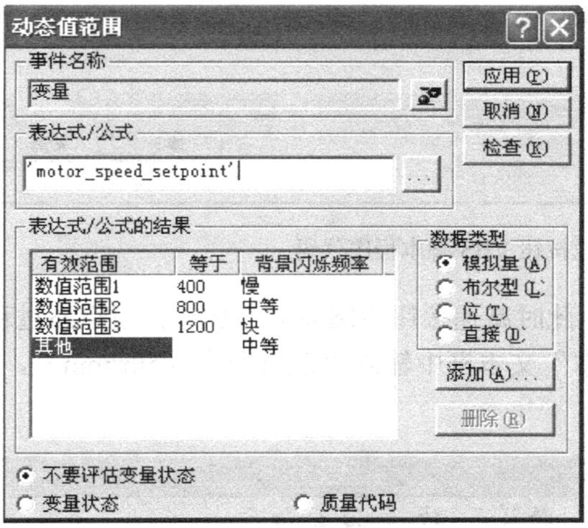

图 6-28　设定电动机转子属性对话框

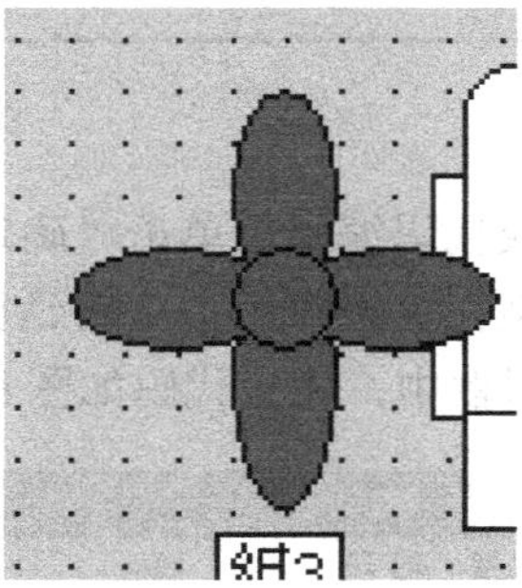

图 6-29　电动机转子图形

5. 组态速度控制按钮

在图中一共需要组态 5 个按钮、3 个速度设定按钮和 2 个调速按钮。

在图形编辑器中选择“对象选项板”上的“窗口对象”，单击“窗口对象”前面的“+”，展开“窗口对象”。选择“按钮”，将鼠标指向画图区中放置按钮的位置，拖动至所需要的大小后释放，出现“按钮组态”对话框，在“文本”文本框中输入“速度=400r/min”，单击“确定”按钮，关闭对话框，双击该按钮对象或右键单击按钮对象，选择菜单中的“属性”命令，此时弹出按钮的“对象属性”对话框，单击对话框中的“事件”选项卡，选择“按钮”→“鼠标”→“按左键”，右键单击图标，在弹出快捷菜单，选择“直接连接”命令，打开“直接连接”对话框，将左侧“源/常数”处置为 400，在右侧“目标”处，选择“变量”，单击按钮，打开“变量”对话框，在“变量”对话框中，选择“motor_speed_ setpoint”并单击“确定”按钮，回到“直接连接”对话框，单击“确定”按钮，鼠标“按左键”事件设置完成，用类似的方法将另外两个速度设定按钮组态完成。

组态两个调速按钮。这两个按钮的作用是每单击一次这两个按钮，电动机的速度就减慢或增加 50r/min。以速度降低按钮为例来说明组态过程。首先将按钮放置到画面合适位置上，出现“按钮组态”对话框，在“文本”的文本框中输入文本内容“速度降低（50r/min）”，单击“确定”按钮，关闭对话框，双击该按钮对象或右键单击按钮对象，在弹出的快捷菜单中选择“属性”命令，此时弹出按钮的“对象属性”对话框，单击对话框中的“事件”选项卡，选择“按钮”→“鼠标”→“鼠标动作”，右键单击图标，弹出快捷菜单，选择“VBS 动作”命令，打开 VBS 脚本编辑器。减速按钮 VBS 脚本程序代码如图 6-30 所示。

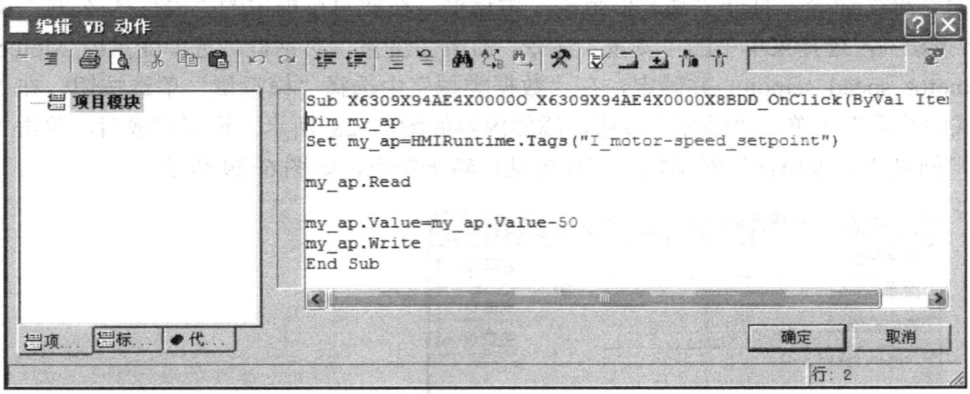

图 6-30　减速按钮 VBS 脚本程序代码

完成代码编译后单击“确定”按钮，此时减速按钮组态完成。加速按钮组态过程与此类似，只是在“按钮组态”对话框的“文本”文本框中输入“速度升高（50r/min）”，在 VBS 脚本编辑器中，相应代码如图 6-31 所示。

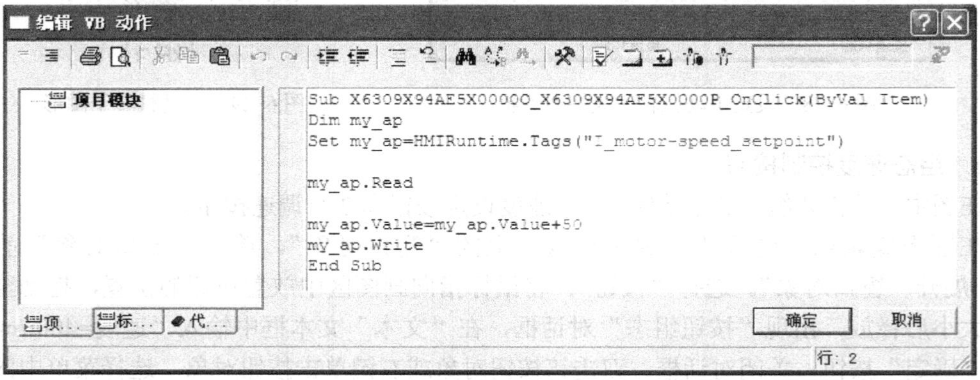

图 6-31　加速按钮 VBS 脚本程序代码

6．组态输入/输出域

在输入/输出域中显示和设定的是电动机的转速值，本例中一共有两个输入/输出域，一个显示电动机转速的设定值，一个显示电动机的实际转速值。

在图形编辑器中选择“对象选项板”上的“智能对象”，单击“智能对象”前面的“+”，展开“智能对象”。选择“输入/输出域”，将鼠标指向画图区中放置“输入/输出域”的位置，拖动至所需要的大小后释放，出现“I/O 域组态”对话框，在“文本”的文本框中左键单击按钮▭，弹出“变量”对话框，选择“motor-speed_setpoint”，并在“更新”文本框中选择更新时间“根据变化”，单击“确定”按钮，关闭对话框，右击“输入/输出域”，在弹出的快捷菜单中选择“属性”命令，弹出“对象属性”对话框，选择“属性”→“输入/输出域”→“字体”，右侧“X 对齐”选择“居中”，“Y 对齐”选择“居中”，这就保证了输入/输出域输入/输出的文本处于中间位置。

在电动机实际转速所对应的输入/输出域中，“变量”选择连接“motor-speed_acture”，其他设置与以上类似，由此完成组态输入/输出域。

7. 组态静态文本

静态文本显示的是静态信息，本例中显示的是“给定速度”和“实际速度”，组态相对简单。

在图形编辑器中选择“对象选项板”上的“标准对象”，单击“标准对象”前面的“+”，展开“标准对象”。选择“静态文本”，将鼠标指向画图区中放置“静态文本”的位置，拖动至所需要的大小后释放，在“静态文本”文本框中输入静态文本“给定速度”和“实际速度”，即完成组态。

8. 组态棒图

棒图是 WinCC 中显示数据大小的一个非常形象的工具，下面介绍其组态过程，本例中共有两个棒图，一个显示设定值，另一个显示实际值。

在图形编辑器中选择“对象选项板”上的“智能对象”，单击“智能对象”前面的“+”，展开“智能对象”。选择“棒图”，将鼠标指向画图区中放置“棒图”的位置，拖动至所需要的大小后释放，这时显示出“棒图组态”对话框，在“变量”中单击按钮▭，打开“变量“对话框，选择 motor-speed_setpoint，单击“确定”按钮，在“更新”中选择“根据变化”，在“限制”中选择“最大值”为 1400，“最小值”为 0，单击“确定”按钮，棒图组态完成。另一个棒图的组态过程与此类似，只是连接变量为 motor-speed_acture。

棒图的以上属性还可以通过以下方法设置：右击棒图，选择“属性”命令，打开“对象属性”对话框，选择“属性”→“棒图”→“其他”，在右侧“最大值”选择为 1400，“最小值”为 0；在“过程驱动程序连接”中，右击图标💡，选择“变量” motor-speed_setpoint 或 motor-speed_acture，关闭对话框，组态完成，至此，完成整个画面组态。

6.4.3 运行工程

选择 WinCC 资源管理器主菜单“文件”→“激活”或直接单击工具栏上的按钮▶，运行工程，电动机监控画面的运行效果如图 6-32 所示。从图中可以实现对电动机状态的调整与监控。

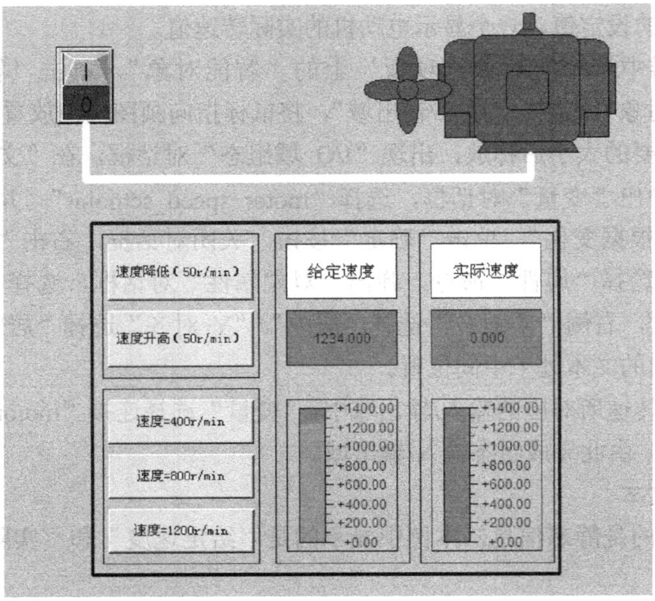

图 6-32 电动机监控画面的运行效果图

任务 6.5 两种液体混合装置控制系统

6.5.1 对两种液体混合装置控制系统的控制要求

两种液体混合装置控制系统的混合装置的工作原理如图 6-33 所示。监控的具体要求是，H、I、L 为 3 个液位传感器，当混合装置中的液位淹没该传感器时为“ON”；A、B、C 为 3 个电磁阀，M 为搅拌电动机。

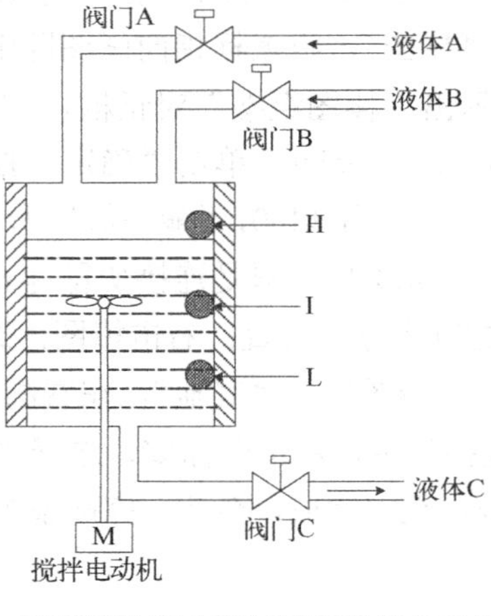

图 6-33 两种液体混合装置控制系统的工作原理图

具体控制要求如下。

1）初始状态下液体容器是空的，各个阀门均处于关闭状态（A=B=C=OFF），各传感器处于关闭状态，即 H=I=L=OFF，搅拌电动机处于停止状态，即 M=OFF。

2）启动操作。按下“启动”按钮，按下列规律操作。

① 打开阀门 A=ON，液体 A 流入容器，当液位上升到 I 时，I=ON，同时使 A=OFF，B=ON，即关闭阀门 A，打开阀门 B。

② 当液位上升到 H 时，使阀门 B=OFF，搅拌电动机 M=ON，即关掉阀门 B，开始搅拌混合液体。

③ 搅拌 6s 后，停止搅拌（M=OFF），并开始放出混合液体，即使阀门 C=ON。

④ 当液位下降到 L 时，即传感器 L 的状态从 ON→OFF 时，再经过 2s，容器即可放空，使 C=OFF，由此完成一个混合搅拌周期，随后将开始一个新的周期，如此一直循环下去。

3）停止操作。按下“停止”按钮，只有在当前正在进行的混合操作处理完毕后，才停止操作，并停止在初始状态上。

使用 WinCC 设计完成两种液体混合装置的控制系统，该控制系统可以实现两地操作，即现场的控制按钮可以控制系统的启动和停止，同时，在 WinCC 监控界面上的启动和停止“软”按钮也可以控制系统的启动和停止。

6.5.2 两种液体混合装置控制系统的 I/O 分配

基于西门子 S7-300 PLC 的两种液体混合装置控制系统输入、输出各端子的对应关系如表 6-2 所示。

表 6-2 两种液体混合装置控制系统 I/O 各端子对应关系表

输入		输出	
对象	S7-300 PLC 端口	对象	S7-300 PLC 端口
启动按钮 SB1	I0.0	送液阀门 A	Q0.0
停止按钮 SB2	I0.1	送液阀门 B	Q0.1
H 处液位传感器	I0.2	排液阀门 C	Q0.2
I 处液位传感器	I0.3	搅拌电动机 M	Q0.3
L 处液位传感器	I0.4		

6.5.3 两种液体混合装置控制系统接线图

用一台 S7-300（CPU312）PLC、一个 SM321 数字量输入模块和一个 SM322 数字量输出模块来构成两种液体混合装置控制系统，其硬件接线图如图 6-34 所示。

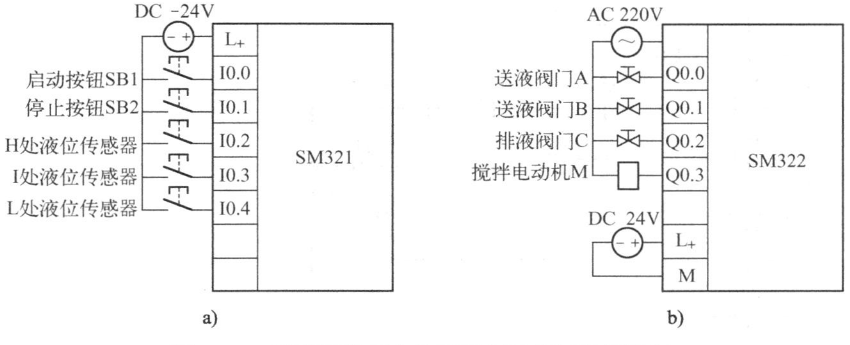

图 6-34 两种液体混合装置控制系统硬件接线图
a) 输入端接线图 b) 输出端接线图

6.5.4 两种液体混合装置控制系统 PLC 程序设计

两种液体混合装置控制系统 PLC 程序梯形图如图 6-35 所示。

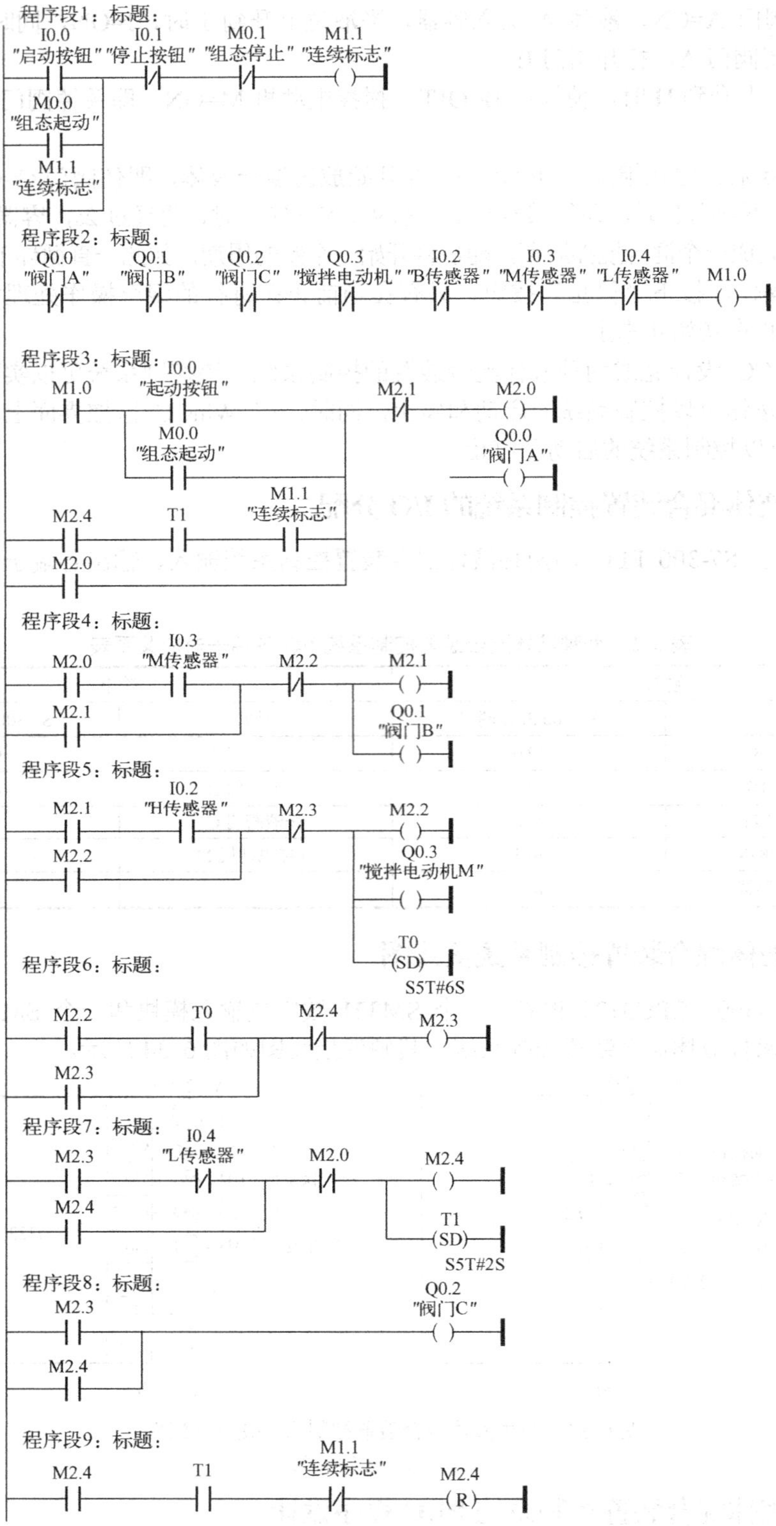

图 6-35　两种液体混合装置控制系统 PLC 程序梯形图

6.5.5 两种液体混合装置控制系统的组态

1. 新建画面

在上例所新建的项目“123”的“图形编辑器”中“新建画面”，并重新命名为两种液体混合装置控制系统.Pdl，其画面如图 6-36 所示，双击该画面，即可打开图形编辑器进行画面组态。

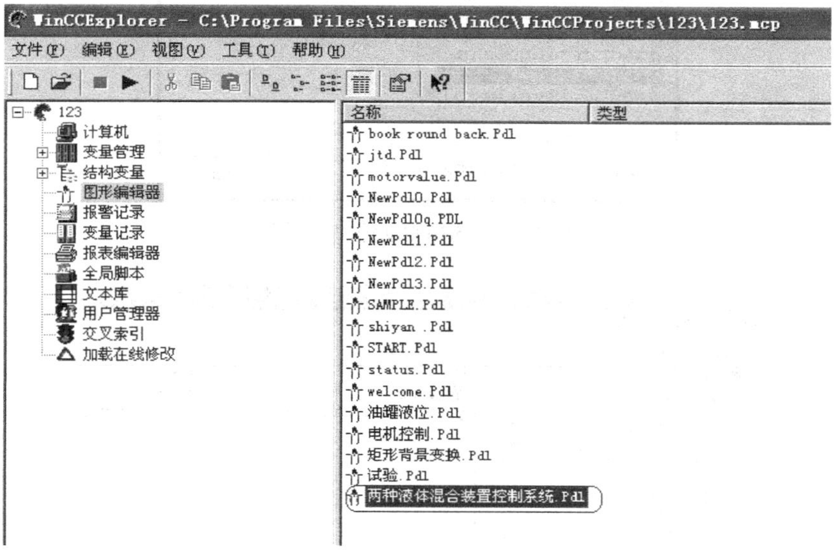

图 6-36 两种液体混合装置控制系统画面

2. 组态变量

（1）组态一个通信连接

要使用 WinCC 来访问自动化系统（PLC）的当前过程值，需要在 WinCC 和自动化系统间组态一个通信连接。通信将由称为通道的专门的通信驱动程序来控制。WinCC 有针对自动化系统 SIMATIC S5/S7/505 的专用通道以及与制造商无关的通道，例如 PROFIBUS-DP 和 OPC。

1）添加一个通信驱动程序，右击浏览器窗口中的“变量管理”，在快捷菜单中选择“添加新的驱动程序”命令，如图 6-37 所示。

图 6-37 “添加新的通信驱动程序”命令

2）在“添加新的驱动程序”对话框中，选择驱动程序 SIMATIC S7 Protocol Suite.chn，如图 6-38 所示，单击“打开”按钮，所选择的驱动程序将显示在“变量管理”子目录下，如图 6-39 所示。

图 6-38　选择驱动程序对话框

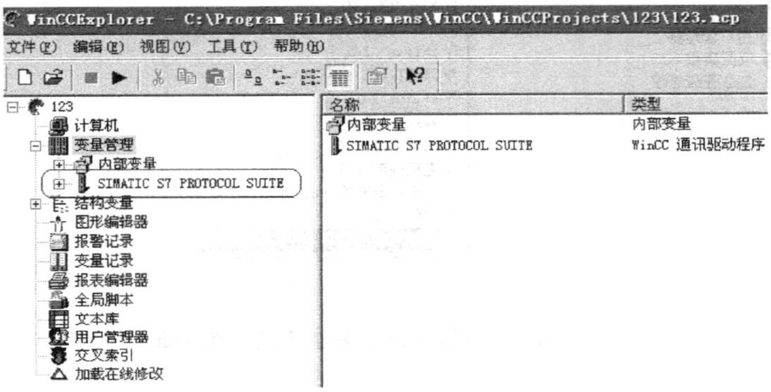

图 6-39　所选择的驱动程序显示在“变量管理”子目录下

3）单击所显示的驱动程序前面的“+”，将显示当前驱动程序所有可用的通道单元，如图 6-40 所示。通道单元可用于建立与多个自动化系统的逻辑连接，逻辑连接表示与单个的、已定义的自动化系统的接口。

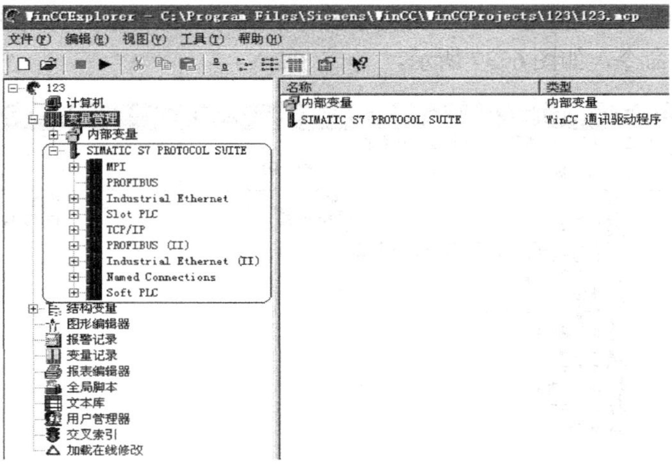

图 6-40　当前驱动程序所有可用的通道单元

4）右击 MPI 通道单元，在快捷菜单中选择“新驱动程序的连接”菜单项，在随后打开的“连接属性”对话框（如图 6-41 所示），中输入 PLC1 作为逻辑连接名字，单击“名字”旁边的“属性”按钮，打开“连接参数-MPI”对话框，将“S7 网络地址”按如图 6-42 所示设置好，单击“确定”按钮。

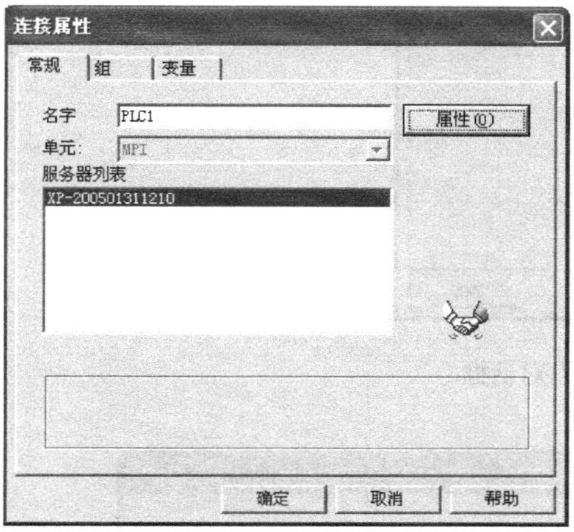

图 6-41 “连接属性”对话框

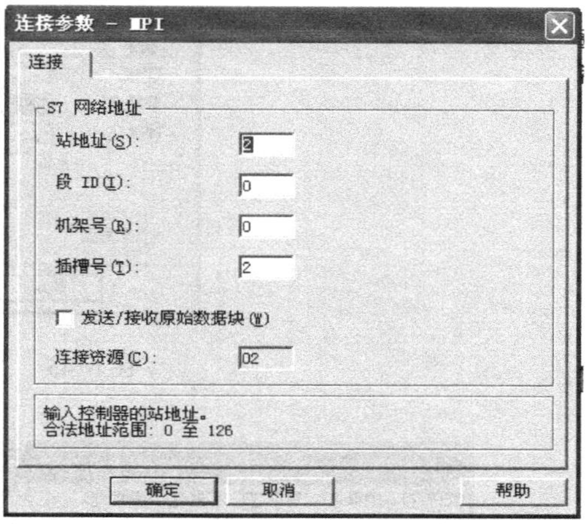

图 6-42 “连接参数-MPI”对话框

（2）建立过程变量

1）在建立过程变量前，必须先安装一个通信驱动程序和建立一个逻辑连接，上面已经建立了逻辑连接“PLC1”。

2）单击“变量管理”→SIMATIC S7 Protocol Suite.chn→MPI 前面的“+”，展开各自节点，右击出现的节点 PLC1，在快捷菜单中选择“新建变量”命令，建立一个过程变量如图 6-43 所示。

3）在“变量属性”对话框中给变量命名，并选择数据类型，如图 6-44 所示。

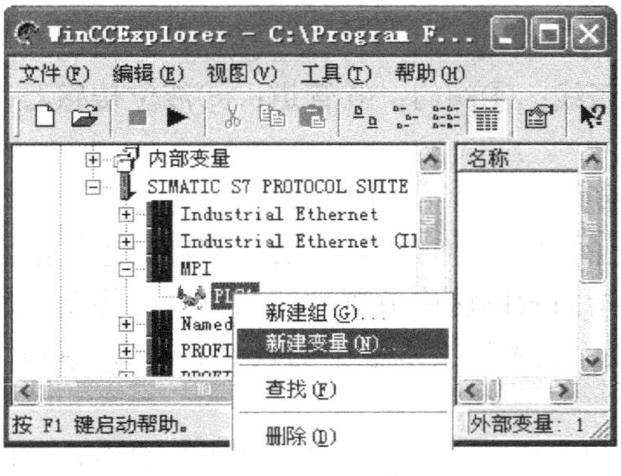

图 6-43 建立一个过程变量

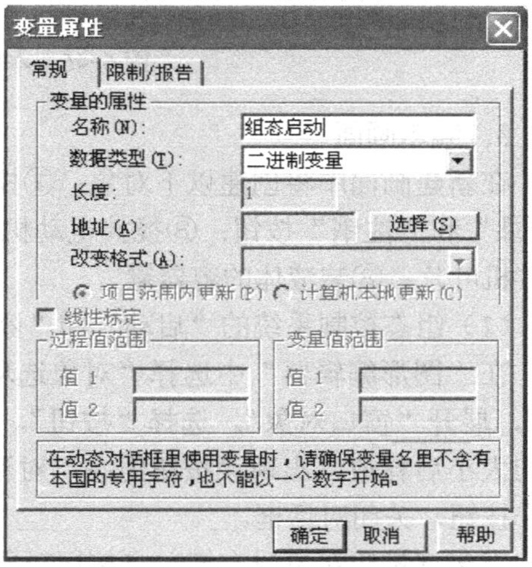

图 6-44 “变量属性”对话框

4）必须给过程变量分配一个在 PLC 中的对应地址，地址类型与通信对象相关。单击地址域旁边的“选择”按钮，打开“地址属性”对话框，如图 6-45 所示，选择数据列表框中过程变量所对应的存储区域，完成后单击“确定”按钮，关闭“地址属性”对话框，单击“确定”按钮，关闭“变量属性”对话框。本任务中所建立的过程变量如图 6-46 所示。

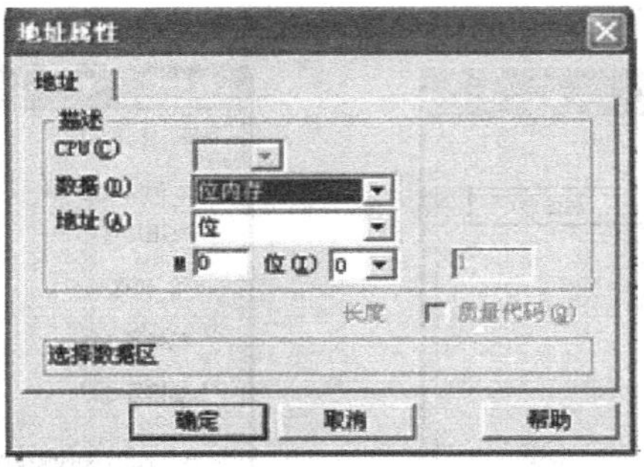

图 6-45 “地址属性”对话框

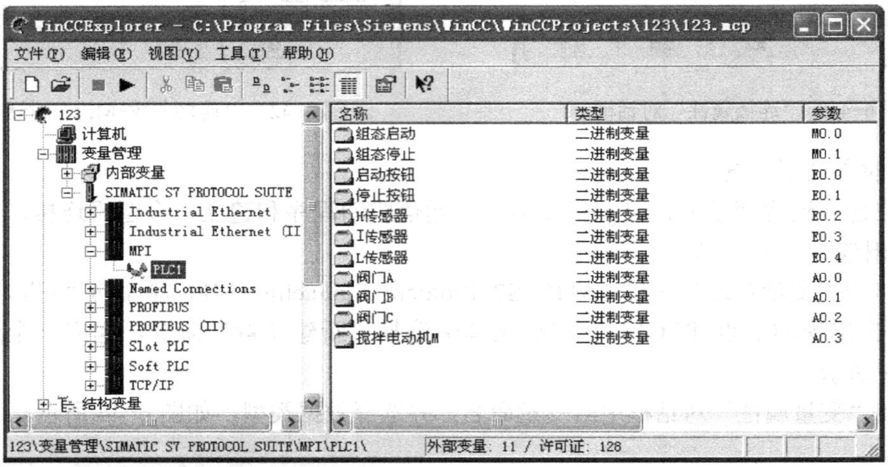

图 6-46 本任务中所建立的过程变量

3. 编辑画面

在新建画面中将创建以下对象：①控制系统的“启动”和“停止”按钮；②控制系统的“登录”和“注销”按钮；③搅拌电动机及其电源线；④阀门；⑤管道；⑥液位传感器；⑦搅拌机叶片；⑧装液体的容器罐。

（1）组态控制系统的“启动”和“停止”按钮

在“图形编辑器”中选择“对象选项板”上的“窗口对象”，单击“窗口对象”前面的“+”，展开“窗口对象”。选择“按钮”，将鼠标指向画图区中放置按钮的位置，拖动至所需要的大小后释放，出现“按钮组态”对话框，在“文本”文本框中输入“启动”，单击“确定”按钮，关闭对话框。

双击该按钮对象或右键单击按钮对象，在弹出的快捷菜单中选择“属性”命令，此时弹出按钮的“对象属性”对话框，单击对话框中的“事件”选项卡，选择“按钮”→“鼠标”→“按左键”，右键单击图标，弹出快捷菜单，该菜单命令包括“C 动作”“VBS 动作”

和“直接连接”，在这里，选择“直接连接”命令，单击“直接连接”命令，打开“直接连接”对话框，将左侧“源”选项组中的“常数”置为 1，在右侧“目标”选项组中，选择“变量”单选按钮，单击按钮，打开“变量”对话框，在“变量”对话框中选择“组态启动”并单击“确定”按钮，回到“直接连接”对话框，如图 6-47 所示，单击“确定”按钮，鼠标“按左键”事件设置完成。

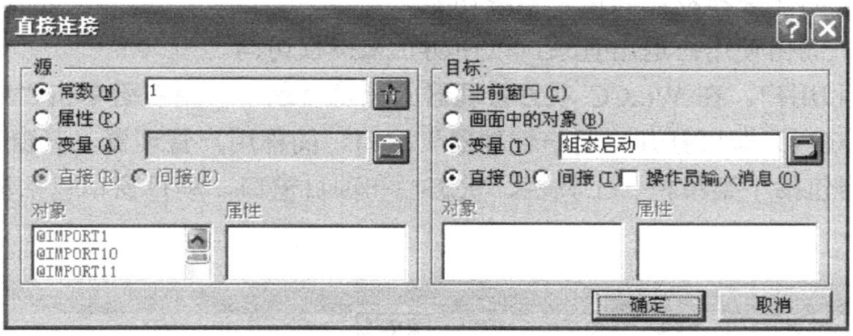

图 6-47 “直接连接”对话框

双击该按钮对象或右键单击按钮对象，在快捷菜单中选择“属性”命令，此时弹出按钮的“对象属性”对话框，单击对话框中的“属性”选项卡，选择“按钮”→“其他”，在右侧的选项中选择“授权”并双击，弹出“权限”对话框，这里假设选择“过程控制”，如图 6-48 所示，设置完成后单击“确定”按钮，则“启动”按钮组态完成。

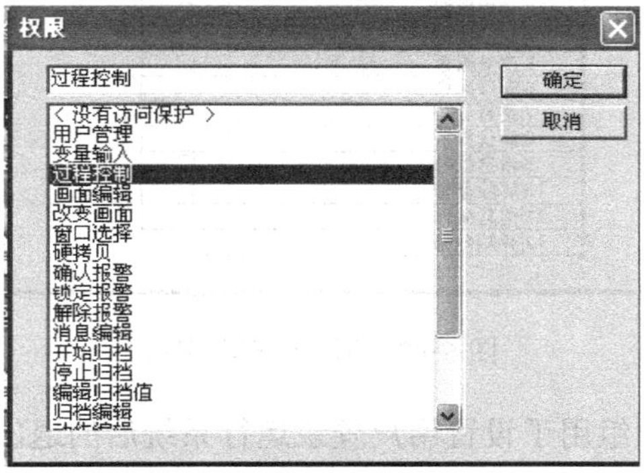

图 6-48 设置“权限“对话框

按照相似方法设置鼠标“释放左键”事件。在打开“直接连接”对话框后，将左侧“源”选项组中的“常数”处置为 0，在右侧“目标”处选择变量时，仍然选择变量“组态启动”，至此“启动”按钮组态完成。“停止”按钮的组态过程与此类似，这里不再赘述。

（2）组态控制系统的“登录”和“注销”按钮

在系统运行过程中，可能需要创建或修改某些重要参数，很显然这类参数只能允许指定的人员进行操作，禁止未经授权的人员对重要数据进行访问和操作，因此在组态系统时，需要使用用户管理器功能设置不同的访问级别来保障生产的安全。用户管理器适用于不同层次的用户管理生产过程，对不同的管理人员可以设置相应的密码，并根据需要授予各自的权限。

为了分配用户权限，用户管理器被分成两个组件，即用户管理器组态系统和用户管理器运行系统。用户管理器组态系统用来管理用户，在新用户进入后，系统分配口令，并且将用户权限记录在一个表格中。用户管理器运行系统的主要任务是监控系统登录和访问权限。

WinCC 中用户管理器的主要任务包括：创建、改变用户（最多创建 128 个）和组（最多 10 个）。

- 分配和管理访问权限。
- 设置访问保护。
- 有选择的防止未授权访问单个系统功能。
- 在一定时间内使用用户退出登录，以便防止未授权访问。

1）创建组和用户。在 WinCC 项目管理器的浏览目录中，用右键单击“用户管理器”选择“打开”（或双击）即可打开“用户管理器”窗口，简称用户管理器，其窗口如图 6-49 所示。用户管理器包括了菜单栏、工具栏、状态栏和项目窗口，项目窗口包括浏览窗口和表格窗口。

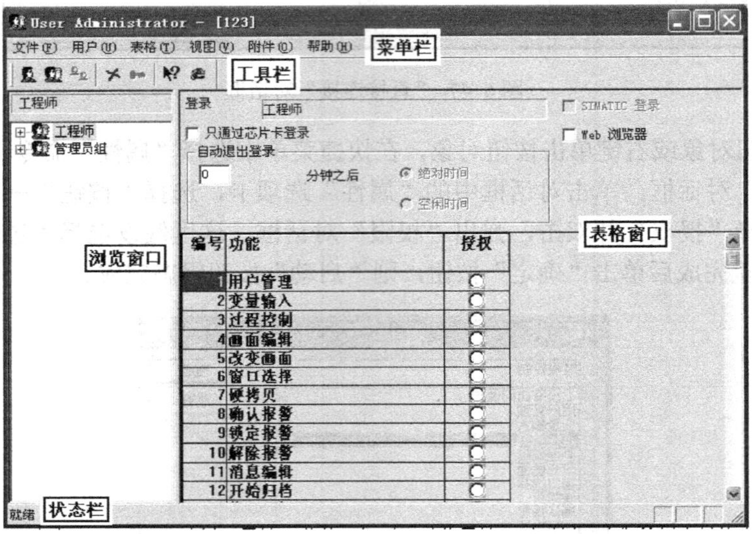

图 6-49 用户管理器窗口

“自动退出登录”选项组用于设置用户登录运行系统后的退出方式，以避免用户登录后未退出而被其他人员通过此用户登录访问运行系统。如果只允许用户使用芯片卡登录，可以选择“只通过芯片卡登录”复选框。

将“用户管理器”打开后，右键单击浏览窗口，选择“添加组”或单击工具栏按钮，将新添加的组命名为工程师，右击浏览窗口中的“工程师”，选择“添加用户”或选中“工程师”单击工具栏按钮，打开如图 6-50 所示的“添加新用户”对话框。

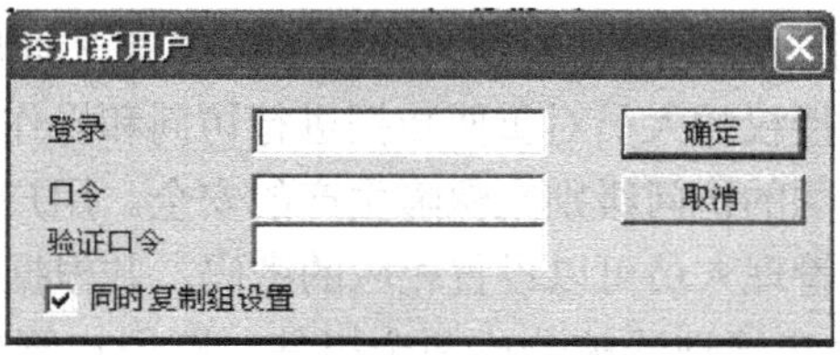

图 6-50 “添加新用户”对话框

在如图 6-50 所示登录项后的 I/O 域内输入一个新的用户名，即 admi（用户名要求不少于 4 个字符）；输入口令，即密码 111111（密码要求不少于 6 个字符），验证口令要与输入口令一致，否则会出现错误提示，单击“确定“按钮，新的组和用户创建完成，在用户管理器的浏览窗口中可以查看。

2）添加授权。在新的组和用户添加完成后，需要给每一个用户添加相应的授权，其设置窗口如图 6-51 所示，在浏览器窗口中选择需要设置授权的用户 admi，双击表格窗口中要设置给当前用户的授权后的小圆圈图标，当小圆圈为红色时，该复选框被选中，表示此用户拥有相应授权。用户拥有不同的授权，其权限级别是不同的，权限的高低主要从两个方面体现，即拥有授权数量的多少和拥有较重要的授权。此时用户管理器组态完成，无需保存，直接关闭用户管理器即可。

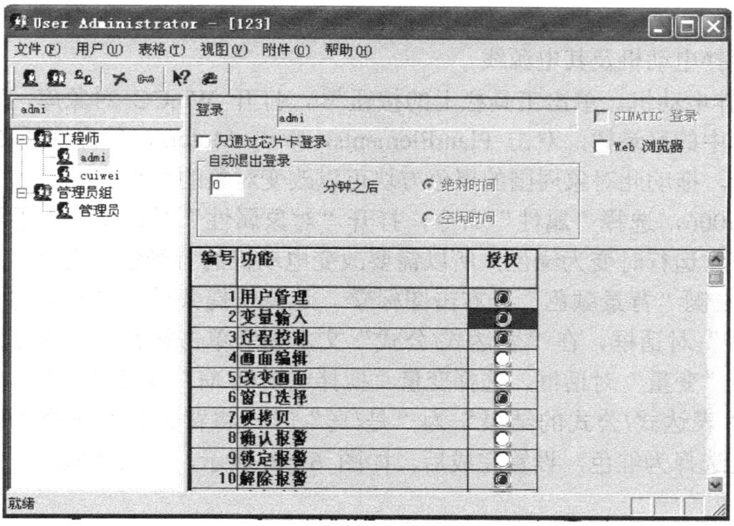

图 6-51　授权设置窗口

3）在监控画面中组态两个按钮，分别为系统的登录按钮和注销按钮，在按钮的“按钮组态”对话框的“文本”中分别输入“登录”和“注销”，单击“确定”按钮。

在这里，需要实现的功能是系统运行后要单击“登录”按钮，弹出用户登录对话框，只有用户名和密码输入正确后才可以对该用户进行相应操作，否则该用户不能操作任何设置了权限的对象；执行“注销”操作后系统恢复到没有登录之前的状态，用户只能观看画面信息而不能进行任何操作，在本任务中通过 C 脚本编程的方式来实现该功能。

首先对“登录”按钮进行编辑，双击“登录”按钮或右键单击按钮对象，选择“属性”命令，此时弹出按钮的“对象属性”对话框，单击对话框中的“事件”选项卡，选择“按钮”→“鼠标”→“鼠标动作”，右键单击  图标，弹出快捷菜单，选择“C 动作”命令，打开 C 脚本编辑器，在代码区输入如下 C 脚本。

```
#pragma code("UseAdmin.DLL")
#include "pwrt_api.h"
#pragma code()
PWRTLogin(1);
```

单击“确定”按钮后回到“编辑动作对话框”，单击“确定”按钮会出现提示编译代码的提示，单击“确定”按钮，编译器对代码进行编译，编译没有问题后“登录”按钮组态完成。

然后对“注销”按钮进行编辑，其组态过程与“登录”按钮的组态过程类似，只是在打开 C 脚本编辑器后，在代码区输入如下 C 脚本。

```
#pragma code("UseAdmin.DLL")
#include "pwrt_api.h"
#pragma code()
PWRTLogout();
```

单击“确定”按钮后回到“编辑动作”对话框，单击“确定”按钮会出现提示编译代码的提示，单击“确定”按钮，编译器对代码进行编译，编译没有问题后“注销”按钮组态完成。

（3）组态搅拌电动机及其电源线

1）组态搅拌电动机。单击工具栏上的按钮，打开 WinCC 对象库，双击“全局库”后显示出全局库中的目录树，双击 PlantElements，双击 Motors，单击选择 Motor006，并将其拖至画图区中，拖动此对象周围的黑色方块可以改变对象的大小。

右击 Motor006，选择“属性”命令，打开“对象属性”对话框，由于希望电动机停止时变成红色，正常运行时变为绿色，所以需要改变电动机的背景色。选择“属性”→“组”→“颜色”，在右侧“背景颜色”处右击图标，选择快捷菜单中“动态对话框”命令，打开“动态值范围”对话框，在“表达式/公式”文本框旁单击按钮，选择快捷菜单中“变量”命令，打开“变量”对话框，选择变量“搅拌电动机 M”并确定，在“数据类型”中选择布尔型，在“表达式/公式的结果”为“是/真”时，将背景颜色选择为绿色，“否/假”时，将背景颜色选择为红色，设置完成后，如图 6-52 所示，单击“应用”按钮，此时电动机组态完成。

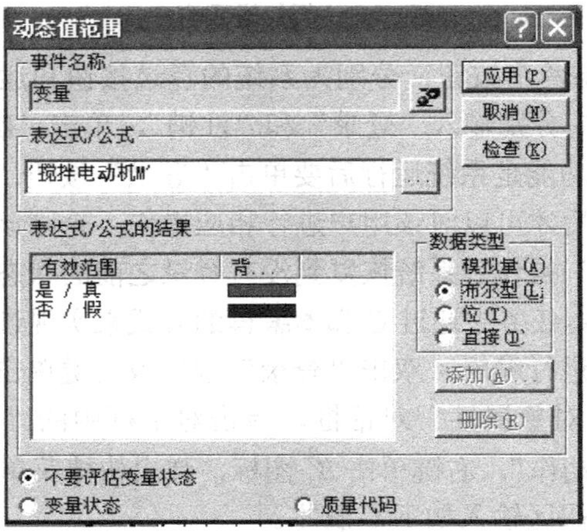

图 6-52　组态电动机背景色对话框

2）组态电源线。选择“对象选项板”→“标准对象”→“折线”，在画面中，画一条折线代表电源线来连接搅拌机与电动机。下面来设置折线的属性，为了在电动机运行时在折线上显示出电流效果，右击折线，选择快捷菜单中的“属性”命令，打开“对象属性”对话框，选择“属性”→“折线”→“闪烁”，在右侧的“激活闪烁线”中右击图标，选择快捷菜单中的“动态对话框”，打开“动态值范围”对话框，在此对话框中的“表达式/公式”文本中单击按钮，选择快捷菜单中的“变量”命令，打开“变量”对话框，选择“搅拌电动机 M”并确定，在“数据类型”中选择布尔型，在“表达式/公式的结果”为“是/真”时，激活闪烁线，“否/假”时，不激活闪烁线，设置完成后，单击“应用”按钮，回到“对象属性”对话框，选择“样式”，将折线的线宽加粗以使其在画面中更明显，单击“线宽”的“静态”属性，在打开的“线宽”对话框中将“线粗细”选择为 5，单击“确定”按钮，这样电源线组态完成，能实现电动机运行时电源线闪烁，表示有电流流过，电动机停止时电源线停止闪烁。

（4）组态阀门

单击工具栏上的按钮，打开 WinCC 对象库，双击“全局库”后显示出全局库中的目录树，双击 PlantElements，双击 Valves，单击选择 Valve3，并将其拖至画图区中。

右击 Valve3 中表示阀门状态的绿色矩形，打开“对象属性”对话框，需要阀门打开时矩形背景颜色变成绿色，关闭时矩形背景颜色变成红色，选择“属性”→“矩形”→“颜色”，在右侧“背景颜色”处右击图标，选择快捷菜单中的“动态对话框”命令，打开“动态值范围”对话框，在“表达式/公式”文本框旁单击按钮，选择菜单“变量”命令，打开“变量”对话框，选择“阀门 A”并确定，在“数据类型”中选择布尔型，在“表达式/公式的结果”为“是/真”时，将背景颜色选择为绿色，为“否/假”时，将背景颜色选择为红色，设置完成后，“送液阀门 A”组态完成。

送液阀门 B 和排液阀门 C 的组态过程与此类似，只是所连接的变量分别变为阀门 B 和阀门 C。

（5）组态管道

选择菜单“视图”→“库”或单击工具栏上的按钮，显示出 WinCC 对象库中的对象目录。双击“全局库”后显示出全局库中的目录树，双击 PlantElements，双击 Pipes-Smart。单击选择 3D Pipe Horizental、3D Pipe Vertical、3D Pipe Elbow3 和 3D Pipe Elbow4，并将其拖至画图区中，组合成所需图形。

为了绘出较为形象的监控画面，希望当管道中有液体流过时，液体管道的背景颜色发生改变，而从图库中找到的管道图形的背景颜色并不能发生改变，因此需要对其进行编辑。

右击图库中选出的图形，在菜单中选择“自定义对象”→“编辑”，此时把库中图形“分解开”，然后将分解开的各部分全部选中后，单击右键选择快捷菜单中的“组对象”→“编组”，此时得到的新图形可以根据需要进行背景颜色的变换。双击组合成的新图形，打开其“对象属性”对话框，找到“属性”→“组”→“颜色”，在右侧“背景颜色”处右击图标，选择快捷菜单中的“动态对话框”命令，打开“动态值范围”对话框，在“表达式/公式”文本框旁单击按钮，选择菜单“变量”，打开“变量”对话框，选择“阀门 A”并确定，在“数据类型”中选择布尔型，在“表达式/公式的结果”为“是/真”时，将背景颜色选择为蓝色，为“否/假”时，将背景颜色选择为灰色，设置完成后，输送液体 A 的管道组态完成，这样在系统运行后，当管道中有液体流过时，管道变为蓝色；当管道中无液体时，管道变为灰色。

输送液体B的管道和排液管道的组态过程与此类似，只是在设置“背景颜色”时，打开“动态值范围”对话框后，在“表达式/公式”文本框旁单击按钮，选择“变量”命令，打开“变量”对话框后，分别选择“阀门B”和“阀门C”并确定，在“表达式/公式的结果”为“是/真”时，将背景颜色分别选择为蓝色和黄色，为“否/假”时，将背景颜色选择为灰色，以使当不同管道中流过不同液体时能在监控画面上显示出不同颜色，从而使得监控界面运行后显示更加直观。

（6）组态液位传感器

本任务中共有3个液位传感器，分别检测高液位、中液位和低液位，其组态过程类似。下面以高液位传感器H的组态为例来进行介绍。

选择菜单“视图”→“库”或单击工具栏上的按钮，显示出WinCC对象库中的对象目录。双击“全局库”后显示出全局库中的目录树，双击Siemens HMI Symbol Library 1.3，双击传感器。单击选择传感器1，并将其拖至画图区中，为了能够灵活设置其属性以满足不同用户的需求，需要对库中的图形进行编辑。选择“文件”→“导出”命令后，出现如图6-53所示的“保存为图元文件”对话框，将图形以“1.emf”的文件名命名后将其保存，然后选择“插入”→“导入”命令，找到文件“1.emf”并将其导入到画面中，此时的图形变为“分解”图形，可以非常方便地供用户设置其各项属性。

图6-53　“保存为图元文件”对话框

本任务中要求当没有液体淹没传感器时，传感器为红色；当有液体淹没传感器时，传感器变为绿色。此时选中“分解”开的传感器图形中的绿色小矩形并双击，打开其“对象属性”对话框，找到“属性”→“多边形”→“颜色”，在右侧“背景颜色”处右击图标，选择快捷菜单中的“动态对话框”命令，打开“动态值范围”对话框，在“表达式/公式”文本中单击图标，选择菜单“变量”，打开“变量”对话框，选择“H传感器”并确定，在“数据类型”中选择布尔型，在“表达式/公式的结果”为“是/真”时，将背景颜色选择为绿色，为“否/假”时，将背景颜色选择为红色，设置完成后，将“分解”开的传感器元素全部选中，选择“组对象”→“编组”，此时高液位传感器H组态完成。

中液位传感器I和低液位传感器L的组态过程与此类似，只是在连接变量时，分别连接的是“I传感器”和“L传感器”。

（7）组态搅拌机叶片

要求当进行液体搅拌时，WinCC监控界面中的搅拌机叶片能够旋转以模拟实际搅拌机的工作情况，同时颜色闪烁以利于监控。

选择菜单“视图”→“库”或单击工具栏上的按钮，显示出WinCC对象库中的对象目录。双击“全局库”后显示出全局库中的目录树，双击Siemens HMI Symbol Library 1.3，双击“ASHRAE控制器和设备传感器”，单击选择“叶片轴向风扇”，并将其拖至画图区中。

右键单击图形，选择“属性”，打开“对象属性”对话框，选择“属性”→“SymbolLibrary”→“控件属性”，选择右侧界面中的“BlinkMode”，“静态”属性选择“Shaded-2”，“动态”属性按如图6-54所示进行设置。

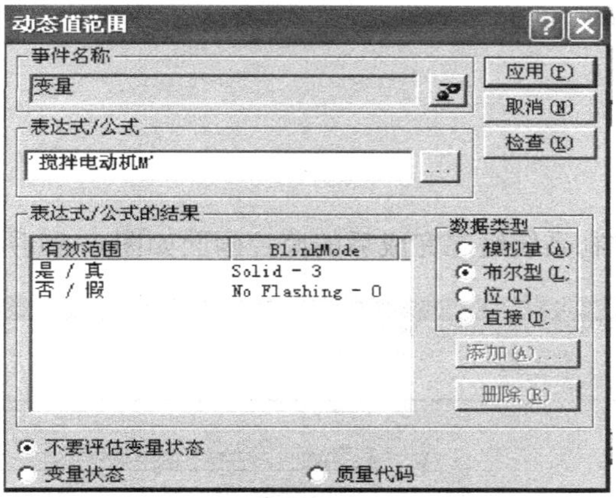

图6-54 BlinkMode的动态属性设置

“Flip”选择“Both-3”；“BlinkSpeed”选择“Fast-250”；“BlinkColor”选择黄色；“Rotation”“静态属性”选择“90-90”，“动态属性” 右键单击图标，在弹出的快捷菜单中选择“C动作”命令，此时打开“编辑动作”对话框，就打开了C脚本编辑器。

在代码区编写C脚本如下。

```
static DWORD f;
if(GetTagBit("搅拌电动机 M"))
{f=f+30;
if(f==360){f=0;}
return f;}
```

此时完成C脚本的代码编写。然后来设置触发器，单击对话框中的按钮，打开“改变触发器”对话框，事件选择“标准周期”，周期选择“250ms”，如图6-55所示。

图6-55 “改变触发器”对话框

单击“确定”按钮后回到“编辑动作”对话框，单击“确定”按钮会出现提示编译代码的提示，单击“确定”按钮，编译器对代码进行编译，编译没有问题后搅拌机叶片组态完成。

（8）组态容器罐

容器罐的制作及编辑过程与“任务 6.3 油罐液位自动变化”中油罐的制作及编辑过程基本相同，这里不再赘述。组态时与之不同的是，在 C 脚本编辑器中所编写的 C 脚本代码不同，本任务的 C 脚本代码如下。

```
static int a;
if(GetTagBit("阀门 A"))
{a=a+1;
return a;}
else if(GetTagBit("阀门 B"))
{a=a+1;
return a;}
else if(GetTagBit("阀门 C"))
{a=a-1;
return a;}
else
{return a;}
```

两种液体混合装置控制系统组态完成后的监控画面如图 6-56 所示。

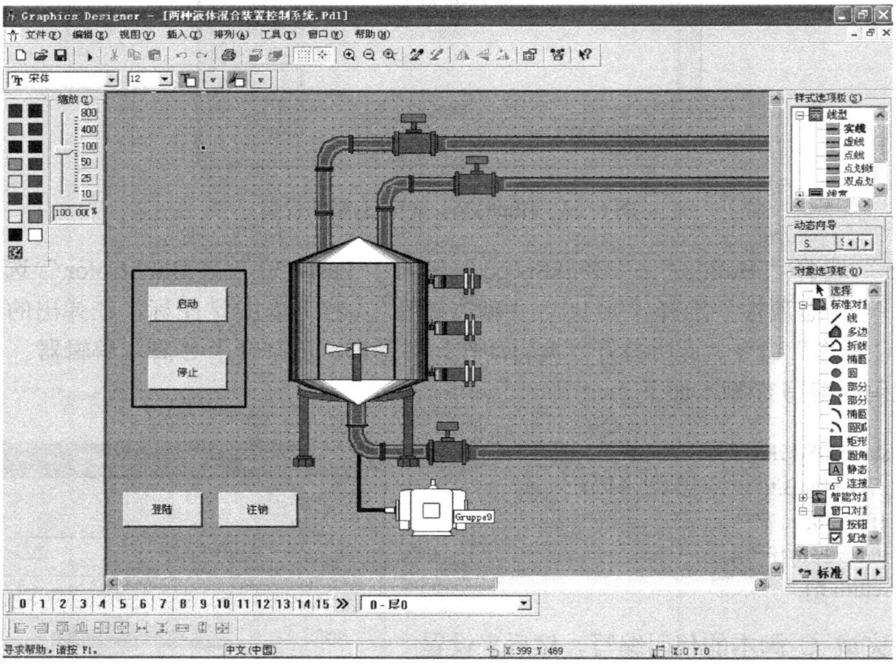

图 6-56　两种液体混合装置控制系统组态完成后的监控画面

4. 运行工程

选择 WinCC 资源管理器主菜单“文件”→“激活”或直接单击工具栏上的按钮▶，运行工程。两种液体混合装置控制系统的运行监控效果如图 6-57 所示。

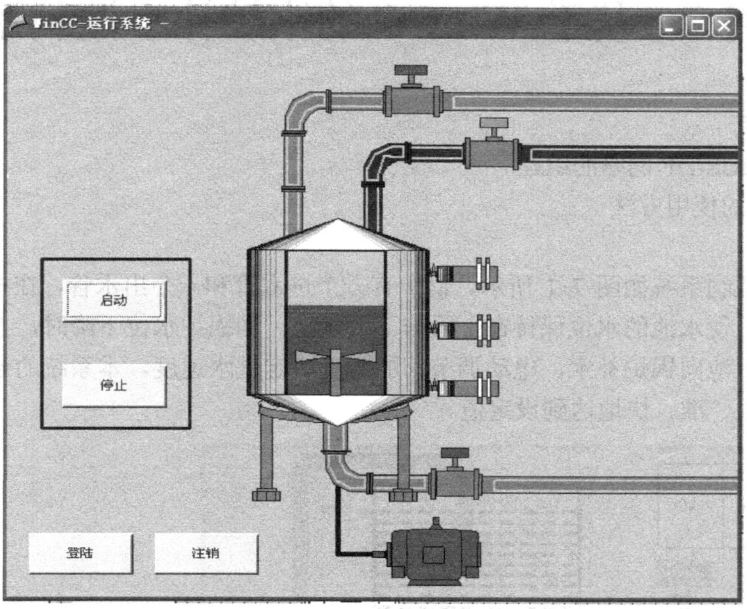

图 6-57　两种液体混合装置控制系统的运行监控效果图

习题

6-1　简要说明 WinCC 的体系结构。

6-2　简要说明 WinCC 中的数据类型有哪些。

6-3　组态 I/O 域，由华氏温度输入，摄氏温度输出。

6-4　组态两个 I/O 域，右边的 I/O 域其值为左边 I/O 域的值加 200。

6-5　组态小球沿直线运动。

项目 7　基于 WinCC 的锅炉补水控制系统

本项目要点

- PROFIBUS-DP 网络的组建
- WinCC 的使用方法

锅炉补水控制系统如图 7-1 所示。锅炉有一个进水管和一个出水管，在按下启动按钮后水泵开始启动，使水池的水位保持在上限与下限之间。当锅炉水位下降时，系统通过电动调节阀的控制使水池向锅炉补水，电动调节阀的开度决定进水速度。本系统的最终的目标是，使锅炉中液位稳、准、快地达到设定值。

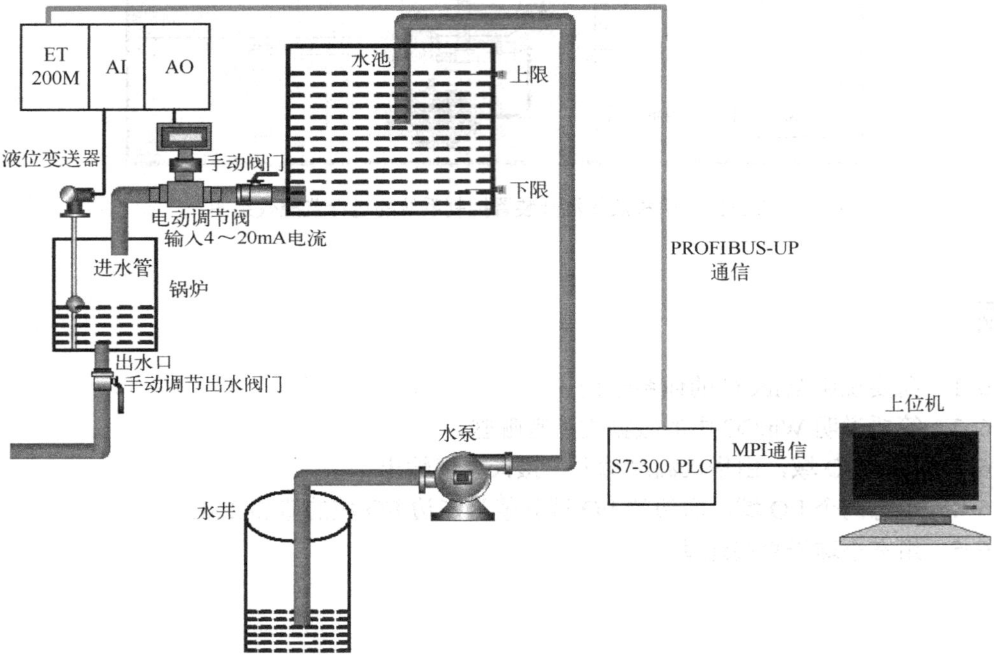

图 7-1　锅炉补水控制系统

任务 7.1　S7-300 硬件组态及 PROFIBUS-DP 网络的组建

7.1.1　组态主站和 PROFIBUS-DP 网络

在 STEP7 中创建一个项目。在 SIMATIC 管理器中，双击右边窗口的“硬件”图标，进入硬件组态环境，将电源模块 PS 307 10A 和 CPU 模块 CPU 315-2 DP 分别插入机架的 1 号槽和 2 号槽，如图 7-2 所示；双击 CPU 模块中“DP”所在的行，出现如图 7-3 所示的“属性-DP”对话框。

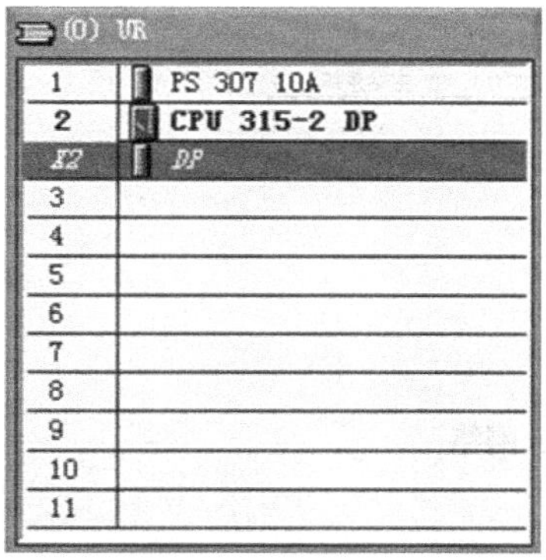

图 7-2　机架

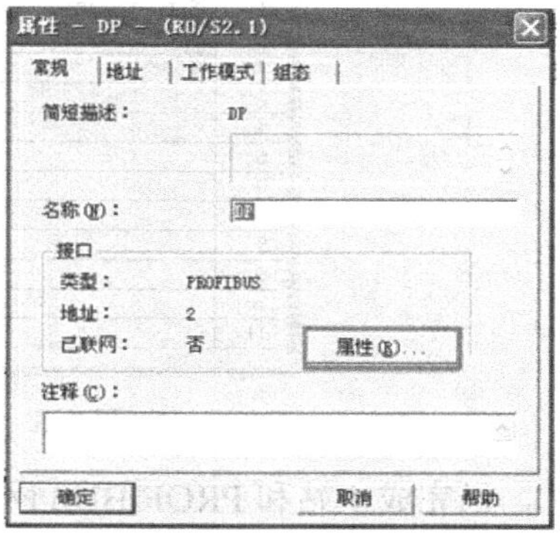

图 7-3　“属性-DP”对话框

单击“属性”按钮，进入如图 7-4 所示的对话框，站地址采用默认地址 2。

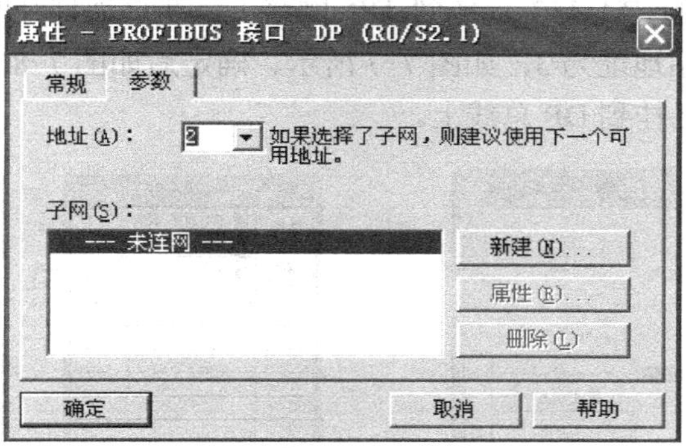

图 7-4　设置 DP 参数

单击“新建”按钮，进入如图 7-5 所示的对话框，网络的传输速率采用默认值 1.5Mbit/s，配置文件为 DP。

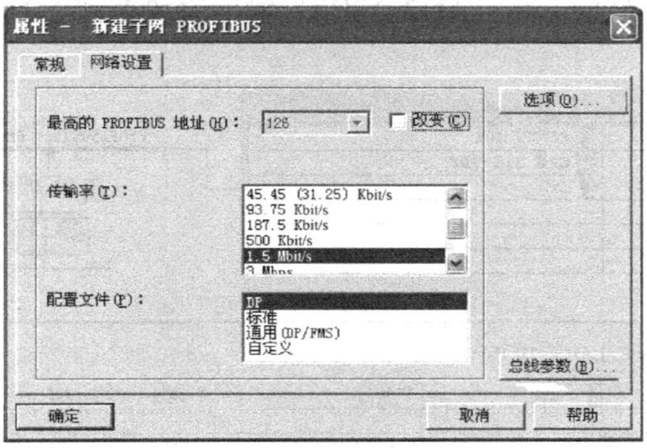

图 7-5　设置子网参数

单击“确定”按钮后，返回到硬件组态画面，出现如图 7-6 所示的主站和 PROFIBUS

网络画面。

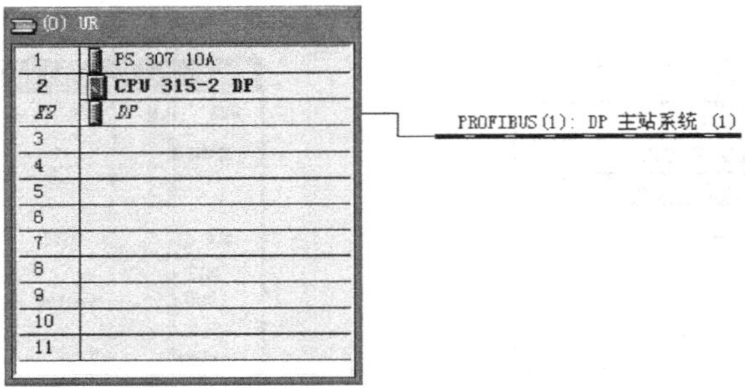

图 7-6　主站和 PROFIBUS 网络

此时，已完成主站和 PROFIBUS 网络的组态。

7.1.2　组态从站

ET 200M 作为 DP 从站。打开硬件组态画面右边硬件目录窗口的文件夹“\PROFIBUS DP\ET 200M”，将其中的 IM 153-1 拖到 DP 网络上，在自动打开的“属性-PROFIBUS 接口”对话框中，设置从站地址为 3，如图 7-7 所示。确定后如图 7-8 所示，通过接口模块 IM 153-1 连接的 ET 200M 已挂到 DP 总线上。

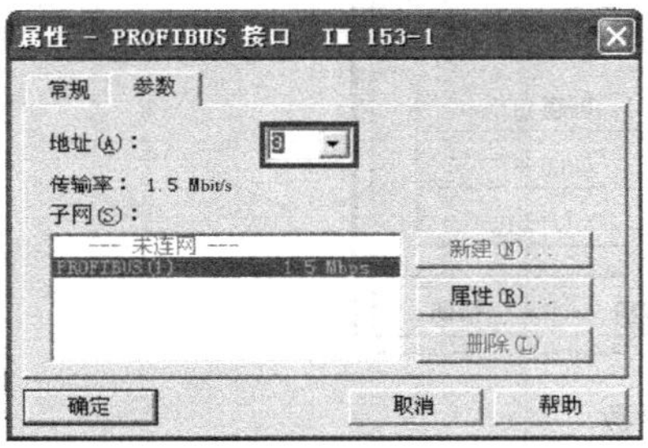

图 7-7　设置从站参数

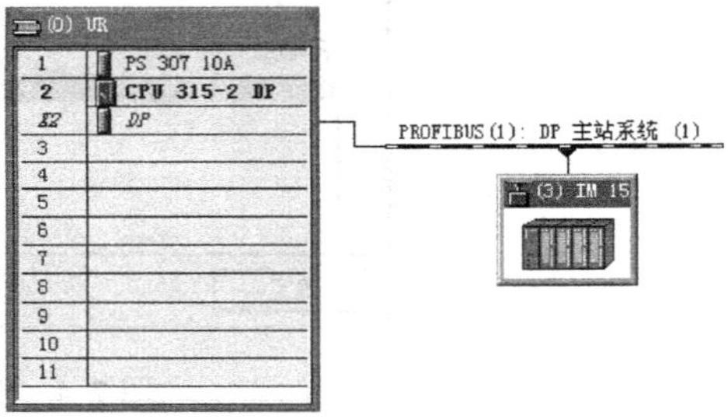

图 7-8　组态从站

选中生成的 3 号从站，打开硬件组态窗口中的子文件夹“AI-300”，将“AI8x12Bit”输入模块拖到下面窗口的 4 号槽，将“AO2x12Bit”输出模块拖到下面窗口的 5 号槽，如图 7-9 所示。

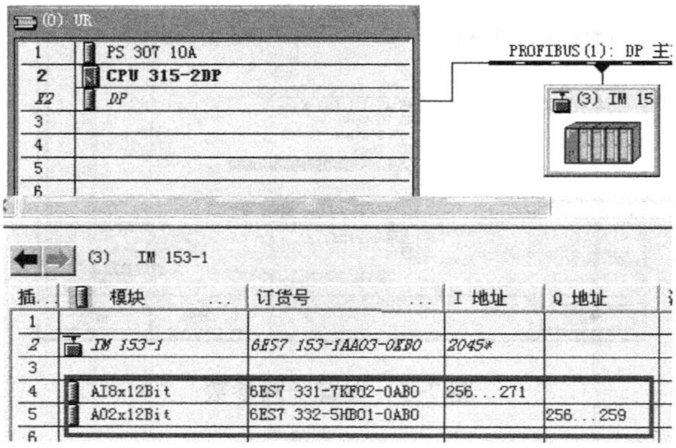

图 7-9　组态 I/O 模块

任务 7.2　编写锅炉补水系统 S7-300 PLC 程序

1. OB1 参考程序

锅炉补水系统 OB1 参考程序如图 7-10 所示。

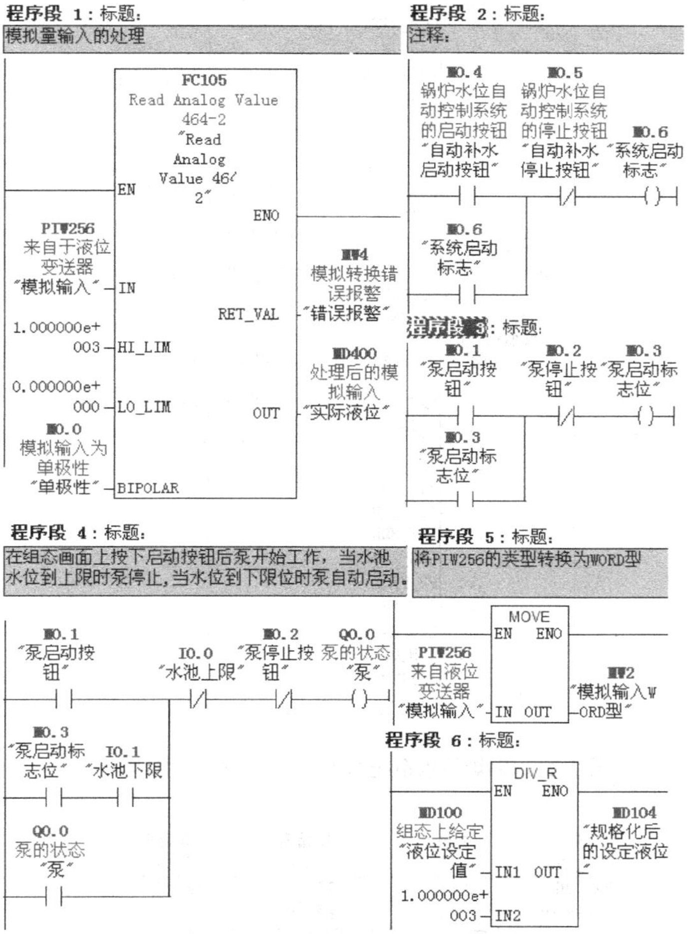

图 7-10　锅炉补水系统 OB1 程序

2. OB35 参考程序（PID 处理）

锅炉补水系统 OB35 参考程序（PID 程序）如图 7-11 所示。

还需在 DB41 中修改 PID 模块的 MAN_ON、PVPER_ON、D_SEL、CYCLE 这 4 个端子的实际值，使 MAN_ON：FALSE；PVPER_ON：TRUE；D_SEL：TRUE；CYCLE：T#500MS，如图 7-12 所示。

S7-300 的 PID 调节模块 FB41 所有的参数含义如下。

（1）输入参数

COM_RST：BOOL：重新启动 PID，当该位为 TURE 时，PID 执行重启动功能，复位 PID 内部参数到默认值；通常在系统重启动时执行一个扫描周期，或在 PID 进入饱和状态需要退出时用这个位。

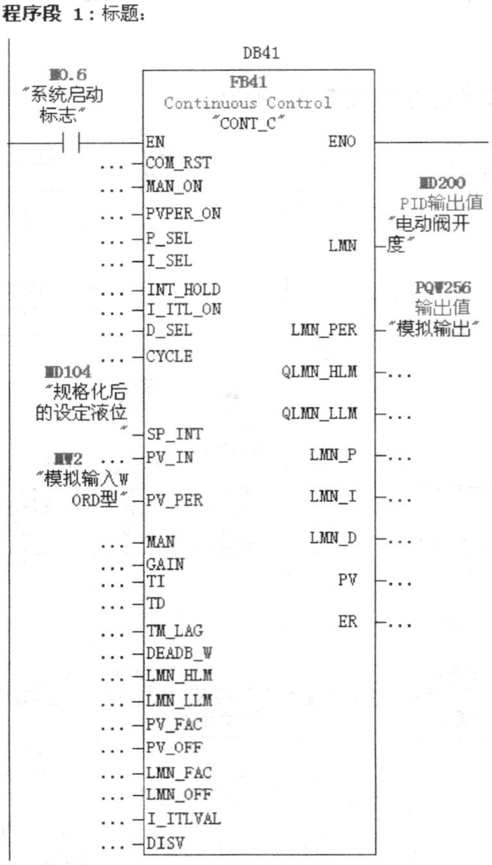

图 7-11　锅炉补水系统 OB35 参考程序（PID 程序）

名称	类型	初始值	实际值
COM_RST	BOOL	FALSE	FALSE
MAN_ON	BOOL	TRUE	FALSE
PVPER_ON	BOOL	FALSE	TRUE
P_SEL	BOOL	TRUE	TRUE
I_SEL	BOOL	TRUE	TRUE
INT_HOLD	BOOL	FALSE	FALSE
I_ITL_ON	BOOL	FALSE	FALSE
D_SEL	BOOL	FALSE	TRUE
CYCLE	TIME	T#1S	T#500MS

图 7-12　DB41 中的部分参数

MAN_ON：BOOL：当该位为 TURE 时，PID 功能块直接将 MAN 的值输出到 LMN，这可以在 PID 框图中看到；这个位是 PID 的手动/自动切换位。

PEPER_ON：BOOL：过程变量外围值，过程变量即反馈量，此 PID 可直接使用过程变量 PIW，也可使用 PIW 规格化后的值。如果使用的是规格化后的值，这个位就应该为 FALSE。

P_SEL：BOOL：比例选择位，当该位为 ON 时，选择 P（比例）控制有效；一般选择有效。

I_SEL：BOOL：积分选择位，当该位为 ON 时，选择 I（积分）控制有效；一般选择有效。

INT_HOLD：BOOL：积分保持，一般不去设置它。

I_ITL_ON：BOOL：积分初值有效，I-ITLVAL（积分初值）变量和这个位对应，当此位为 ON 时，则使用 I-ITLVAL 变量积分初值。一般当发现 PID 功能的积分值增长比较慢或系统反应灵敏度不够时，可以考虑使用积分初值。

D_SEL：BOOL：微分选择位，当该位为 ON 时，选择 D（微分）控制有效，一般的控制系统不用。

CYCLE：TIME：PID 采样周期，一般设为 100ms。

SP_INT：REAL：PID 的给定值。

PV_IN：REAL：PID 的反馈值（也称过程变量）。

PV_PER：WORD：未经规格化的反馈值，由 PEPER-ON 选择有效。

MAN：REAL：手动值，由 MAN-ON 选择有效。

GAIN：REAL：比例增益。

TI：TIME：积分时间。

TD：TIME：微分时间。

DEADB_W：REAL：死区宽度；如果输出在平衡点附近微小幅度振荡，就可以考虑用死区来降低灵敏度。

LMN_HLM：REAL：PID 上极限，一般为 100%。

LMN_LLM：REAL：PID 下极限；一般为 0%，如果需要双极性调节，就需设置为-100%（正负 10V 输出就是典型的双极性输出，此时需要设置-100%）。

PV_FAC：REAL：过程变量比例因子。

PV_OFF：REAL：过程变量偏置值（OFFSET）。

LMN_FAC：REAL：PID 输出值比例因子。

LMN_OFF：REAL：PID 输出值偏置值（OFFSET）。

I_ITLVAL：REAL：PID 的积分初值；由 I-ITL-ON 选择有效。

DISV：REAL：允许的扰动量，前馈控制加入，一般不设置。

（2）部分输出参数说明

LMN：REAL：PID 输出。

LMN_P：REAL：PID 输出中 P 的分量（可用于在调试过程中观察效果）。

LMN_I：REAL：PID 输出中 I 的分量（可用于在调试过程中观察效果）。

LMN_D：REAL：PID 输出中 D 的分量（可用于在调试过程中观察效果）。

（3）规格化概念及方法

PID 参数中重要的几个变量、给定值、反馈值和输出值都是用 0.0～1.0 之间的实数来表示的，而这几个变量在实际中都来自于模拟输入或者输出控制模拟量。因此，需要将模拟输出转换为 0.0～1.0 的数据，或将 0.0～1.0 的数据转换为模拟输出，这个过程称为规格化。

任务 7.3　制作组态监控系统

打开 WinCC，创建单用户项目，项目名称为液位控制。

7.3.1　建立通信

单击 WinCC 项目管理器浏览窗口中的“计算机”组件。WinCC 将在数据窗口中显示计算机的列表。选择所需要的计算机，并在右键快捷菜单中选择“属性”菜单命令，如图 7-13 所示。打开“计算机属性”对话框，如图 7-14 所示。检查“计算机名称”输入框中是否输入了正确的计算机名称。在 Windows 控制面板中“系统”下的网络标识（Windows 2000）或计算机名称（Windows XP）标签中可找到计算机名称。

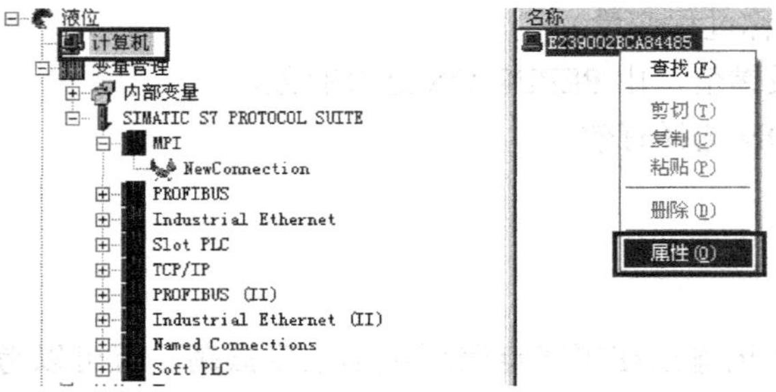

图 7-13　选择“属性”菜单命令

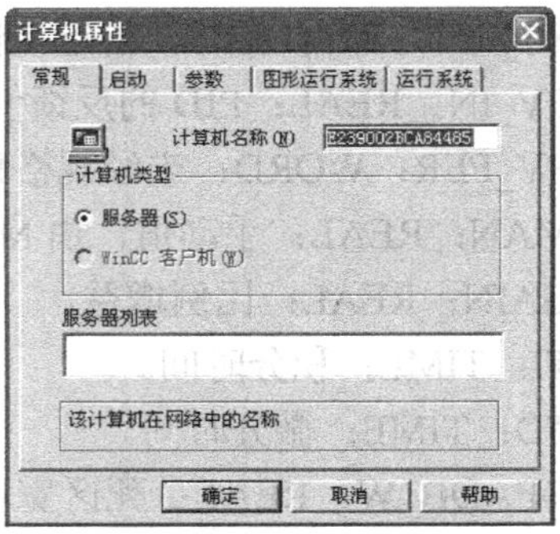

图 7-14　“计算机属性”对话框

选中 WinCC 项目管理器浏览窗口中的“变量管理”快捷菜单，在右键快捷菜单中选择“添加新的驱动程序”命令，如图 7-15 所示。

在打开的“添加新的驱动程序”对话框中选择 bin 文件夹打开 SIMATIC S7 Protocol Suite.chn。

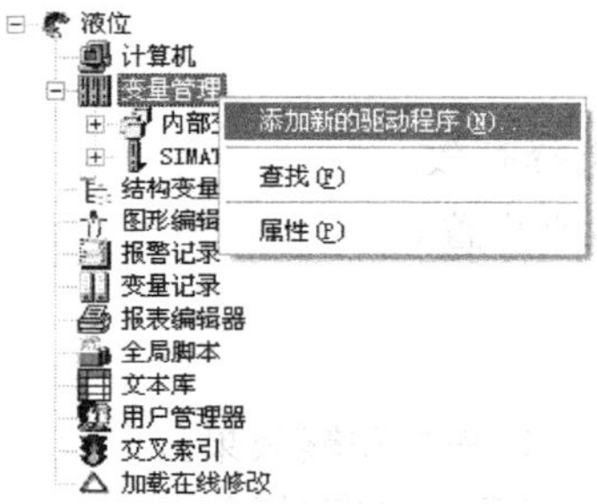

图 7-15　“变量管理”快捷菜单

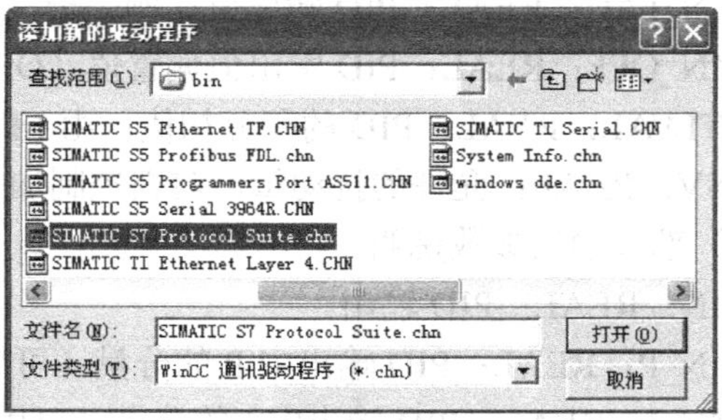

图 7-16　“添加新的驱动程序”对话框

在 WinCC 项目管理器浏览窗口建立通信方式：变量管理/ SIMATIC S7 PROTOCOL SUITE/MPI，在右键快捷菜单中选择“新驱动程序的连接”菜单命令（如图 7-17 所示），进入“连接属性”对话框。在“连接属性”对话框中单击“属性”按钮（如图 7-18 所示），进入“连接参数-MPI”设置对话框。

图 7-17 选择“新驱动程序的连接”菜单命令

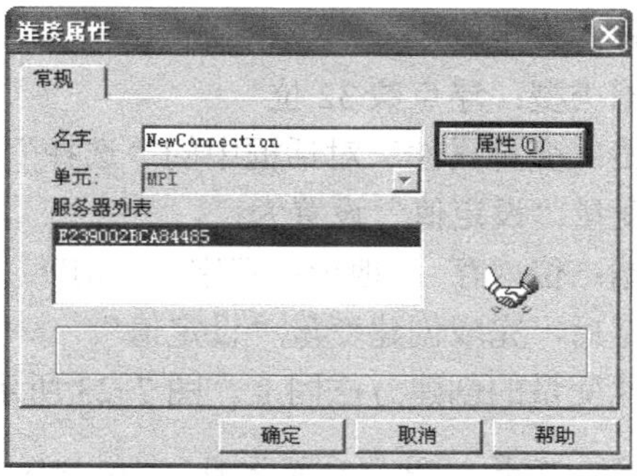

图 7-18 “连接属性”对话框

在“连接参数-MPI”对话框中设置参数（如图 7-19 所示）：

站地址：2

段 ID：0

机架号：0

插槽号：2

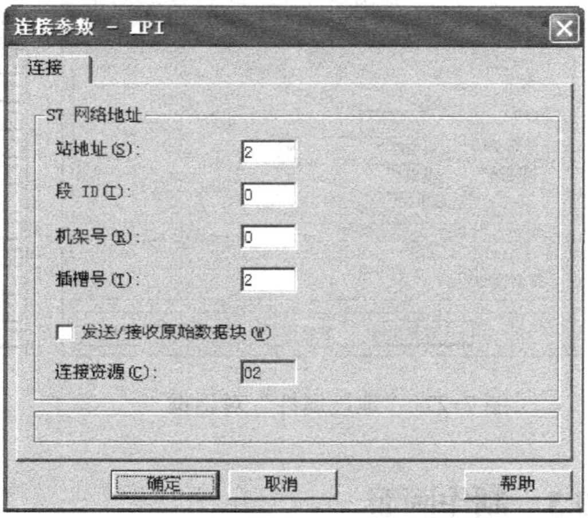

图 7-19 “连接参数-MPI”对话框

7.3.2 创建变量

以变量“设定值”的创建过程为例，介绍创建变量的一般步骤。

在 WinCC 项目管理器浏览窗口创建变量：变量管理/ SIMATIC S7 PROTOCOL SUITE/MPI/NewConnection，在右键快捷菜单中选择“新建变量”菜单命令（如图 7-20 所示），进入“变量属性”对话框。

在“变量属性”对话框中设置（如图 7-21 所示）：

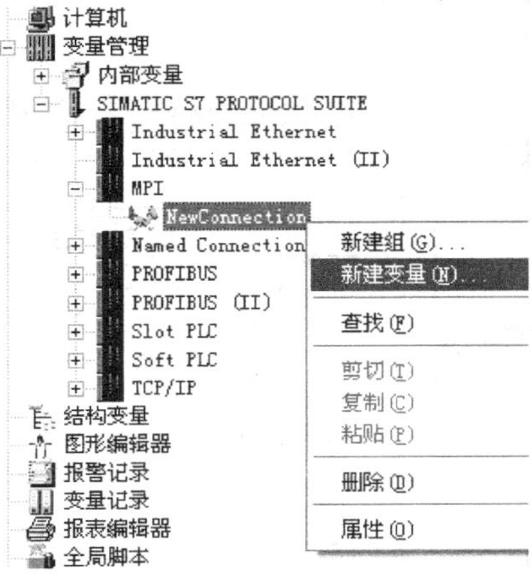

图 7-20 选择“新建变量”菜单命令

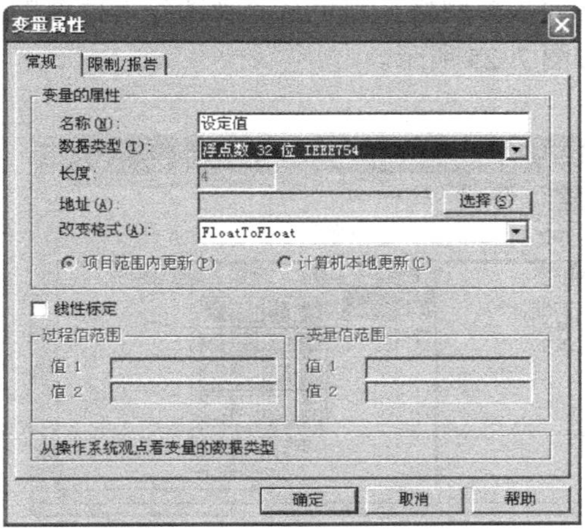

图 7-21 “变量属性”对话框

名称：设定值

数据类型：浮点数 32 位

单击“变量属性”对话框中的“选择”按钮，进入“地址属性”对话框，如图 7-22 所示。将变量“设定值”设置为：

数据：位内存　地址：双字　MD：100

确定后，完成创建变量“设定值”。

其他变量的创建方法同上。图 7-23 所示为本项目创建的所有变量列表。

注意：变量“积分时间常数”“微分时间常数”“比例系数”的类型和地址可在 STEP7 中的 DB41 数据块中查看。

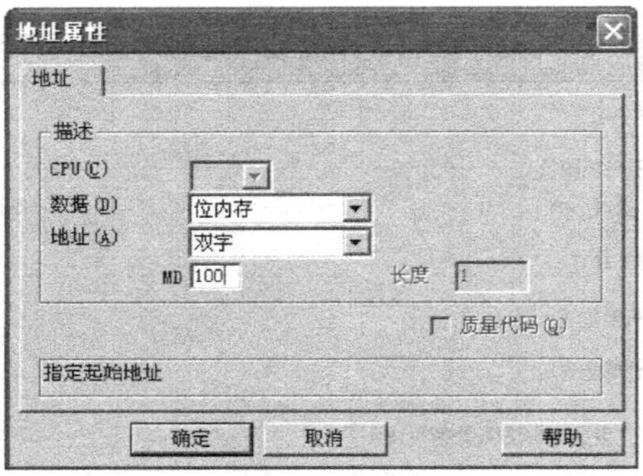

图 7-22 “地址属性”对话框

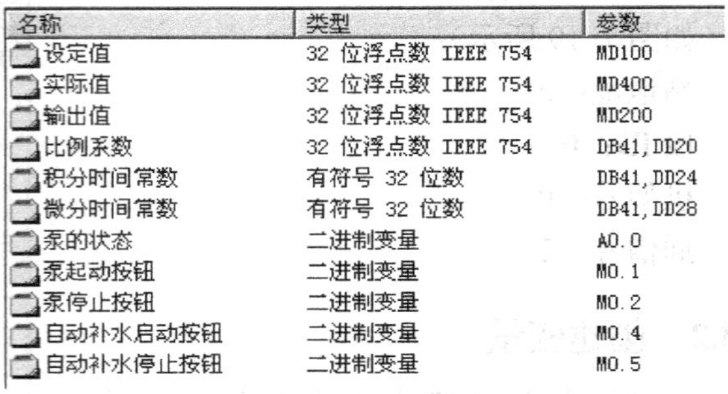

名称	类型	参数
设定值	32 位浮点数 IEEE 754	MD100
实际值	32 位浮点数 IEEE 754	MD400
输出值	32 位浮点数 IEEE 754	MD200
比例系数	32 位浮点数 IEEE 754	DB41,DD20
积分时间常数	有符号 32 位数	DB41,DD24
微分时间常数	有符号 32 位数	DB41,DD28
泵的状态	二进制变量	A0.0
泵起动按钮	二进制变量	M0.1
泵停止按钮	二进制变量	M0.2
自动补水启动按钮	二进制变量	M0.4
自动补水停止按钮	二进制变量	M0.5

图 7-23　本项目创建的所有变量列表

7.3.3　制作画面

在 WinCC 项目管理器浏览窗口中，双击“图形管理器”，新建一个画面，画面名称为锅炉液位控制。

在画面上从右键快捷菜单的“属性”命令可进入画面的背景色设置，将背景色设置为白色，如图 7-24 所示。

若要去掉网格，则可从“视图”下拉菜单的“网格”进入“设置”对话框，进行网格设置，如图 7-25 所示。

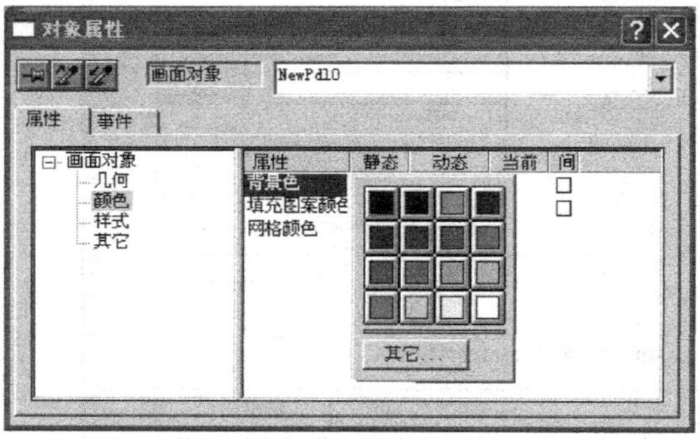

图 7-24　将背景色设置为白色

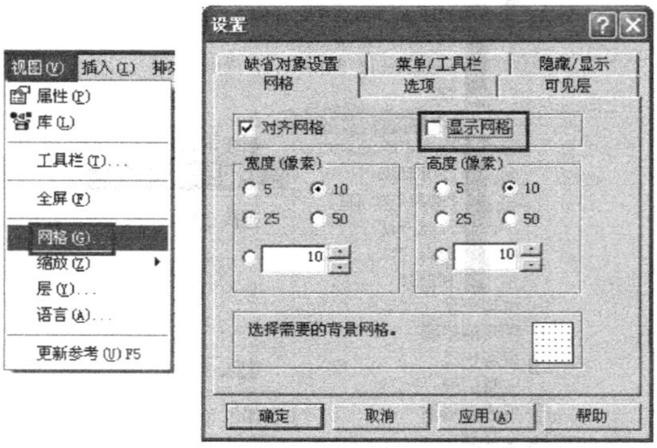

图 7-25 “设置”对话框

图 7-26 所示为本项目组态画面的整体效果。

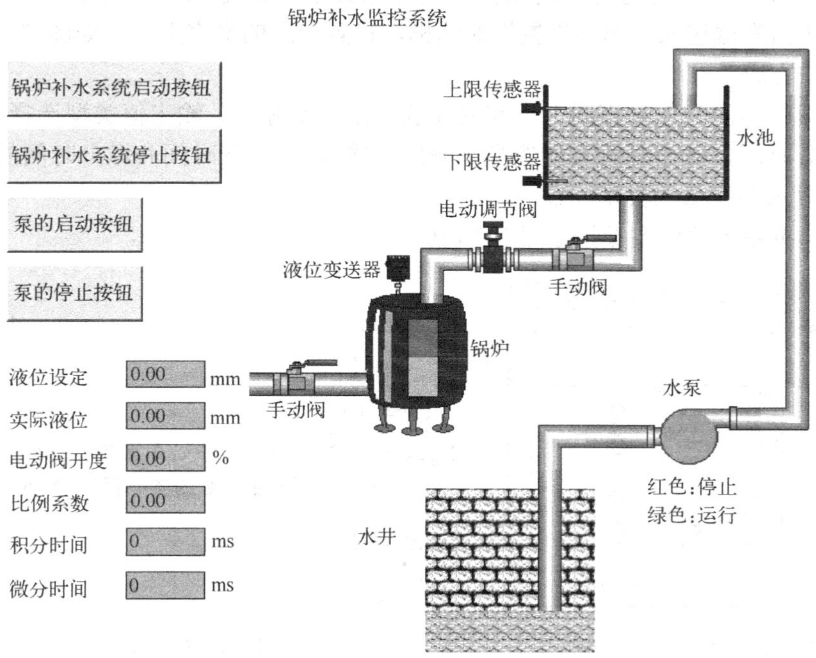

图 7-26　本项目组态画面的整体效果图

1．系统参数的画面制作

以参数设定值的画面制作过程为例。

在图形编辑器右侧的对象选项板中双击“输入/输出域”，自动弹出“I/O 域组态”对话框，如图 7-27 所示。连接变量“设定值”，并将更新项选择为“根据变化”。“I/O 域组态”对话框中的类型选择“输入和输出”。文字的大小、字体及颜色可任意选择。选中做好的 I/O 域，通过右键快捷菜单的“属性”命令中打开“对象属性”对话框，设置输出格式，如图 7-28 所示。

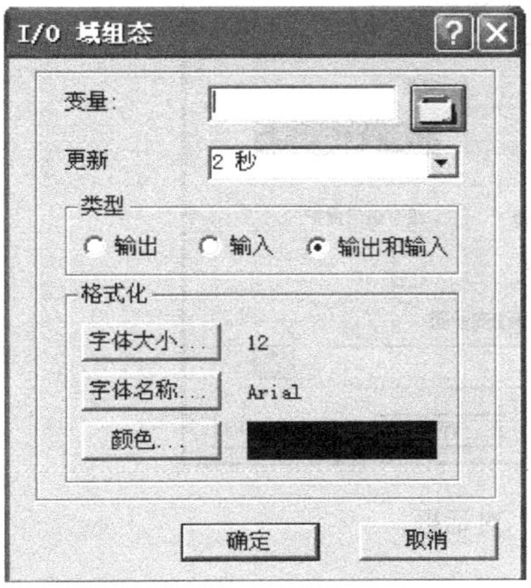

图 7-27 “I/O 域组态”对话框

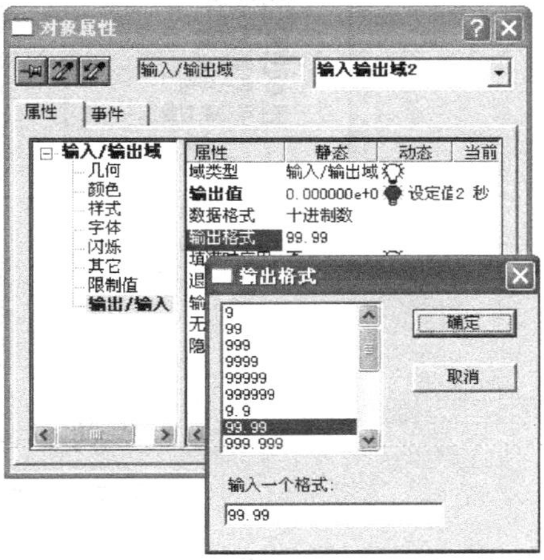

图 7-28　设置输出格式

此时设定值的输入框已设置好。最后给设定值的输入框做标注。

双击图形编辑器右侧的对象选项板中的静态文本A，输入“设定值”。选中静态文本“设定值”，单击右键进入“属性设置”对话框，设置合适的文字大小，如图 7-29 所示。设定值画面制作完成。

其他参数的画面制作过程同上。需要注意的是，实际值、输出值类型选择“输出”；比例系数、积分时间、微分时间类型选择“输出和输入”；积分时间和微分时间的输出格式改为 999999，使其与变量的类型一致。

使对象排列整齐的对齐操作如图 7-30 所示。

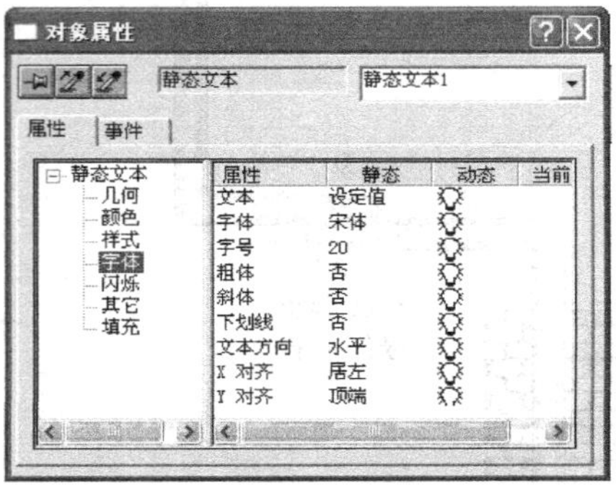

图 7-29　设置合适的文字大小

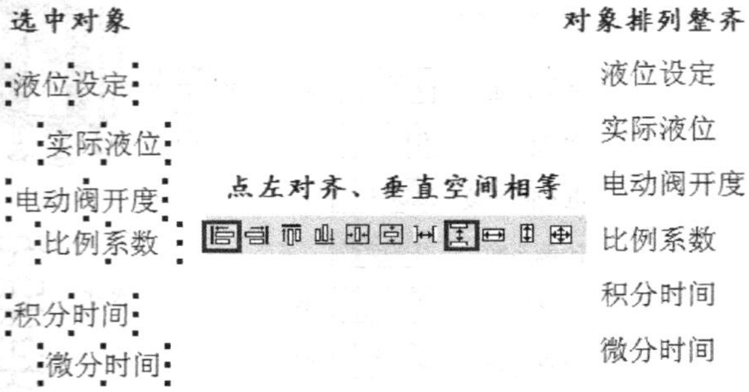

图 7-30　对齐操作

2. 制作按钮

以泵的启动按钮为例。在图形编辑器右侧对象选项板中的窗口对象中找到按钮，将其拖到图形编辑器后会自动弹出“按钮组态”对话框，在对话框的文本框中写入“泵的启动按钮”，如图 7-31 所示。

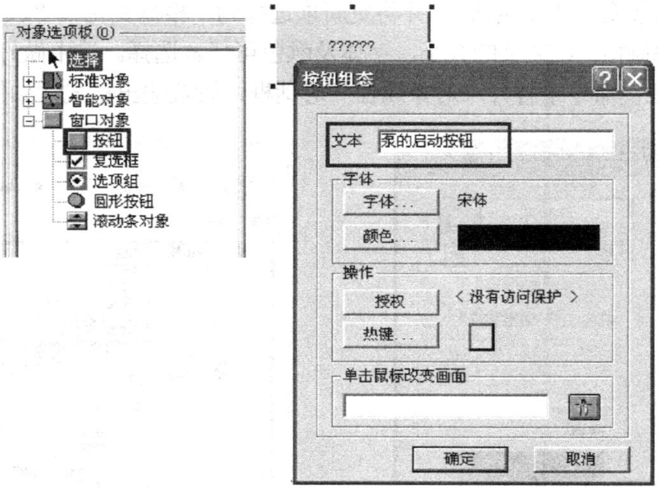

图 7-31　“按钮组态”对话框

双击此按钮，设置按钮的动画连接，如图 7-32 所示。

双击“按左键”进入“直接连接”对话框，如图 7-33 所示，进行变量连接。

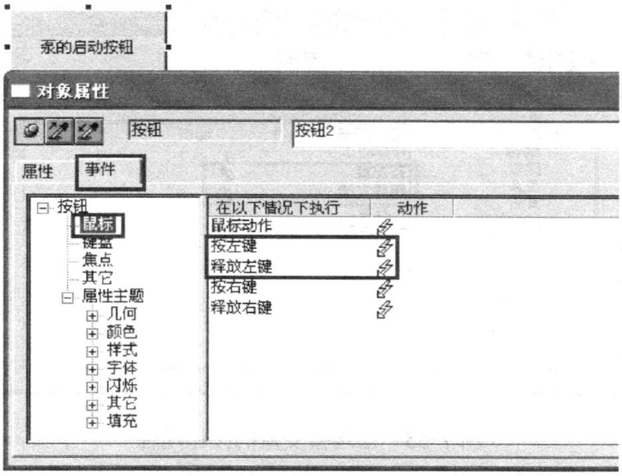

图 7-32　设置按钮的动画连接

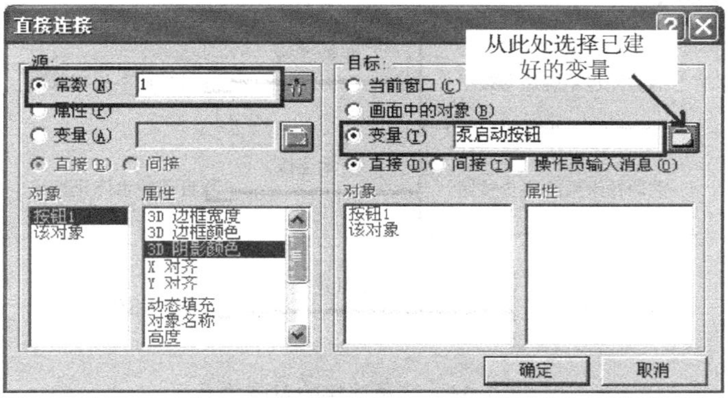

图 7-33　“直接连接”对话框（1）

同上，再双击“释放左键”，如图 7-34 所示进行变量连接。

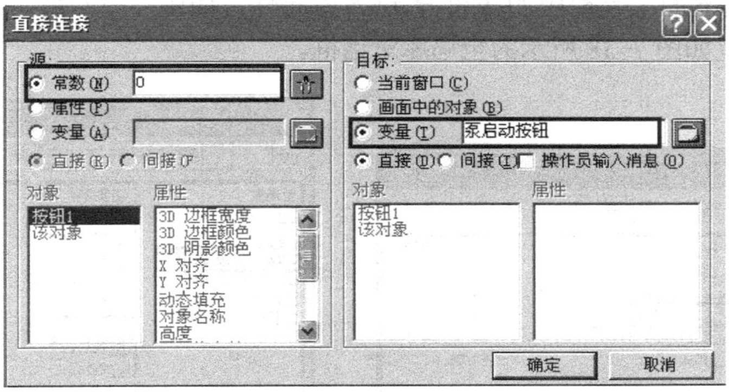

图 7-34　“直接连接”对话框（2）

连接好变量后，按钮的“对象属性”对话框就出现蓝色闪电标志，已连接变量的按钮属性如图 7-35 所示。

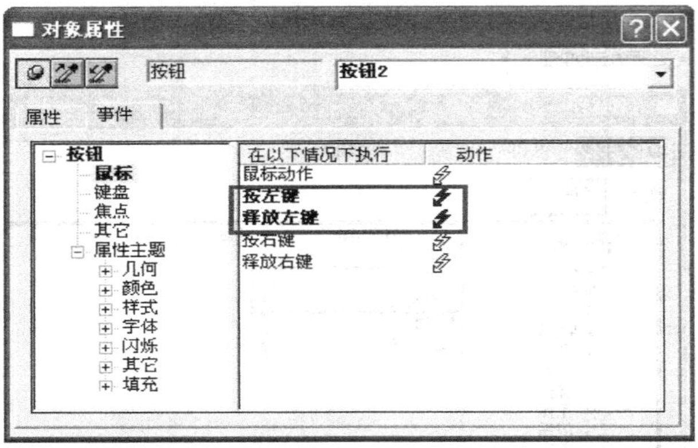

图 7-35　已连接变量的按钮属性

关闭“对象属性”对话框，此按钮制作完毕。其他 3 个按钮的连接同上。变量连接的对应关系如图 7-36 所示。

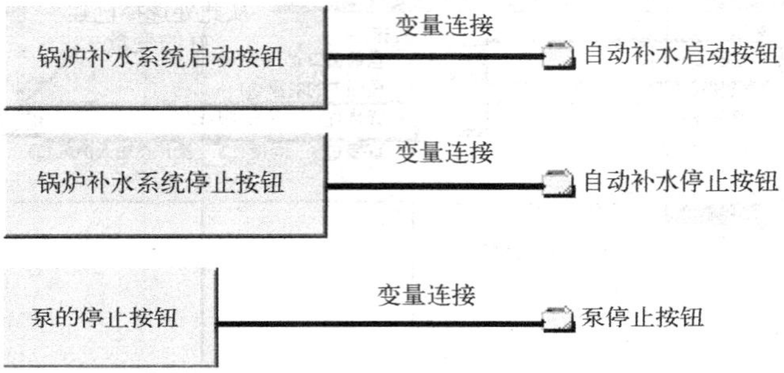

图 7-36　变量连接的对应关系

3．制作系统画面

（1）锅炉

单击图形编辑器的工具栏中的按钮进入库元件，如图 7-37 所示。双击全局库中的 PlantElement，出现如图 7-38 所示的全局库对话框。

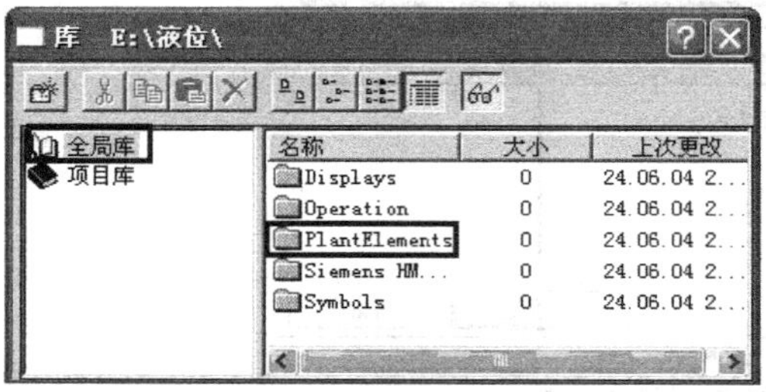

图 7-37　库元件

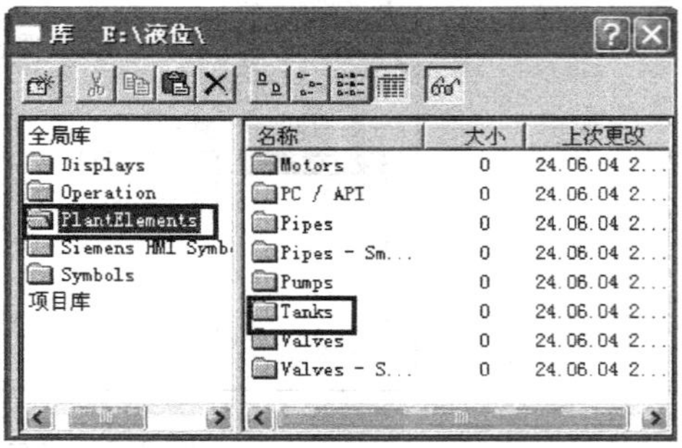

图 7-38　全局库

双击图 7-38 中 PlantElement 下的 Tanks 后，进入如图 7-39 所示的对话框。

单击图 7-39 中的预览按钮可预览罐体，选中 Tank3 将其复制到图形编辑器中，将其作为锅炉，并用静态文本标注上“锅炉”字样，如图 7-40 所示。

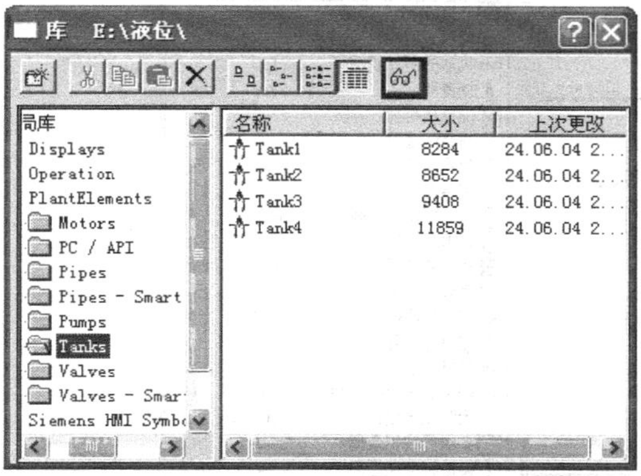

图 7-39　全局库中的 Tanks

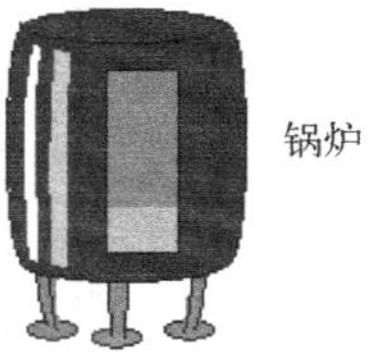

图 7-40　锅炉

选中锅炉，通过右键快捷菜单打开“对象属性”对话框，如图 7-41 所示。在“属性”选项卡的 UserDefined1 中设置参数，Process:500　Max:1000（液位的最大值为 1000mm）Min:0。右键单击 Process 的图标在弹出的右键快捷菜单中选择“变量”命令以连接变量“实际值”，连好变量后，图标变为绿色，并且后边自动出现表示更新时间的“2 秒”字样，双击它将其改为“根据变化”，如图 7-41 所示。

在“对象属性”对话框的“颜色”中修改填充颜色 BackColor2 为蓝色，如图 7-42 所示。

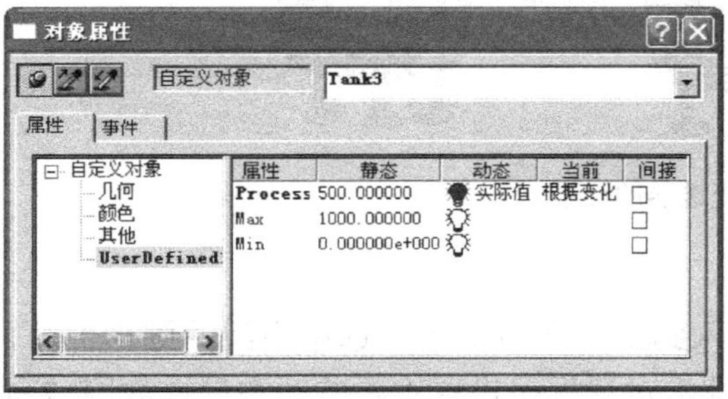

图 7-41　设置锅炉属性

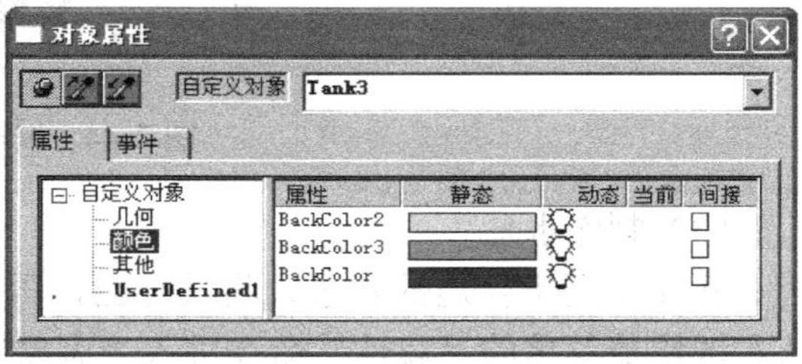

图 7-42　设置锅炉颜色属性

此时锅炉制作完毕。

（2）制作锅炉中液位变送器

按路径：库\全局库\Siemens HMI Symbol Library 1.3\传感器\湿度传感器，如图 7-43 所示，找到合适的变送器，将其复制到图形编辑器中。

将图形编辑器中的变送器用“文件”菜单下的“导出”命令导出到桌面，将图形编辑器中原来的变送器删掉，再用“插入”菜单下的“导出”命令将桌面上导出的变送器导入到图形编辑器中，这样就可以编辑从库中调出的变送器了。编辑完变送器后，再从右键的快捷菜单中选择“组对象”下的“编组”命令，使图形成为一个整体。将编组后的变送器放到锅炉上，用工具栏中的按钮将其移到后台。编辑变送器的过程如图 7-44 所示。

图 7-43　库中的传感器

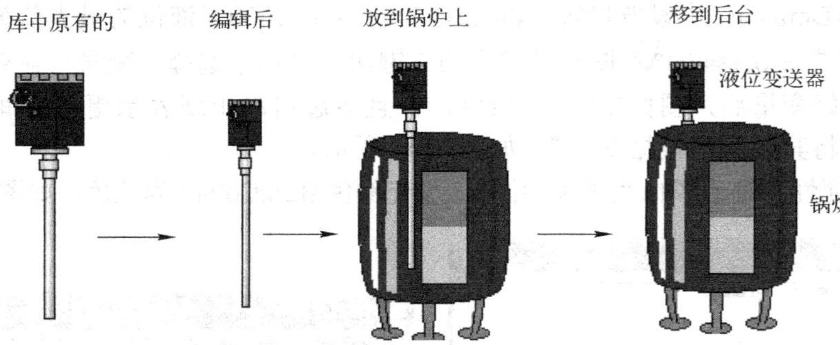

图 7-44　编辑变送器的过程

（3）制作水泵

从库中调出合适的水泵，将其导出，再导入到图形编辑器中，选中中间的圆形部分，从右键快捷菜单的“属性”命令进入“对象属性”对话框。设置水泵的动态属性如图 7-45 所示。

在图 7-45 中打开的“对象属性”对话框中，右键单击背景颜色后的图标，在弹出的右键快捷菜单中，选择“动态对话框”命令，进入“动态值范围”对话框，进行泵的动画连接，如图 7-46 所示。连接变量“泵的状态”，数据类型选择布尔型，并修改背景色，使得泵运行时显示为绿色，停止时显示为红色。最后单击“应用”按钮。

设置生效后，在“对象属性”对话框中的背景色由原来的图标变成了红色图标，已动画连接的泵属性如图 7-47 所示。最后关掉“对象属性”对话框。

最后将选中处于编辑状态的泵，使用右键快捷菜单中的“组对象”命令对其进行编组，如图 7-48 所示，使其成为一个整体，再用静态文本作为标注。

（4）制作水井

按路径：库\全局库\Siemens HMI Symbol Library 1.3\花纹，选择“石墙（大）”和“水

（浅蓝）”，如图 7-49 所示，将其复制到图形编辑器中。

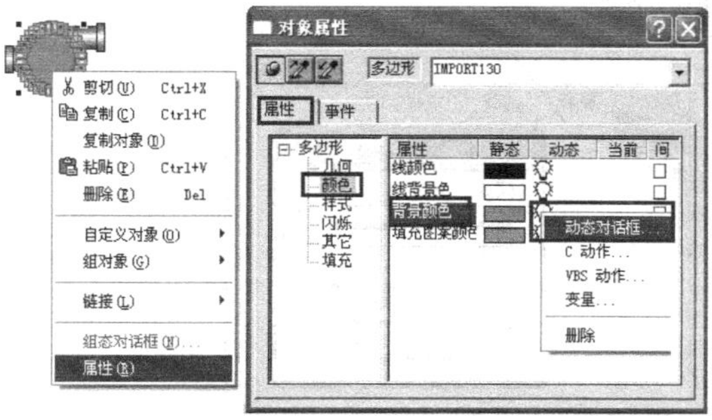

图 7-45　设置水泵的动态属性

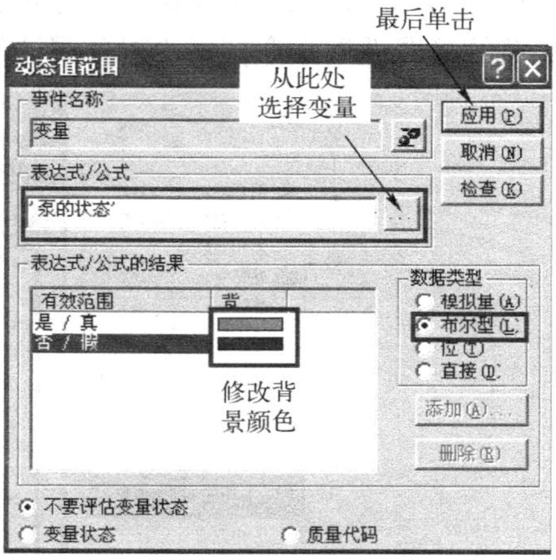

图 7-46　泵的动画连接

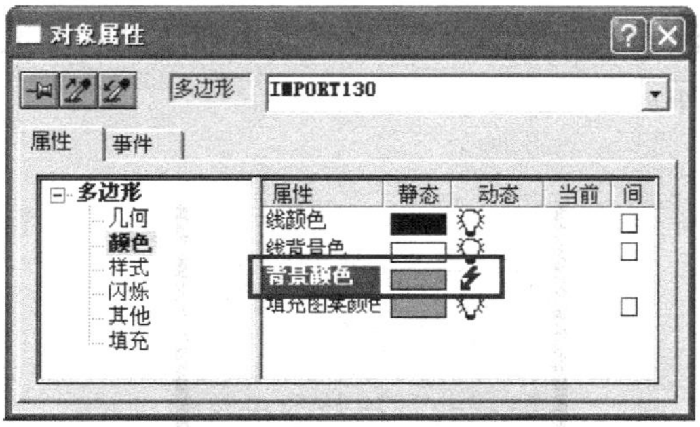

图 7-47　已动画连接的泵属性

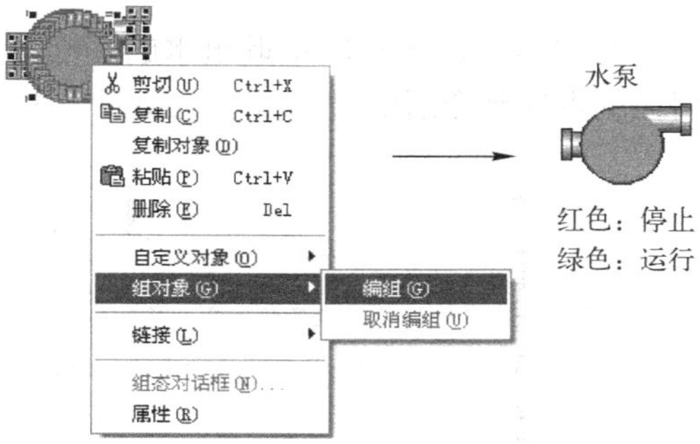

图 7-48　对泵组编

将墙和水拖到合适的大小并叠放在一起，将墙用工具栏的按钮移到后台。制作的水井效果如图 7-50 所示。

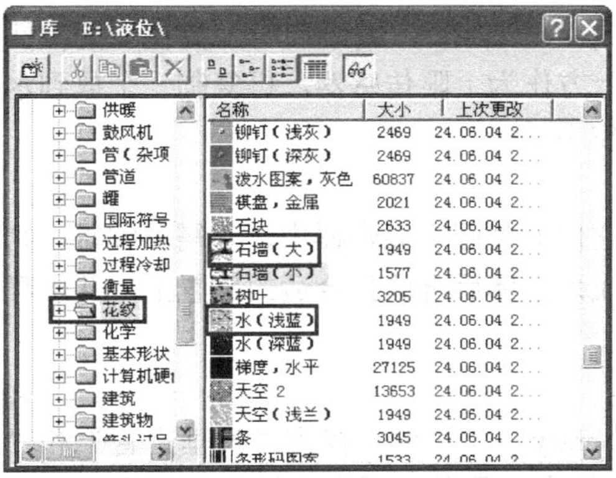

图 7-49　库中的石墙、水

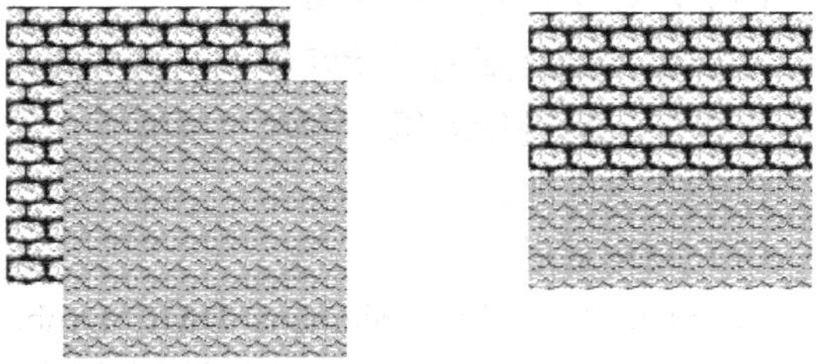

图 7-50　制作的水井效果

(5) 制作水池

用“对象”选项板中标准对象下的折线画出水池图样，选中画好的水池图样，用右键快捷菜单的“属性”命令打开“对象属性”对话框，在样式中设置线宽为 5，如图 7-51 所示。

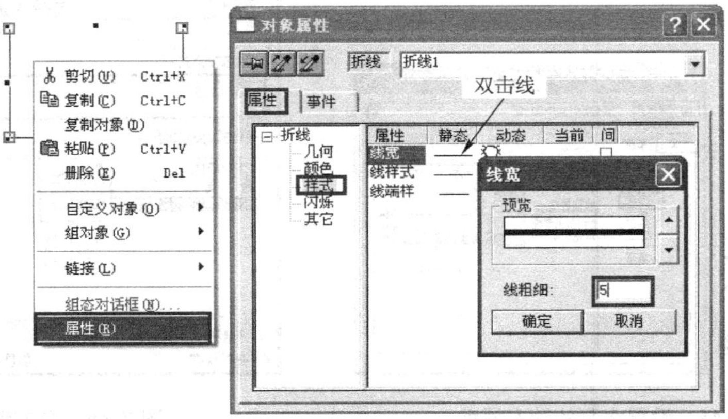

图 7-51　设置水池属性

画好水池后，再从库中调出水的图样（方法同水井中的水），将水的图样放到水池上，并用控制点拖到合适的大小，水池如图 7-52 所示。

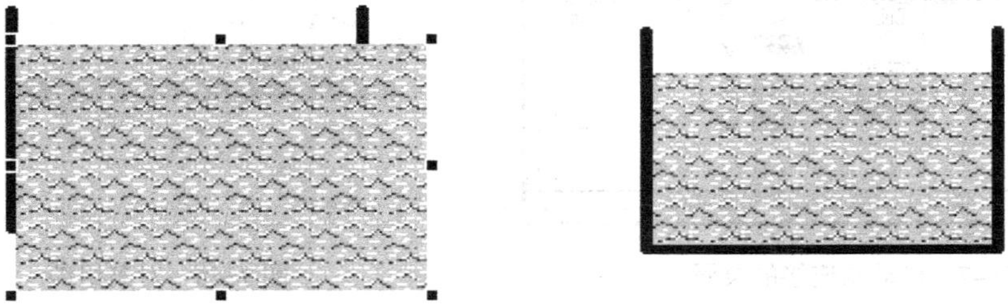

图 7-52　水池

在库中找到合适的传感器（方法同选择锅炉中的变送器），将其导出到桌面，再导入到图形编辑器中进行编组（编组的方法在水泵的制作中已介绍），编组后用工具栏中的按钮对图形进行翻转。将翻转好的传感器放到水池的上方作为上限传感器，再复制一个放到水池下方作为下限传感器。编辑传感器的过程如图 7-53 所示。

(6) 制作手动阀、电动调节阀

在库中找到合适的手动阀和电动调节阀，将它们放到图形编辑器中，若需要编辑，则将其导出再导入后进行编辑，编辑完要编组，使其成为整体后再放到合适的位置上，并用静态文本作为文字标注。

(7) 制作管道

按路径：库\全局库\Siemens HMI Symbol Library 1.3\管道，找到“长垂直管”和“直角”管道接头，将它们复制到图形编辑器中，将其导出再导入后进行编组，再拖成合适的长、宽，也可在属性中设置管道的长和宽。在管道拐角处放上直角管道作为接头。

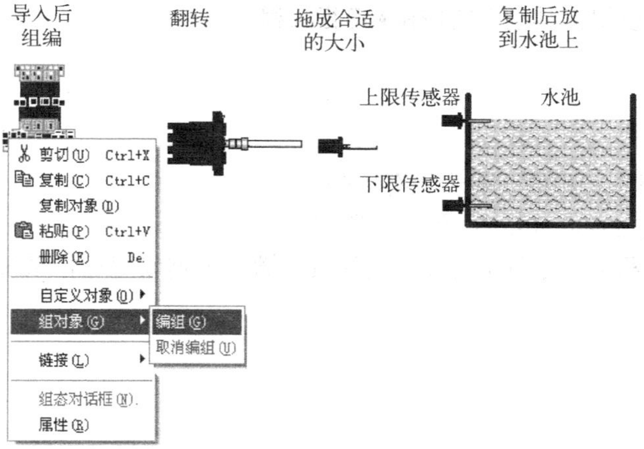

图 7-53　编辑传感器的过程

任务 7.4　运行工程

在运行工程前先指定运行系统属性，这些属性影响运行时的外观。单击项目管理器浏览窗口上的图标计算机，从右侧窗口的计算机名进入计算机属性窗口，单击图形运行系统按钮，进入运行“计算机属性”对话框，如图 7-54 所示。设置启动画面为 NewPdl1.pdl，窗口属性选择“标题”“最大化”“最小化”复选框，单击“确定”按钮。

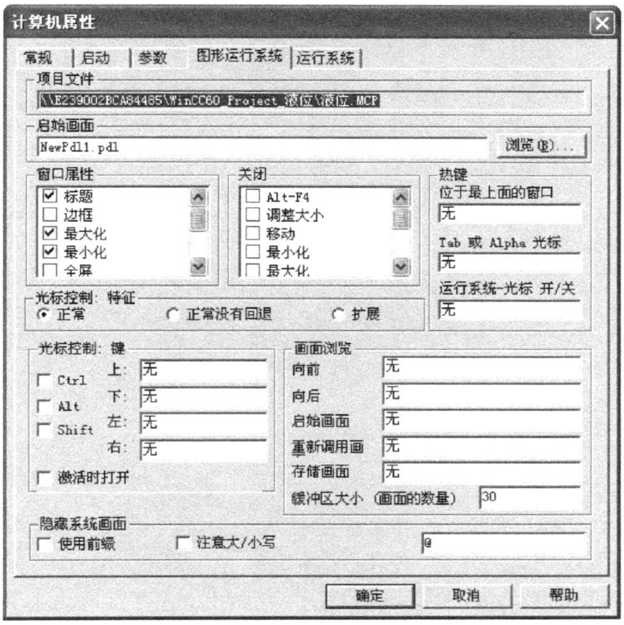

图 7-54　“计算机属性”对话框

设置完运行系统属性就可以运行工程了。可以选择图形编辑器的“文件”菜单下的“激活运行系统”，也可以用工具栏中的按钮▶运行工程。

习题

7-1　WinCC 组态工程的一般步骤有哪些？

7-2　WinCC 与 S7-300 PLC 如何建立通信？

7-3　在运行工程前要进行运行系统的属性设置，如何设置运行系统的属性？

项目 8　基于 MCGS 的恒压供水监控系统

本项目要点

- MCGS 组态软件工程的创建
- 工程画面的制作
- 数据对象的定义
- 外设备的连接

本系统简介

某供水站有 4 台水泵供水，正常情况下自动供水；当变频器损坏时，可以手动控制应急供水。

1）自动时。当启动供水系统时，1#泵先变频启动（变频起动可大大降低电动机的起动电流），由于此时水压低，所以变频器输出的三相交流电频率（以下将变频器输出的三相交流电频率简称为频率）较快上升，水泵转速也较快上升。当频率较快上升到 50Hz 时，若水压还不足，持续几秒钟，通过组态王监控软件使 1#泵转换到工频（即母线上的电源，下同），2#泵开始变频工作（即频率从 0Hz 开始上升），若频率达到某一值水压仍不足，则频率仍上升，2#泵转速继续上升，直至频率达 50Hz 为止，组态王监控软件使 2#泵转换到工频，3#泵开始变频工作，以此类推。

假如 3#泵在变频工作，水压达到预定值（控制器编程预置），频率就不再上升，3#泵转速也不再上升，但随着水压的较小上升或下降变化，频率也较小下降或上升变化，以稳定水压，使水压变化量很小，几乎为恒压。用户基本感觉不到水压的变化。

假如用水高峰以后，水压上升，频率下降，变频工作的水泵转速下降，直至停止为止，即某一工频工作水泵停止工作。若水压仍高，则另一工频工作水泵停止工作等。到水压降低后变频泵的转速再上升。

根据情况，可以通过控制器编程，使某一泵不工作，如 3#泵损坏，可以使相应的接触器不工作。

2）手动时。根据水压指示，可以通过监控面板或现场控制按钮来控制水泵的起动或停止。

本例的系统框图如图 8-1 所示。控制电路如图 8-2 所示。PLC 接线如图 8-3 所示。系统监控如图 8-4 所示。

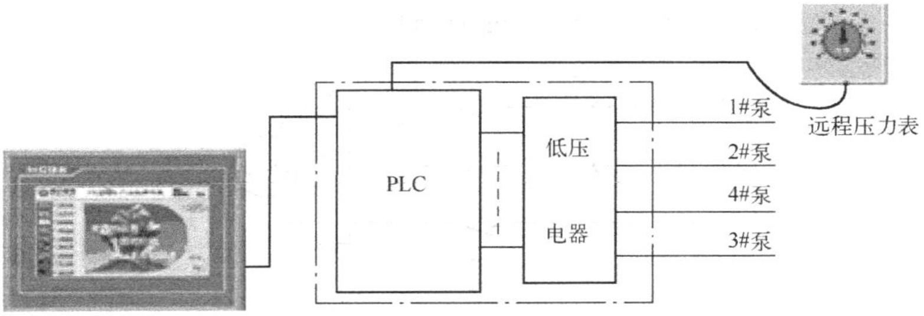

图 8-1　本例的系统框图

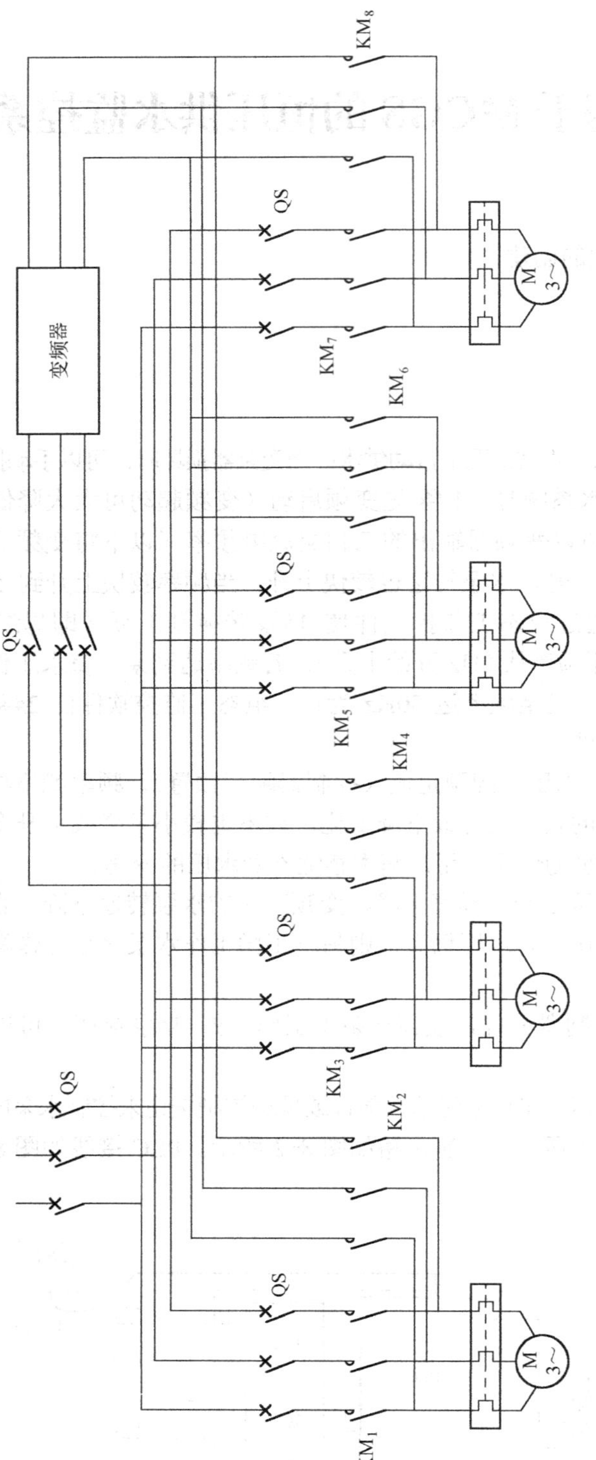

图 8-2 控制电路图

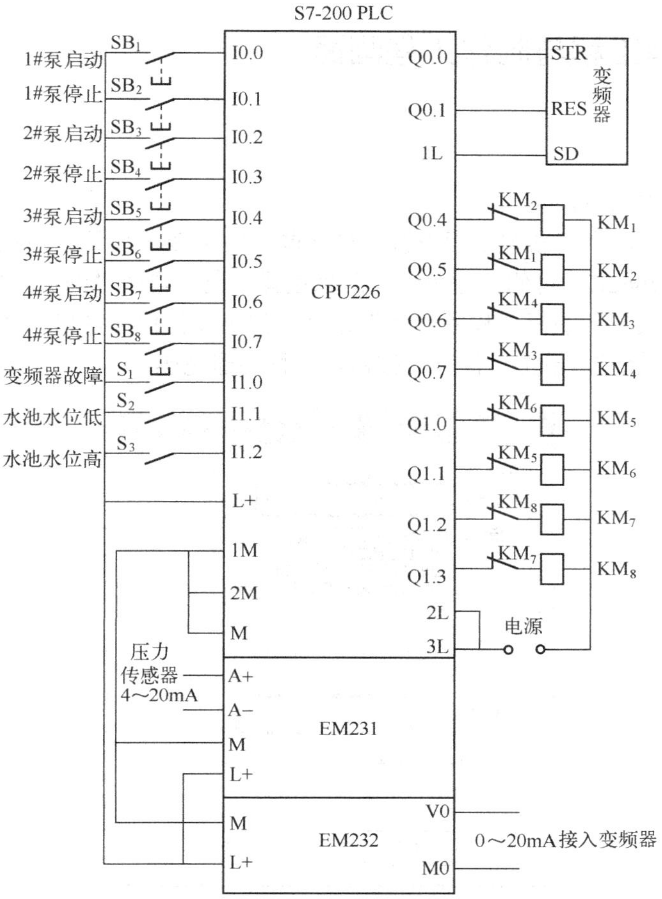

图 8-3　PLC 接线图

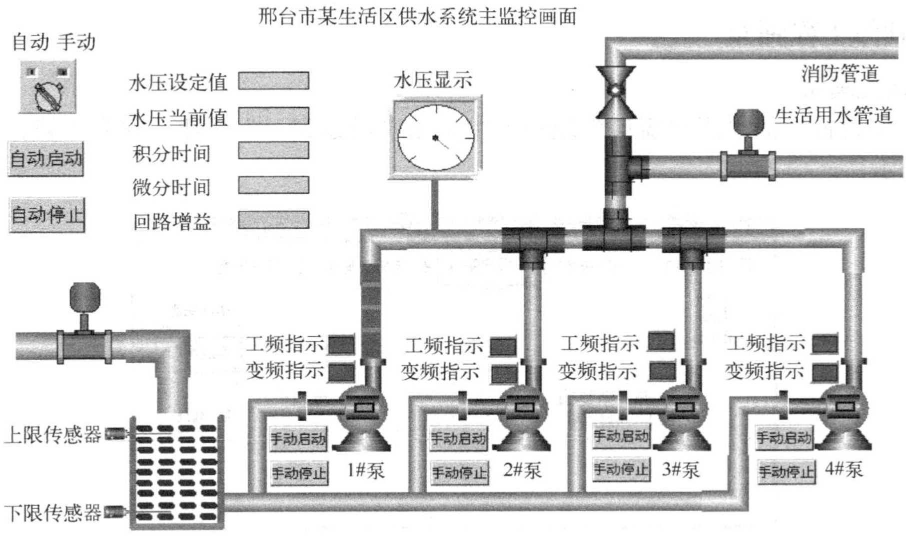

图 8-4　系统监控图

任务 8.1　创建工程与制作工程画面

8.1.1　创建工程

创建工程的步骤如下。

文件→新建工程，在“新建工程设置”对话框（如图 8-5 所示）中选择与硬件一致的类型，此处选为 TPC7062K；可修改背景色，此处选择白色；再按“确定”按钮。

选择“文件”菜单下的“工程另存为”命令，弹出文件保存窗口。在“文件名”文本框内输入“恒压供水系统”，单击“保存”按钮，工程创建完毕。

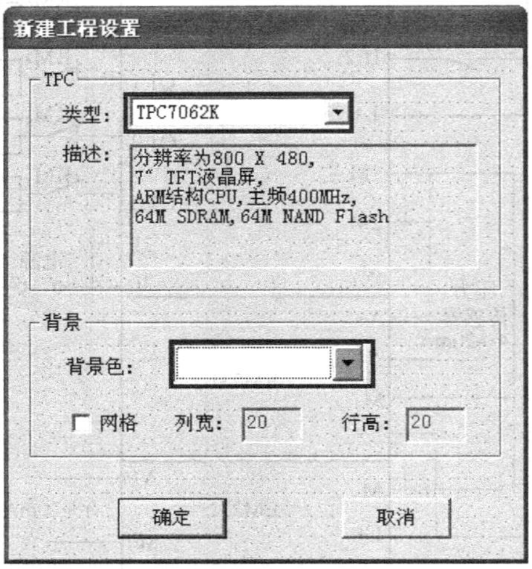

图 8-5　“新建工程设置”对话框

8.1.2　制作工程画面

1．建立画面

在工作台窗口的“用户窗口”选项卡中单击“新建窗口”按钮，建立“窗口 0”，如图 8-6 所示。

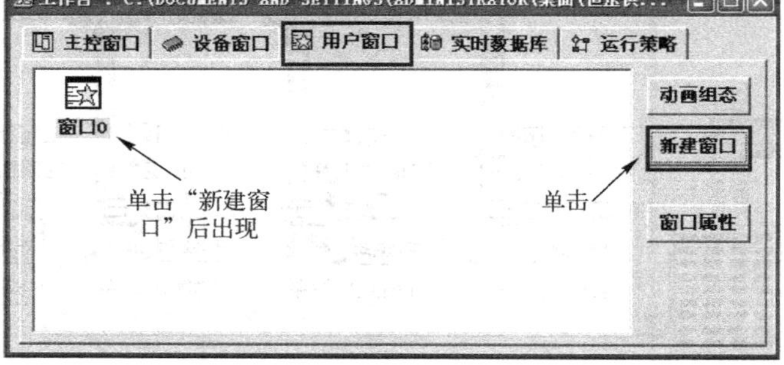

图 8-6　新建“用户窗口”

选中“窗口 0”，单击“窗口属性”按钮，进入“用户窗口属性设置”对话框，如图 8-7 所示。将窗口名称改为恒压供水主监控；窗口标题改为恒压供水；其他不变，单击“确认”按钮。

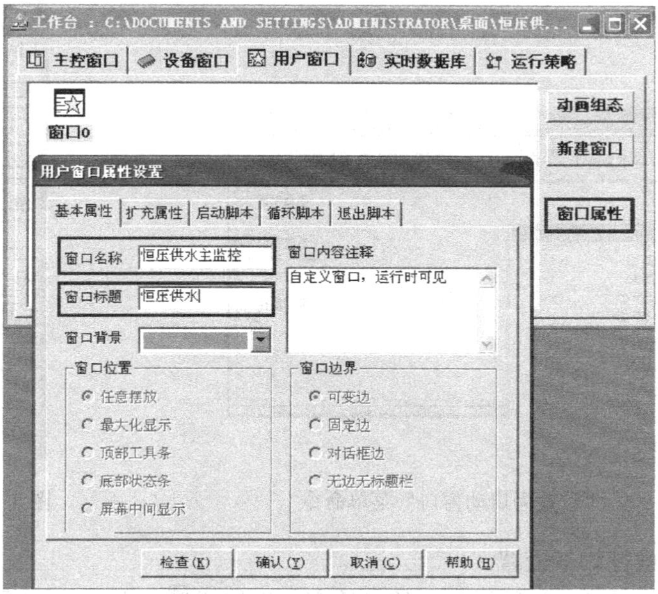

图 8-7 “用户窗口属性设置”对话框

已设置好的用户窗口如图 8-8 所示。在“用户窗口”中，选中“恒压供水主监控”，单击右键，选择快捷菜单中的“设置为启动窗口”命令，将该窗口设置为运行时自动加载的窗口，如图 8-9 所示。

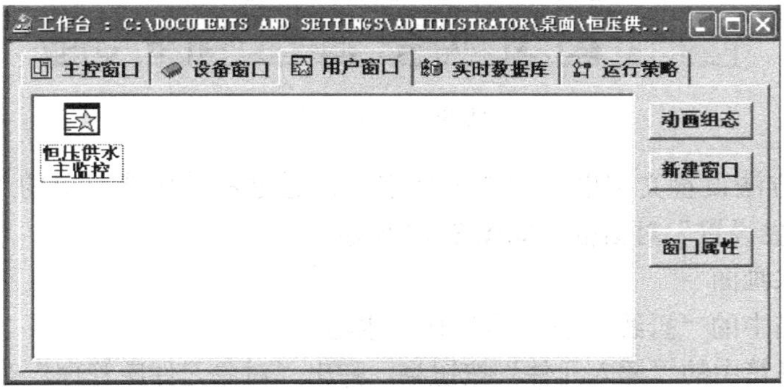

图 8-8 已设置好的用户窗口

2. 编辑画面

选中“恒压供水主监控”窗口图标，单击“动画组态”按钮，进入动画组态窗口，开始编辑画面。

(1) 制作文字框图

单击工具条中的“工具箱”按钮，打开绘图工具箱。“工具箱”对话框如图 8-10 所示。选择“工具箱”内的“标签”按钮，鼠标的光标呈“十字”形，在窗口顶端中心位置拖曳鼠标，根据需要拉出一个一定大小的矩形。在光标闪烁位置输入文字“邢台市某生活区供水系统主监控画面”，按〈Enter〉键或在窗口任意位置用鼠标单击一下，文字输入完毕。

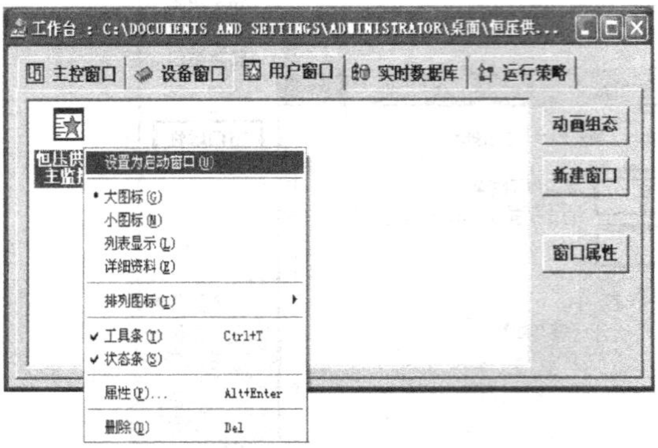

图 8-9 “设置为启动窗口”菜单命令

图 8-10 工具箱

选中文字框，进行如下设置。

单击工具条（如图 8-11 所示）上的“填充色”按钮，设定文字框的背景颜色为没有填充；单击工具条上的“线色”按钮，设置文字框的边线颜色为没有边线；单击工具条上的“字符字体”按钮，设置文字字体为宋体；字型为粗体；大小为 26；单击工具条上的“字符颜色”按钮，将文字颜色设为蓝色。

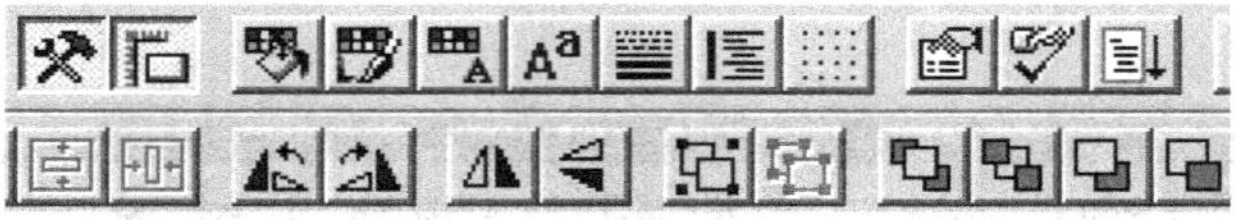

图 8-11 工具条

也可以按此方法设置文字框，即选中文字框，通过右键快捷菜单的“属性”命令进入“标签动画组态属性设置”对话框，如图 8-12 所示。

（2）制作供水画面

用绘图工具箱中的“折线”按钮制作出水池。

单击绘图工具箱中的“插入元件”按钮，弹出“对象元件库管理”对话框，如图 8-13 所示，从“阀”和“泵”类中分别选取阀和泵。

选中工具箱内的流动块动画构件，鼠标的光标呈十字形，移动鼠标至窗口的预定位置，单击一下鼠标左键，移动鼠标，在鼠标光标后形成一道虚线，拖动一定距离后，单击鼠标左键，生成一段流动块。再拖动鼠标（可沿原来方向，也可垂直原来方向），生成下一段流动块。当用户想结束绘制时，双击鼠标左键即可。当用户想修改流动块时，选中流动块（在流动块周围出现选中标志，即白色小方块），鼠标指针指向小方块，按住左键不放，拖动鼠标，即可调整流动块的形状。

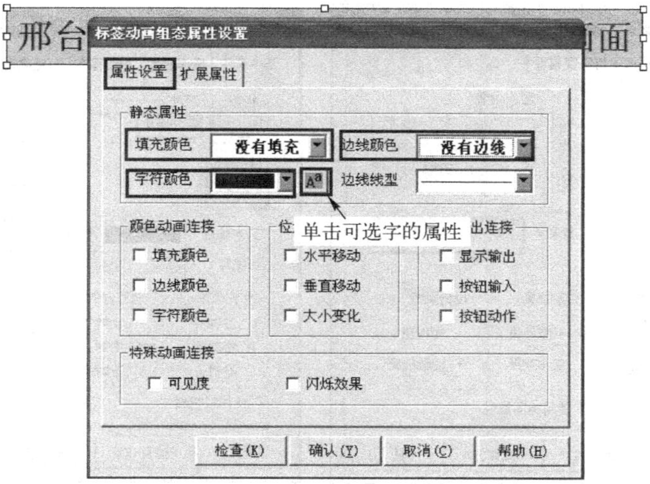

图 8-12 “标签动画组态属性设置”对话框

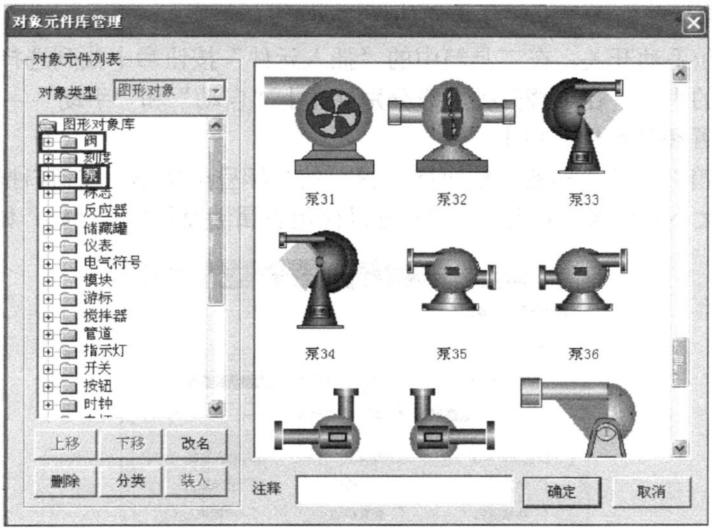

图 8-13 “对象元件库管理”对话框

在工具箱中的“常用符号”按钮中找到水平管道、垂直管道和管道接头。在工具箱中的“插入元件”按钮中找到仪表。

（3）按钮、开关的制作

1）制作按钮。选择“工具箱”内的“标准按钮”按钮，鼠标的光标呈十字形，在窗口拖曳鼠标，根据需要拉出一个一定大小的按钮。双击该按钮，在“标准按钮构件属性设置”对话框的“基本属性”中设置如下参数。

抬起时输入文本：自动启动；背景色为灰色。“标准按钮构件属性设置”（抬起时）对话框如图 8-14 所示。

按下时输入文本：自动停止；背景色为绿色。“标准按钮构件属性设置”（按下时）对话框如图 8-15 所示。

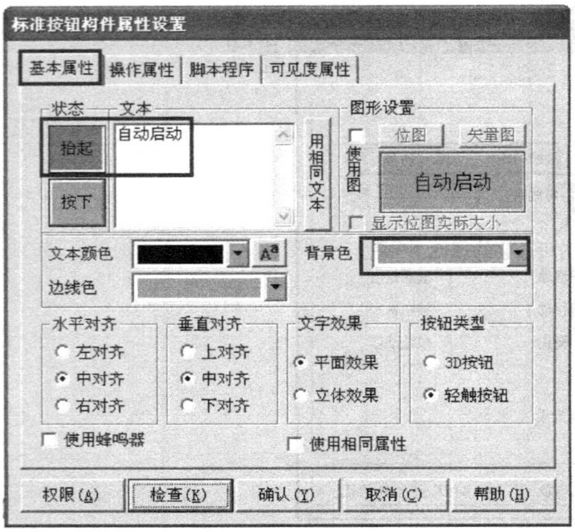

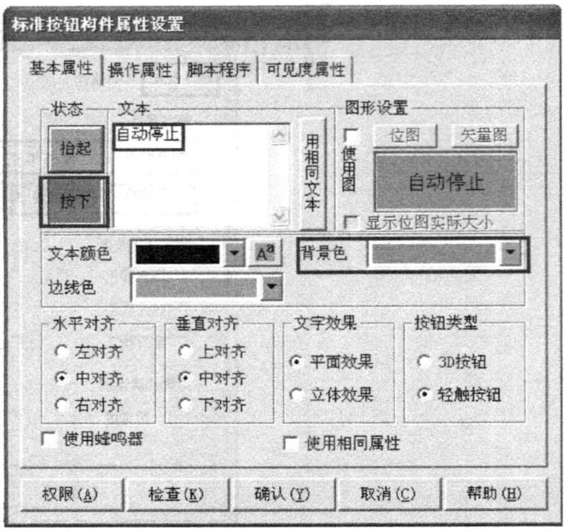

图 8-14 “标准按钮构件属性设置”（抬起时）对话框　图 8-15 “标准按钮构件属性设置”（按下时）对话框

4 台泵手动启动按钮和手动停止按钮的做法同上。

2）制作自动/手动开关。在工具箱中的“插入元件”按钮中找到选择开关，放到窗口后将其拖到合适的大小。在选择开关上方分别标注上“自动”和“手动”字样。

（4）参数设置和显示框的制作

选择“工具箱”内的“标签”按钮，鼠标的光标呈十字形，在窗口拖曳鼠标，根据需要拉出一个一定大小的矩形。双击进入“标签动画组态属性设置”对话框，如图 8-16 所示。

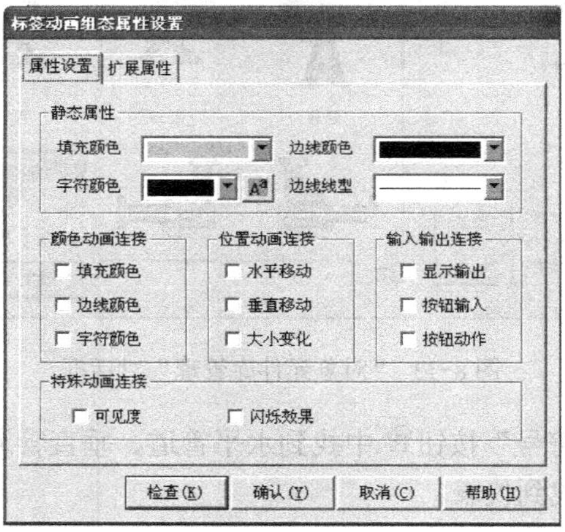

图 8-16 “标签动画组态属性设置”对话框

参数设置和显示框文本标注的方法同制作文字框图，前面已经介绍。

在完成所有的参数设置和显示框制作后，选中这些框图，进行对齐排列。工具栏中有各种对齐操作的图标，如图 8-17 所示。

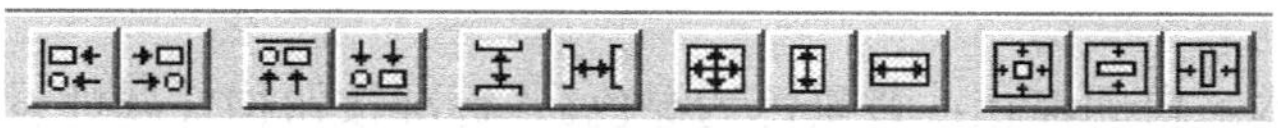

图 8-17 各种对齐操作的图标

（5）指示灯的制作

从对象元件库中的指示灯中直接调出 4 台泵工频、变频的指示灯，并将其用鼠标拖成合适的大小。选择“文件”菜单下的“保存窗口”命令，保存画面。最后生成的画面如图 8-4 所示。

任务 8.2 定义数据对象

实时数据库是 MCGS 嵌入版工程的数据交换和数据处理中心。数据对象是构成实时数据库的基本单元，建立实时数据库的过程也就是定义数据对象的过程。

定义数据对象的内容主要包括如下内容。

1）指定数据变量的名称、类型、初始值和数值范围。

2）确定与数据变量存盘相关的参数，如存盘的周期、存盘的时间范围和保存期限等。

在开始定义之前，先对所有数据对象进行分析。在本工程中需要用到的数据对象见表 8-1。

表 8-1 数据对象表

对象名称	类型	注释
自动	开关型	系统处于自动状态
手动	开关型	系统处于手动状态
自动起动	开关型	系统处于自动状态时的启动按钮
自动停止	开关型	系统处于自动状态时的停止按钮
1 号手动启动	开关型	
1 号手动停止	开关型	
2 号手动启动	开关型	
2 号手动停止	开关型	
3 号手动启动	开关型	
3 号手动停止	开关型	
4 号手动启动	开关型	
4 号手动停止	开关型	
水压力设定	数值型	压力设定值
压力反馈	数值型	当前压力
微分时间	数值型	
积分时间	数值型	
回路增益	数值型	
1 号工频	开关型	1#泵工频运行指示
1 号变频	开关型	1#泵变频运行指示
2 号工频	开关型	2#泵工频运行指示
2 号变频	开关型	2#泵变频运行指示
3 号工频	开关型	3#泵工频运行指示
3 号变频	开关型	3#泵变频运行指示
4 号工频	开关型	4#泵工频运行指示
4 号变频	开关型	4#泵变频运行指示

下面以数据对象“自动启动”为例，介绍定义数据对象的步骤。

单击工作台中的“实时数据库”选项卡，进入“实时数据库”窗口，如图 8-18 所示。

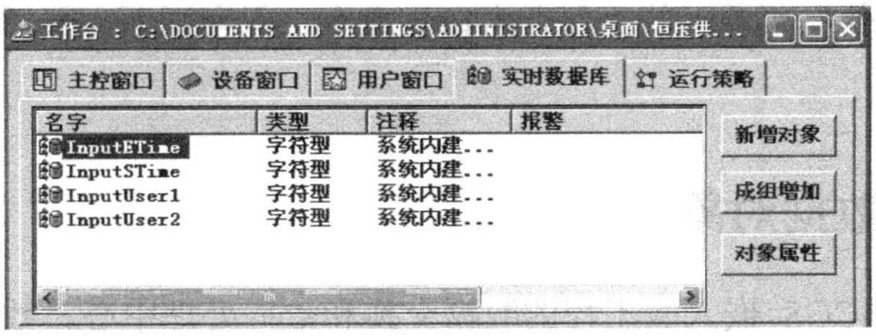

图 8-18 “实时数据库”窗口

单击“新增对象”按钮，在窗口的数据对象列表中，增加新的数据对象，系统默认定义的名称为 Data1、Data2、Data3 等（多次单击该按钮，可增加多个数据对象）。新增数据对象窗口如图 8-19 所示。

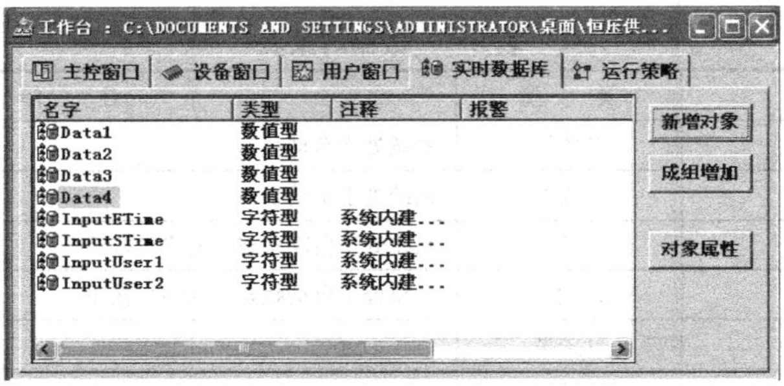

图 8-19 新增数据对象窗口

选中对象，单击“对象属性”按钮，或双击选中对象，打开“数据对象属性设置”对话框，如图 8-20 所示。将对象名称改为自动启动；对象类型选择为开关型；在对象内容注释输入框内输入：“系统处于自动状态时的启动按钮”，单击“确认”按钮。

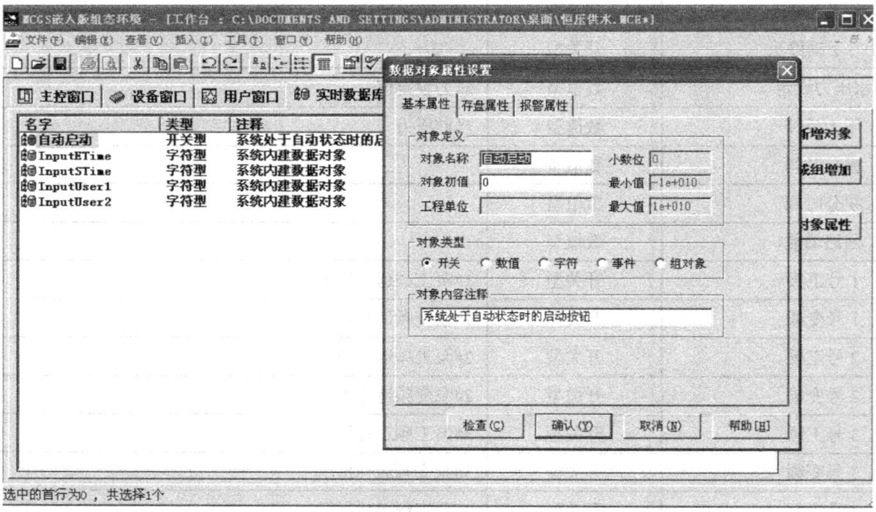

图 8-20 “数据对象属性设置”对话框

按照此步骤，根据上面列表，设置其他数据对象。

任务 8.3　动画连接

由图形对象搭制而成的图形画面是静止不动的，需要对这些图形对象进行动画设计，以真实地描述外界对象的状态变化，达到过程实时监控的目的。MCGS 嵌入版实现图形动画设计的主要方法是，将用户窗口中图形对象与实时数据库中的数据对象建立相关性连接，并设置相应的动画属性。在系统运行过程中，图形对象的外观和状态特征，由数据对象的实时采集值驱动，从而实现图形的动画效果。

8.3.1　选择开关的动画连接

在用户窗口中，双击自动/手动选择开关，弹出“单元属性设置”对话框。单击“动画连接”选项卡，显示如图 8-21 所示窗口；选中第一个“按钮输入”，出现如图 8-22 所示窗口。

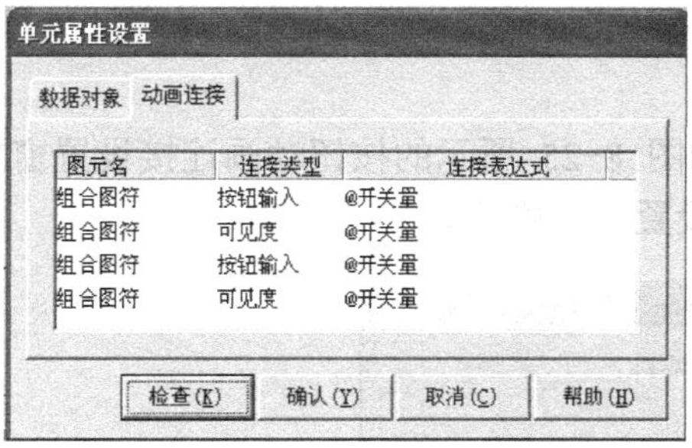

图 8-21　选择开关“动画连接”选项卡

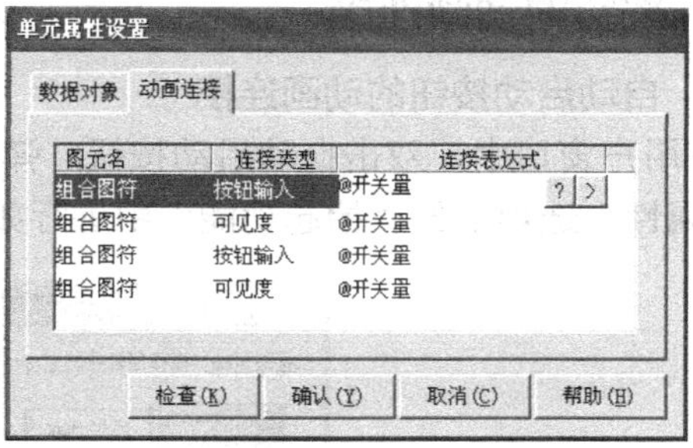

图 8-22　选择“按钮输入”

单击按钮 ?，选择要连接的变量为自动，如图 8-23 所示。

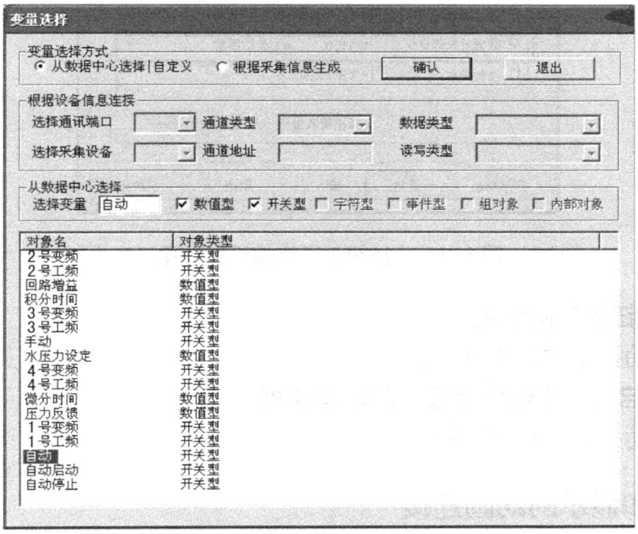

图 8-23　“变量选择”窗口

按照上面的步骤，将单元属性设置中的第二个按钮输入连接到变量“手动”上，如图 8-24 所示。

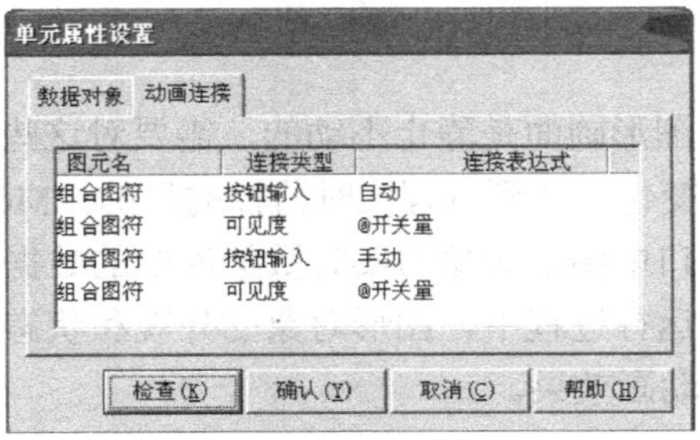

图 8-24　将单元属性设置中的第二个按钮输入连接到变量“手动上”

单击“确认”按钮，自动/手动选择开关的动画连接设置完毕。

8.3.2　按钮的动画连接

1．自动启动按钮的动画连接

在用户窗口中，双击自动启动按钮，弹出如图 8-25 所示的按钮动画连接设置窗口，在“操作属性”选项卡的“抬起功能”中进行如下设置，并确认。

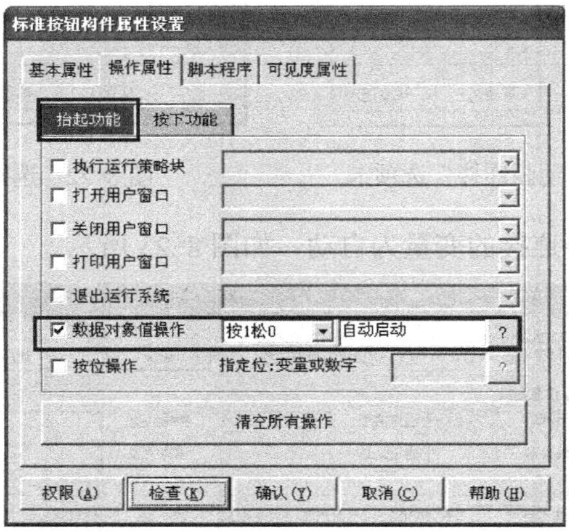

图 8-25　“按钮动画连接设置”窗口

2．自动停止按钮的动画连接

方法同自动启动按钮的动画连接。

3．4 台泵手动启动、手动停止按钮的动画连接

方法同自动启动按钮的动画连接。

8.3.3　参数设置和显示的动画连接

1．水压设定值的动画连接

在用户窗口中，双击水压设定值输入框，弹出“标签动画组态属性设置”对话框，在

“输入输出连接”选项组中，选择“按钮输入”复选框，在对话框中则会出现“按钮输入”标签，如图 8-26 所示。单击“按钮输入”标签，设置按钮输入属性，如图 8-27 所示。参数设置如下。

对应数据对象的名称：水压力设定　　输入值类型：数值量输入

输入最小值：0　　输入最大值：1

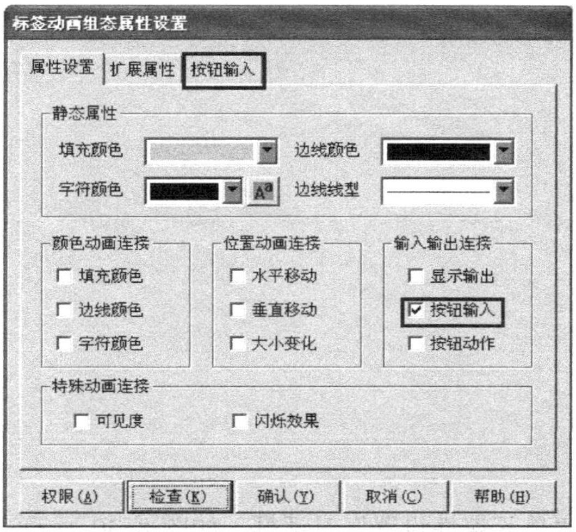

图 8-26　选中“按钮输入”复选框

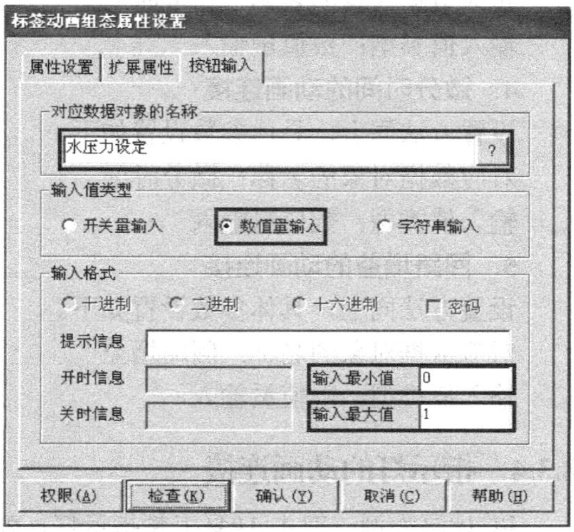

图 8-27　设置按钮输入属性

单击“确认”按钮，水压设定值的动画连接设置完毕。

2．水压当前值的动画连接

在用户窗口中，双击水压当前值输入框，弹出“标签动画组态属性设置”对话框，在“输入输出连接”选项组中，选中“显示输出”选项，在对话框中则会出现“显示输出”标签，如图 8-28 所示。单击“显示输出”标签，设置显示输出属性，如图 8-29 所示。参数设置如下。

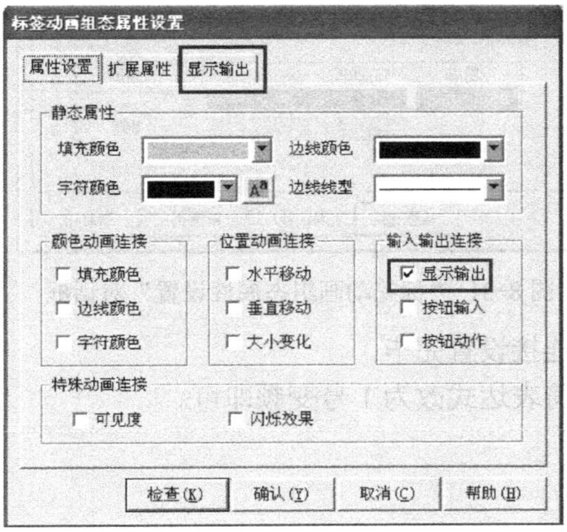

图 8-28　选中“显示输出”复选框

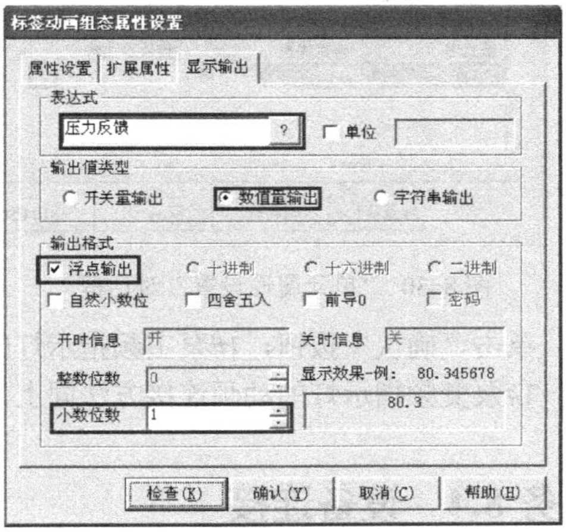

图 8-29　设置显示输出属性

表达式：压力反馈　　输出值类型：数值量输出；

输出格式：浮点输出　　小数位数：1

单击“确认”按钮，水压当前值的动画连接设置完毕。

3．积分时间的动画连接

设置方法类似于水压设定值的动画连接，具体参数设置如下。

对应数据对象的名称：积分时间

输入值类型：数值量输入

4．微分时间的动画连接

设置方法同上，具体参数设置如下。

对应数据对象的名称：微分时间

输入值类型：数值量输入

5．回路增益的动画连接

设置方法同上，具体参数设置如下。

对应数据对象的名称：回路增益

输入值类型：数值量输入

8.3.4　指示灯的动画连接

以 1#泵为例：双击 1#泵工频指示灯，弹出“单元属性设置”对话框，如图 8-30 所示，在“动画连接”选项卡中单击填充颜色后边的 > 按钮。弹出“标签动画组态属性设置”对话框，在“填充颜色”选项卡中进行如图 8-31 所示的设置。

表达式：1 号工频

填充颜色连接：0　黑色；1　绿色

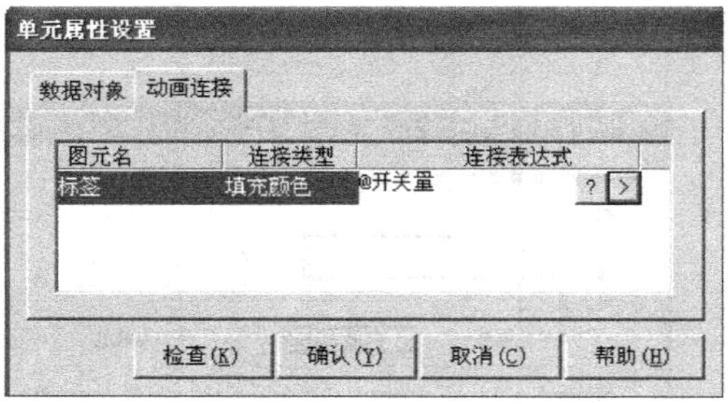

图 8-30 “单元属性设置”对话框

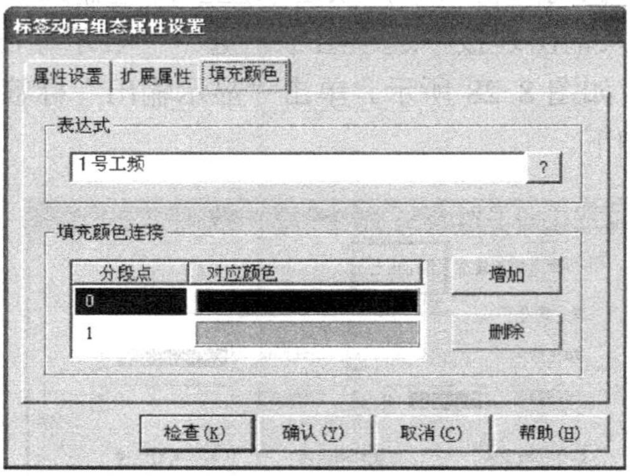

图 8-31 “标签动画组态属性设置”对话框

单击“确认”按钮，1#泵工频指示灯的动画连接设置完毕。

1#泵变频指示灯的动画连接方法同上，只需将表达式改为 1 号变频即可。

任务 8.4　设备连接

在设备窗口中双击“设备窗口”图标，进入“设备组态”窗口。单击工具条中的“工具箱”按钮，打开设备工具箱。将设备工具箱中的通用串口父设备和西门子_S7200PPI 添加到设备组态窗口中，如图 8-32 所示。

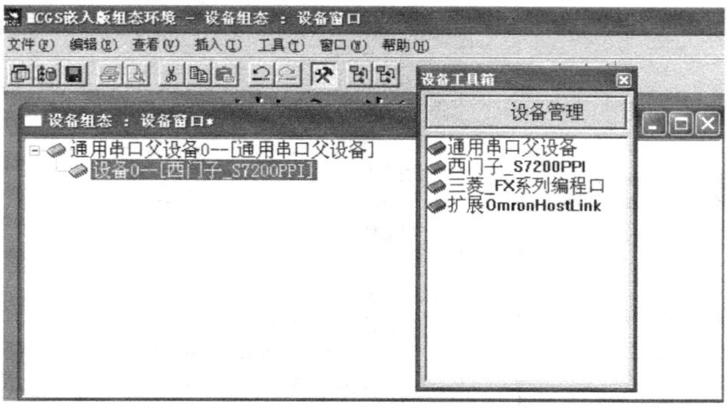

图 8-32　设备组态窗口

选中设备 0，通过右键快捷菜单中的“属性”命令进入“设备编辑窗口”，用“删除设备通道”按钮删除掉不需要的通道，用“添加设备通道”按钮重新添加需要的通道，并连接变量。“设备编辑窗口”如图 8-33 所示。

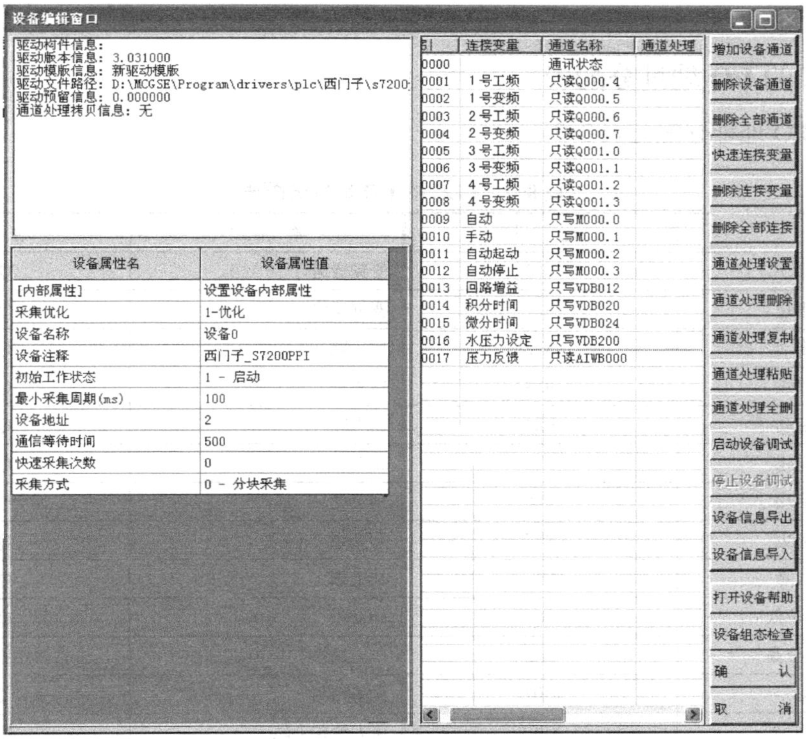

图 8-33　“设备编辑窗口”

最后，选中图 8-33 中的变量“压力反馈”，用“通道处理设置”按钮对变量“压力反馈”进行通道处理设置，处理方法选择“工程量转换”，其设置如图 8-34 所示。

设置完工程量转换后，在“通道处理设置”对话框的右侧出现选择的处理方法，如图 8-35 所示。

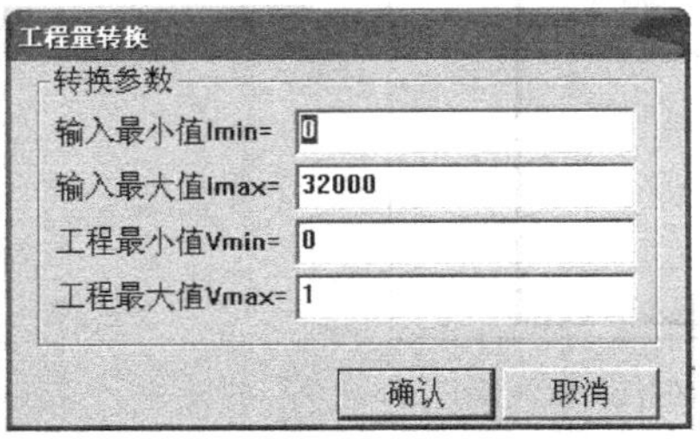

图 8-34 “工程量转换”设置

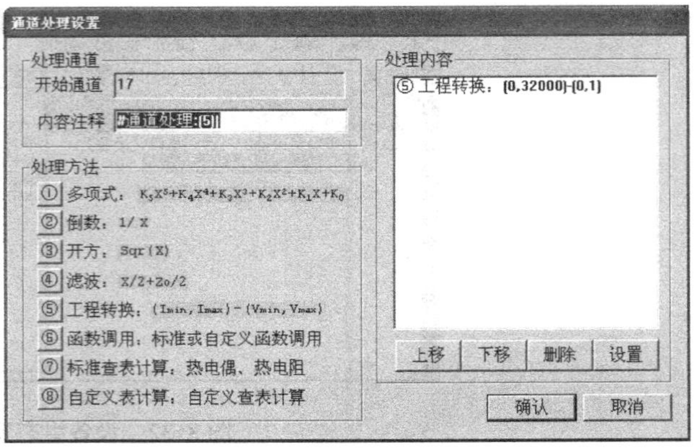

图 8-35 “通道处理设置”对话框

任务 8.5 PLC 的 I/O 地址分配表及参考程序

8.5.1 PLC 的 I/O 地址分配表

PLC 的 I/O 地址分配见表 8-2。

表 8-2 PLC 的 I/O 地址分配表

输入	地址	输出	地址
1#泵启动	I0.0	变频器运行	Q0.0
1#泵停止	I0.1	变频复位	Q0.1
2#泵启动	I0.2	1#工频	Q0.4
2#泵停止	I0.3	1#变频	Q0.5
3#泵启动	I0.4	2#工频	Q0.6
3#泵停止	I0.5	2#变频	Q0.7
4#泵启动	I0.6	3#工频	Q1.0
4#泵停止	I0.7	3#变频	Q1.1
变频故障	I1.0	4#工频	Q1.2
水池水位低	I1.1	4#变频	Q1.3
水池水位高	I1.2	压力反馈	AIW0
自动	M0.0	频率控制	AQW0
手动	M0.1	压力给定上限	30000
自动启动	M0.2	压力给定下限	6500
自动停止	M0.3	给定值范围	0～1
自动状态	M0.4	生活用水压力设定	VD200
1#手动启动	M0.5	变频泵序号	VB210

（续）

输　　入	地　　址	输　　出	地　　址
1#手动停止	M0.6	工频运行泵数量	VB211
2#手动启动	M0.7	定时换泵时间	VD220
2#手动停止	M1.0	微分时间	VD24
3#手动启动	M1.1	积分时间	VD20
3#手动停止	M1.2	回路增益	VD12
4#手动启动	M1.3		
4#手动停止	M1.4		
生活/消防	M1.5		
工频加泵	M3.1		
工频减泵	M3.2		
定时倒泵	M3.3		
变频停止	M3.4		
工频启动	M3.5		
变频启动	M3.6		
变频故障状态	M3.7		
变频复位标志	M4.0		

8.5.2 PLC的参考程序

恒压供水主程序如图8-36所示。

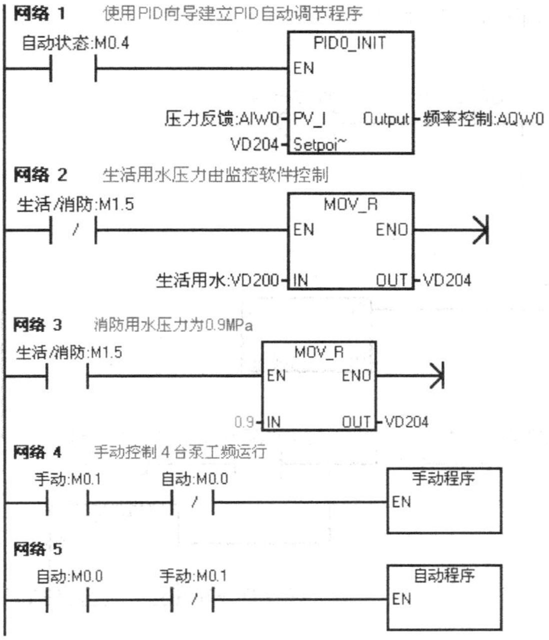

图8-36　恒压供水主程序

恒压供水手动程序如图 8-37 所示。

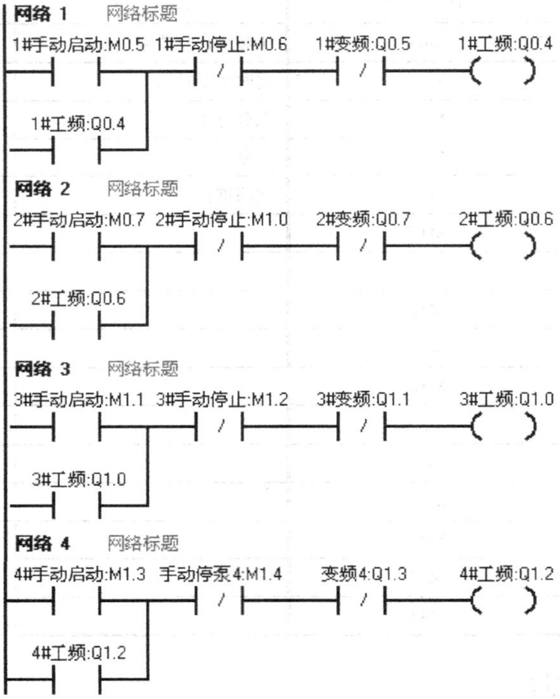

图 8-37　恒压供水手动程序

恒压供水自动程序如图 8-38 所示。

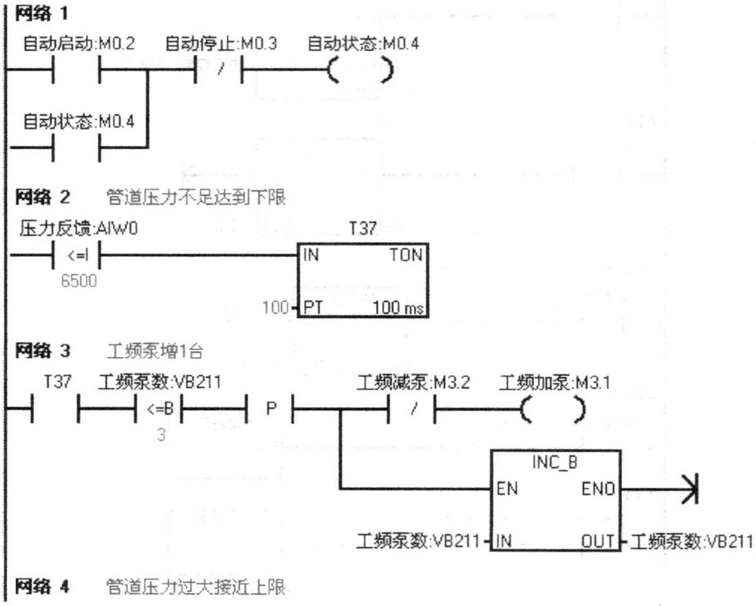

图 8-38　恒压供水自动程序

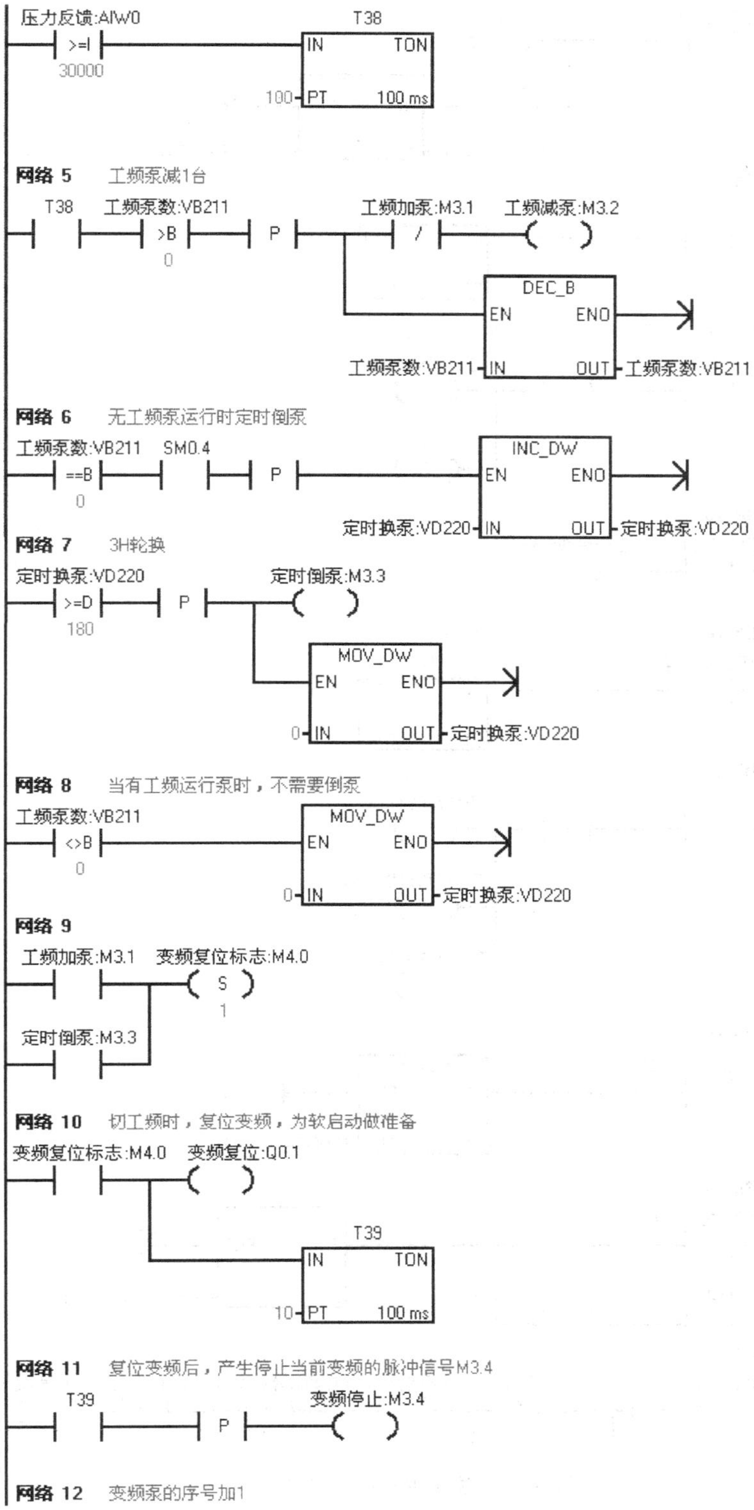

图 8-38 恒压供水自动程序（续）

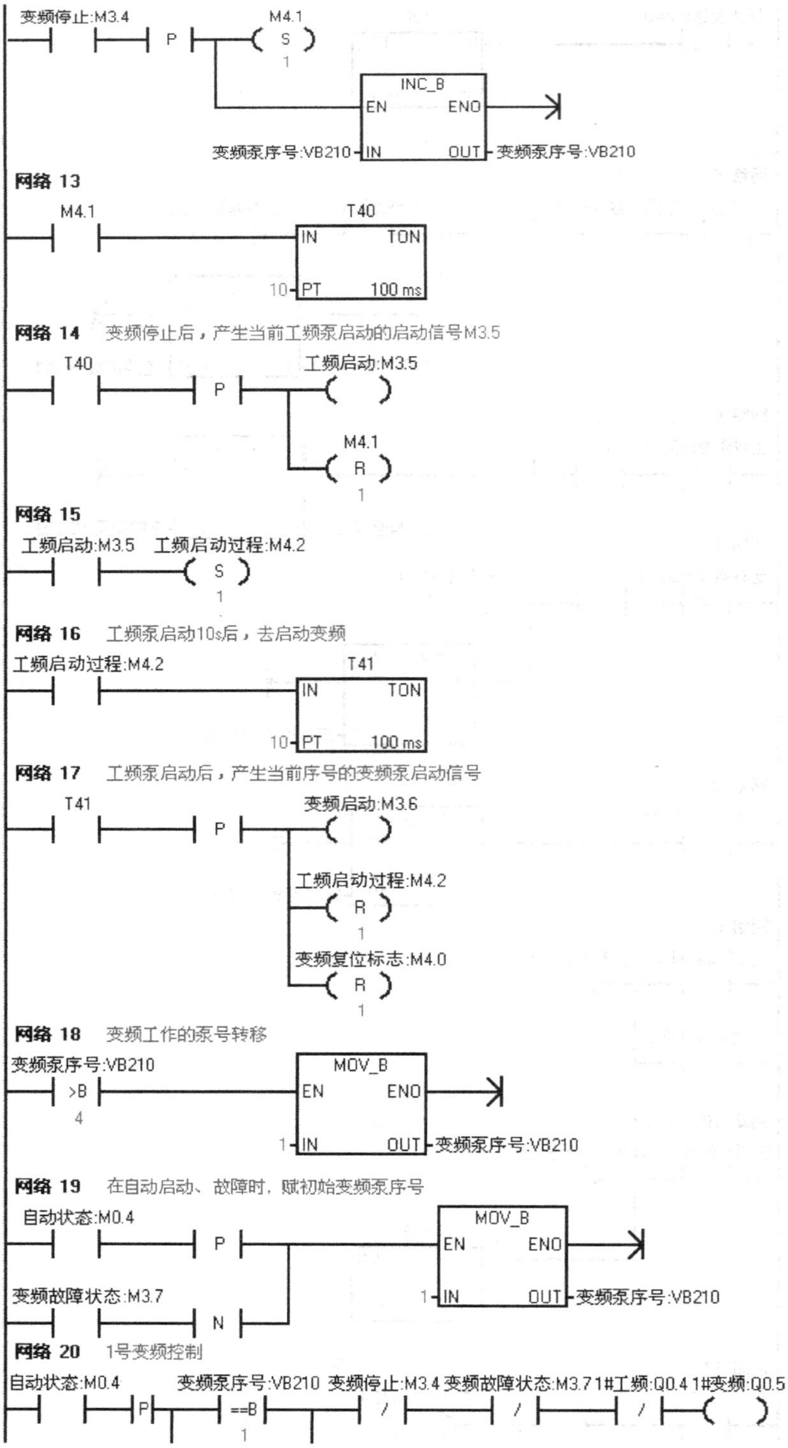

图 8-38　恒压供水自动程序（续）

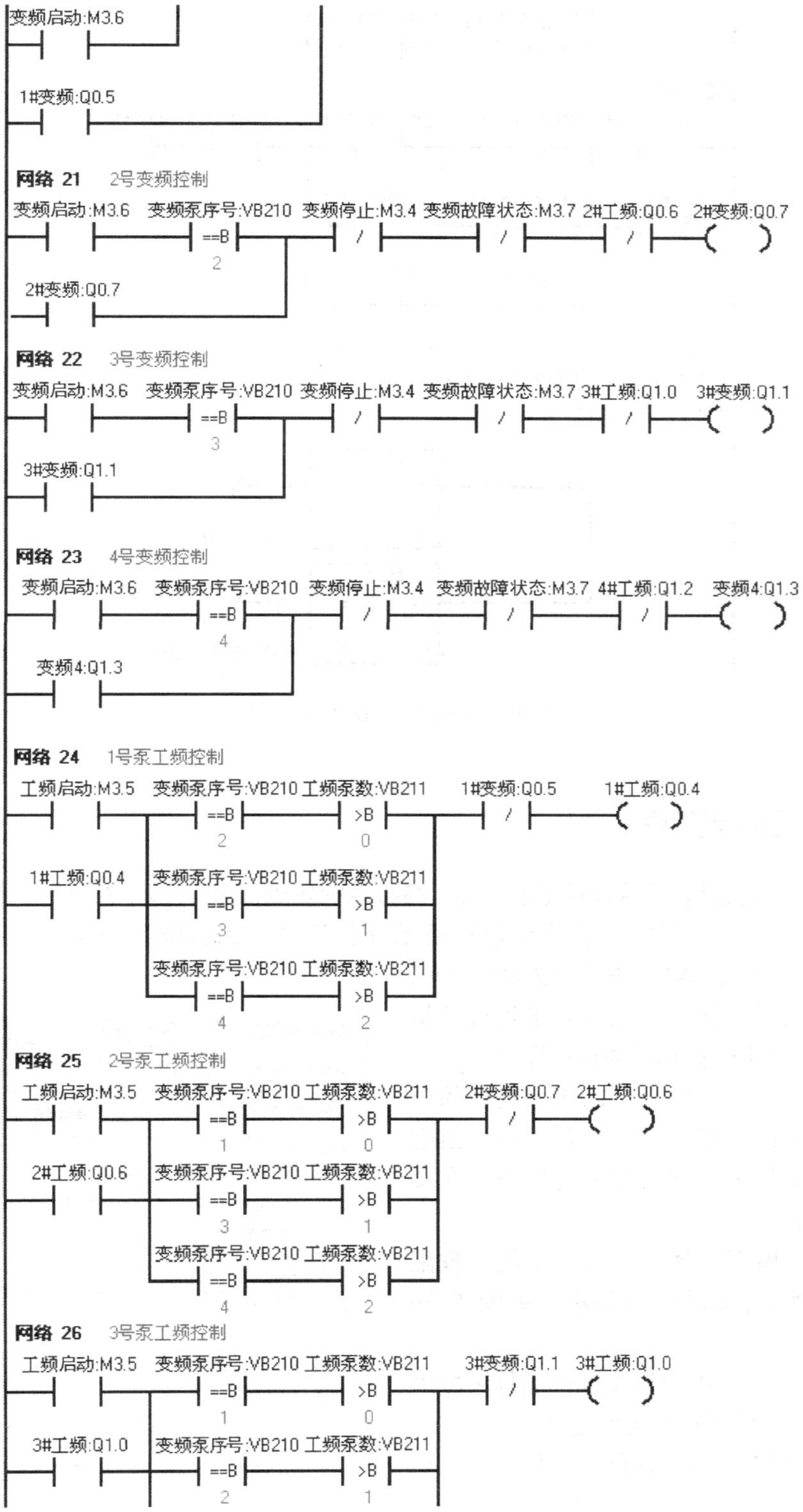

图 8-38 恒压供水自动程序（续）

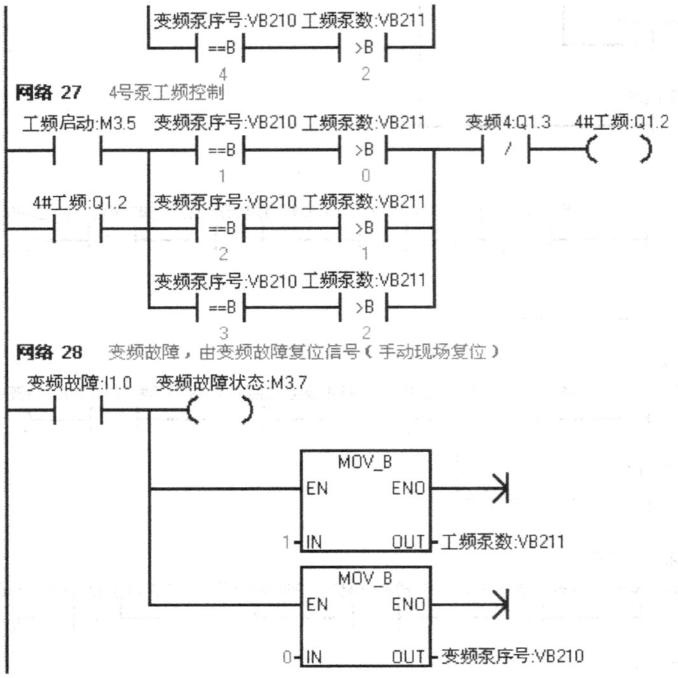

图 8-38　恒压供水自动程序（续）

任务 8.6　运行工程

MCGS 嵌入版组态软件包括组态环境、模拟运行环境、运行环境 3 部分。组态环境和模拟运行环境运行在上位机中；运行环境被安装在下位机中。组态环境是用户组态工程的平台。模拟运行环境可以在 PC 上模拟工程的运行情况，用户可以不必连接下位机对工程进行检查。运行环境是下位机真正的运行环境。

组态好一个工程后，可以在上位机的模拟运行环境中试运行，以检查是否符合组态要求；也可以将工程下载到下位机中，在实际环境中运行。

在组态环境下选择工具菜单中的下载配置，将弹出“下载配置”对话框，如图 8-39 所示。

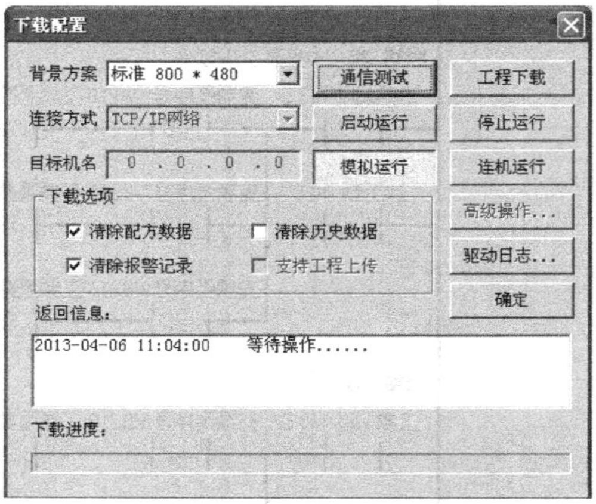

图 8-39　“下载配置”对话框

1）背景方案：用于设置模拟运行环境屏幕的分辨率。用户可根据需要选择。

2）连接方式：用于设置上位机与下位机的连接方式。包括以下两个选项。

① TCP/IP 网络：通过 TCP/IP 网络连接。选择此项时，下方显示目标机名输入框，用于

指定下位机的 IP 地址。

② USB 通信：通过 USB 连接线连接 PC 和 TPC。USB 通信方式仅适用于具有 USB 从口的 TPC，否则只能使用 TCP/IP 通信方式。

3）功能按钮。

① 通信测试：用于测试通信情况。

② 工程下载：用于将工程下载到模拟运行环境或下位机的运行环境中。

③ 启动运行：启动嵌入式系统中的工程运行。

④ 停止运行：停止嵌入式系统中的工程运行。

⑤ 模拟运行：工程在模拟运行环境下运行。

⑥ 连机运行：工程在实际的下位机中运行。

⑦ 驱动日志：用于搜集驱动工作中的各种信息。

8.6.1 工程模拟运行

操作步骤如下。

1）打开下载配置窗口，选择“模拟运行”。

2）单击“通信测试”，测试通信是否正常。如果通信成功，在返回信息框中将提示“通信测试正常”，同时弹出模拟运行环境窗口，此窗口打开后，将以最小化形式在任务栏中显示。如果通信失败，将在返回信息框中提示“通信测试失败”。

3）单击“工程下载”，将工程下载到模拟运行环境中。如果工程正常下载，将提示：“工程下载成功！”。

4）单击“启动运行”，启动模拟运行环境，将模拟环境最大化显示，即可看到工程正在运行。工程模拟运行环境如图 8-40 所示。

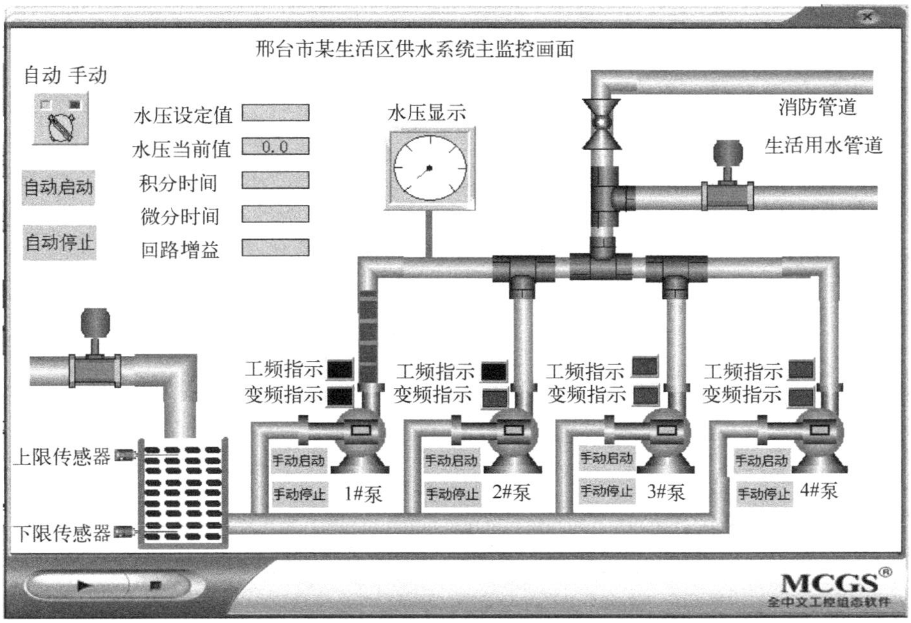

图 8-40 工程模拟运行环境

5）单击下载配置中的“停止运行”按钮，或者模拟运行环境窗口中的停止按钮■，工程停止运行；单击模拟运行环境窗口中的关闭按钮×，关闭窗口。

8.6.2 工程联机运行

运行步骤如下。

1）选好连接方式。

2）单击“通信测试”，测试通信是否正常。

3）单击“工程下载”，将工程下载到实际硬件的MCGS运行环境中。

4）单击“联机运行”。

习题

8-1 MCGS嵌入版组态环境由哪几部分组成？

8-2 MCGS嵌入版组态软件包括哪3部分环境？哪个环境运行在上位机中？哪个环境被安装在下位机中？

8-3 定义数据对象主要包括哪些内容？

8-4 工程模拟运行的一般步骤是什么？

8-5 工程联机运行的一般步骤是什么？

参 考 文 献

[1] 组态王 6.53 使用手册[G]．北京亚控科技发展有限公司．

[2] 组态王 6.53 函数手册[G]．北京亚控科技发展有限公司．

[3] 韩晓新．从基础到实践——PLC 与组态王[M]．北京：机械工业出版社，2011．

[4] 李红萍．工控组态技术及应用——组态王[M]．西安：西安电子科技大学出版社，2011．

[5] 穆亚辉．组态王软件实用技术[M]．郑州：黄河水利出版社，2012．

[6] ACS510-01 变频器（1.1～160kW）用户手册[G]．北京 ABB 电气传动有限公司．

[7] 严盈富，罗海平，吴海勤．监控组态软件与 PLC 入门[M]．北京：人民邮电出版社，2007．

[8] 刘华波．组态软件 WinCC 及其应用[M]．北京：机械工业出版社，2009．

[9] 苏昆哲．深入浅出西门子 WinCC V6[M]．北京：北京航空航天大学出版社，2004．

[10] 深入浅出 WinCC V6[G]．西门子（中国）有限公司自动化与驱动集团．

[11] WinCC V6 VBS Reference[G]．西门子（中国）有限公司自动化与驱动集团．

[12] WinCC 组态手册：第一册/第二册/第三册[G]．西门子（中国）有限公司．

[13] MCGS TPC 中级教程[G]．北京昆仑通态自动化软件科技有限公司．

[14] MCGS 用户指南[G]．北京昆仑通态自动化软件科技有限公司．

[15] 李红萍．工控组态技术及应用——MCGS[M]．西安：西安电子科技大学出版社，2013．

[16] 刘文贵，刘振方．工业控制组态软件应用技术[M]．北京：北京理工大学出版社，2011．

[17] 覃贵礼．组态软件控制技术[M]．北京：北京理工大学出版社，2008．

精品教材推荐

S7-200 PLC 基础教程（第 2 版）

书号：ISBN 978-7-111-17947-4

作者：廖常初　　　　定价：25.00 元

推荐简言：本书有别于其他 PLC 教材之处在于，介绍了编程软件和仿真软件的使用方法、模拟量、子程序和中断程序、高速输入高速输出、PID 控制的编程方法等。介绍了只需要输入一些参数，就能自动生成用户程序的编程向导的使用方法。实验指导书中有 16 个紧密结合教学内容的实验。可以为教师提供电子教案。

PLC 基础及应用（第 2 版）

书号：ISBN 978-7-111-12295-1

作者：廖常初　　　　定价：23.00 元

获奖情况：普通高等教育“十一五”国家级规划教材

推荐简言：本书以三菱 FX 系列 PLC 为讲授对象，介绍了 PLC 控制系统的设计和调试方法，提高系统可靠性和降低硬件费用的方法等内容，提供了编程器与编程软件的使用指南和内容丰富的实验指导书。为教师提供了制作电子教案用图。本书自 2003 年出版以来已 9 次印刷。

PLC 控制系统设计与运行维护

书号：ISBN 978-7-111-30806-5

作者：史宜巧　　　　定价：27.00 元

获奖情况：省级精品课程配套教材

推荐简言：

本书以 FX 系列 PLC 为对象，基于工作过程用 4 个情境编排开关量逻辑控制、模拟量控制和通信联网控制 3 大教学内容。选用生产一线的典型案例，以“功能分析→硬件配置→编程→调试与维护”为主线来讲述控制系统设计。

西门子 S7-300 PLC 基础与应用

书号：ISBN 978-7-111-33160-5

作者：吴丽　　　　定价：25.00 元

推荐简言：

本书融入了“工学结合”的教学理念，通过丰富的实例讲解西门子 S7-300 PLC 的基础知识与应用技巧。每章都配有技能训练项目。本书配有多媒体电子课件和大量的相关技术资料。

传感器与检测技术

书号：ISBN 978-7-111-23503-3

作者：董春利　　　　定价：24.00 元

获奖情况：省级精品课程配套教材

推荐简言：

本书作者董春利教授具有丰富的生产实践和教学经验。本书的特点在于结合工程实践来讲解传感器技术及其应用，内容简练、，实例丰富、图文并茂，每章都配有习题与思考题。

自动化生产线安装与调试

书号：ISBN 978-7-111-34438-4

作者：何用辉　　　　定价：39.00 元

推荐简言：

本书为校企合作、工学结合的特色改革教材，基于工作过程组织内容，内容充实，书中重点内容均配有实物图片，提高学习效率。配套超值光盘，包含：教学课件、实况视频、动画仿真等多种课程教学配套资源。